电气精品教材丛书·研究生系列

电力电子装置及系统的电磁兼容

EMC OF POWER ELECTRONIC EQUIPMENT AND SYSTEMS

裴雪军　周鹏　俞颐　编著

机械工业出版社
CHINA MACHINE PRESS

电力电子装置及系统的电磁兼容问题是目前新能源、储能、电动汽车等行业的共性技术难题。本书总结了作者20年来对电力电子装置及系统电磁兼容的研究成果，并吸收了国内外关于电磁兼容最新的标准规范和理论方法；全面介绍了电力电子装置及系统电磁兼容的原理特点、测试方法、设计理论和实际应用。

本书全面涵盖了电力电子装置及系统传导与辐射电磁干扰的理论分析、建模仿真和诊断抑制等内容，既有理论分析与基本原理阐述，又有工程案例与详细设计过程，内容全面丰富、深入浅出，具有较强的理论性和实用性。

本书适用于高等院校中从事电力电子装置电磁兼容设计的教师，也适用于科研机构、企业工厂和电磁兼容认证单位中从事相关领域工作的工程技术人员。

图书在版编目（CIP）数据

电力电子装置及系统的电磁兼容 / 裴雪军，周鹏，

俞颐编著. -- 北京 ： 机械工业出版社，2025.1.

ISBN 978-7-111-77561-4

Ⅰ. TM7；TN03

中国国家版本馆 CIP 数据核字第 2025D49H10 号

机械工业出版社（北京市百万庄大街22号　邮政编码100037）

策划编辑：李小平　　　　　　责任编辑：李小平

责任校对：郑　婕　张　征　　封面设计：鞠　杨

责任印制：常天培

北京铭成印刷有限公司印刷

2025年3月第1版第1次印刷

184mm×260mm・17.75印张・440千字

标准书号：ISBN 978-7-111-77561-4

定价：89.00元

电话服务　　　　　　　　　　网络服务

客服电话：010-88361066　　机 工 官 网：www.cmpbook.com

　　　　　010-88379833　　机 工 官 博：weibo.com/cmp1952

　　　　　010-68326294　　金 书 网：www.golden-book.com

封底无防伪标均为盗版　机工教育服务网：www.cmpedu.com

前言

以新能源、电气化交通、智能电网等为代表的行业都对高性能电力电子装置有紧迫需求。但是，电力电子装置采用开关工作方式，天然具有发射电磁干扰的特性，使电力电子装置及系统面临的电磁兼容问题层出不穷，且干扰强度随着新型宽禁带半导体的使用进一步增大。电力电子装置的电磁干扰通过传导和辐射的耦合方式，严重污染周围电磁环境和电源系统，同时也会影响自身装置中的电子元器件的可靠运行。电力电子装置及系统的电磁兼容已经成为行业瓶颈难题。

电力电子装置及系统的电磁干扰存在多源性、隐蔽性和宽频性等特点，多分布参数、多源耦合使电磁干扰传播机理复杂，干扰频率成分丰富使干扰抑制困难。而且现在电力电子学科的发展很快，装置类型多种多样，已有的微波电磁兼容的理论和技术不完全适用电力电子装置电磁兼容问题，却又没有系统且针对性强的书籍参考。亟需一套涵盖电磁兼容分析、仿真、设计和测试等内容的新书，普及相关电磁兼容知识，推动相关行业的发展。

本书准确介绍了电力电子装置及系统的电磁兼容相关的基本概念和基础知识，系统阐述了电磁兼容的标准、电力电子装置及系统电磁干扰的建模仿真、传导电磁干扰的滤波与通用防护设计方法、辐射电磁干扰诊断与抑制以及磁性材料应用等内容，深入地分析了电磁干扰的原理特点、产生原因、溯源诊断和抑制方法，内容涵盖电磁兼容中抽参—仿真—设计—测试的全过程，并随书附录了电磁兼容标准清单和仿真操作指南。本书注重体现电力电子装置电磁兼容的新知识和新技术，有助于帮助读者理解电磁干扰的特性，设计出电磁兼容性好的电力电子装置及系统。

本书是在作者多年从事电力电子电磁兼容教学和科研的基础上总结的，内容和结构设计合理，理论和案例相互促进，立足学科前沿、满足国家急需、突出交叉学科。

全书由裴雪军统筹，并组织编写定稿第1、3、4、5、7、9章；第2、6、8章由俞颐编写，并开发了附录代码和模型。周鹏参与了书稿审阅与修改，提出了宝贵意见。在本书的编写过程中还得到研究生薛瑞洲、张瑞恒、赵定坤、傅文沛、陈建楠、金海涛、余宇浩、颜锦洲等同学的帮助，在此表示衷心的感谢！

本教材立项和准备期间，华中科技大学康勇、彭力、陈材等提出了很多建设性的意见，也对本书的编撰和审阅给予了大力支持和帮助，特此向他们致以崇高的敬意！还要感谢华中科技大学研究生院"研究生教材专著建设项目"的资助！

由于电力电子装置电磁兼容学科内容丰富、发展迅速、涉及面广，加之编者水平有限，书中错误和不当之处在所难免，衷心希望广大读者批评指正。

编者

2024 年 8 月

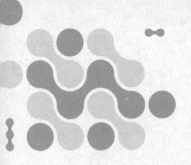

目录

第1章 绪 论

1.1 电磁兼容的发展

电磁干扰（Electromagnetic Interference，EMI）是人们早已发现的古老问题，其伴随着电气、电子技术的发展而产生。人们在生产及生活中使用的电子、电气设备的数量越来越多，这些设备在工作的同时必然要发射一些有用的或无用的电磁能量，它将影响其他设备的工作，从而形成电磁干扰。电磁兼容（Electromagnetic Compatibility，EMC）则通过控制电磁干扰而实现，并逐步发展为一门综合性交叉学科。

电磁兼容以电磁场理论和电路理论为基础，发展已有数百年的历史。1833 年，法拉第发现电磁感应定律；1864 年麦克斯韦引入位移电流的概念指出变化的电场将激发磁场，并由此预言电磁波的存在，这种电磁场的相互激发并在空间传播，建立了完整的电磁理论，是电磁干扰存在的理论基础；1881 年，英国著名科学家希维赛德发表了"论干扰"的文章，这是研究干扰问题最主要的早期文献；1888 年赫兹用实验证明了电磁波的存在，同时该实验也指出了各种打火系统将向空间发出电磁干扰，从此开始了对干扰问题的实验研究。

同时，随着广播等无线电事业的发展，干扰与抗干扰问题始终贯穿于无线电技术的发展，使人们逐渐认识到应该对各种干扰进行控制。1889 年英国邮电部门开始研究广播通信干扰问题。1922 年，英国广播公司（British Broadcasting Corporation，BBC）、法国埃菲尔铁塔上的播音电台和苏维埃广播电台等成立，但其接收质量都受到环境噪音的干扰。此外，当飞机低空飞过住宅时，将干扰电视机和收音机的正常工作，使电视机出现杂乱的画面和讨厌的噪音。1934 年英国有关部门对一千例干扰问题进行了分析，发现其中 50% 是电气设备引起的。

此外，在战斗中由于飞机和军舰上电子系统受到敌方或己方的干扰不能正常工作而导致事故的情形屡见不鲜。尤其在航天飞机、普通飞机及舰艇中，大量的电子设备密集在狭小的空间，相互间的电磁兼容非常关键。20 世纪 60 年代中期，由于受到舰载对空搜索雷达的电磁干扰，美国损失了多架美海军驱逐舰舰载遥控反潜直升机。1967 年 7 月，在美国航空母舰"福莱斯特"号上，火箭弹受雷达扫描波束照射而突然被引爆，造成该舰上 134 人丧生、27 架飞机被毁。1982 年马岛战争期间，英国海军"谢菲尔德"号驱逐舰因雷达天线与通信天线之间存在同频干扰的问题，在实施通信时短暂关闭了警戒雷达，导致了该舰被阿根廷的"飞鱼"反舰导弹重创且最后沉没。1994 年 10 月 27 日，中美黄海对峙，美军对周边沿海基地进行电磁压制，持续三天在空军雷达屏幕上留下 200~700 架次飞机信号。

显而易见，电磁干扰问题由来已久，但电磁兼容这一新的学科却是 20 世纪才形成的。

在干扰问题的长期研究中，人们从理论上认识了电磁干扰产生的原因，明确了干扰的性质及数学物理模型，逐渐完善了干扰传输及耦合的计算方法，提出了抑制干扰的一系列技术措施，建立了电磁兼容的各种组织及电磁兼容系列标准和规范，逐渐在电子学中形成一个新的分支——电磁兼容。因此电磁兼容学科是在认识电磁干扰、研究电磁干扰和对抗电磁干扰的过程中发展起来的。

国外在研究、制定和实施电磁兼容性标准方面已有较长的历史。由于电磁干扰已成为系统和设备正常工作的突出障碍，为了保证电磁兼容的实施，国际有关机构、各国政府、军事部门以及其他相关组织制定了一系列电磁兼容性标准和规范，标准和规范对设备或系统非预期发射和非预期响应做出了规定和限制。1934 年国际无线电干扰特别委员会（International Special Committee on Radio Interference，CISPR）成立，研究如何处理国际无线电干扰问题，是国际间从事无线电干扰研究的权威组织。1946 年的全会决定将 CISPR 成为国际电工技术委员会（International Electrotechnical Commission，IEC，1906 年成立）的一个特别委员会，目前有 A~I 六个分会，囊括了包括无线电、工业、医疗设备、电力、家电和信息设备等的电磁兼容标准。1981 年成立的国际电工技术委员会第 77 技术委员（TC77），主要从事抗扰度标准以及低频（≤9kHz）和高频（>9kHz）电磁发射标准的制定，目前有 SC77A、B、C 3 个分会。CISPR 和 TC77 是 IEC 目前负责制定电磁兼容（EMC）标准的两个平行组织。这两个组织出版的关于测量技术的规范、推荐干扰的允许值标准及控制干扰发射的报告，已为世界许多国家所采用，成为世界各国的通用标准。

我国由于过去的工业基础比较薄弱，对电磁兼容的研究认识不足，起步较晚，与国际间的差距较大。近些年来，随着我国经济建设及科学技术的飞跃发展，对电磁兼容的研究出现了热潮。有关电磁兼容的学术组织纷纷成立，开展了一系列学术活动。国内不少单位都建设或改造了电磁兼容实验室，引进了较先进的电磁干扰和电磁敏感度自动测试系统和设备。同时，国家有关部门对电磁兼容技术十分重视，逐步建立了电磁兼容性标准体系，至今已出台了百余种电磁兼容相关标准，并同步制定了若干国家军用电磁兼容性标准。

自 20 世纪 80 年代，电磁兼容成为十分活跃的学科领域后，许多国家在电磁兼容标准与规范、分析预测、设计、测量及管理等方面均达到了较高水平。现在电磁兼容已不仅限于电子和电气设备本身，还涉及电磁污染、电磁饥饿等一系列生态效应及其他学科领域。

1.2 电磁兼容的基本概念

电磁兼容是指电子、电气设备或系统的一种工作状态，在这种工作状态下，它们不会因为内部或彼此间存在的电磁干扰而影响其正常工作。电磁兼容性则是指电子、电气设备或系统在预期的电磁环境中，按设计要求正常工作的能力，它是电子、电气设备或系统的一种重要的技术性能。从电磁兼容的观点出发，除了要求电子、电气设备按设计要求完成其基本功能外，还有两点电磁兼容的要求：

1）设备具有抵抗给定的电磁干扰的能力，并且有一定的裕量。

2）设备不对外产生超过限度的电磁干扰，确保不干扰外在设备。

随着电气电子技术的发展，家用电器产品日益普及和电子化，广播电视、邮电通信、计算机及其网络的日益发达，电磁环境日益复杂和恶化，电气电子产品的电磁兼容性越来越受到各国政府和生产企业的重视。严格地说，只要把两个以上的元器件置于同一环境中，工作时就会产生电磁干扰。在同一电子设备中的各部分元器件或电路会存在相互干扰，在系统内部各设备之间会出现设备间的相互干扰，在系统之间会出现系统间的相互干扰。故客观事实使人们认识到电磁干扰的严重危害，为了保证设备和系统的正常工作以及保障系统效能，电磁兼容设计在产品设计各阶段都非常重要，故必须在各阶段进行严格的电磁兼容设计，使电磁兼容设计贯穿于研制、设计、生产、工艺、试验和使用等阶段。

贯彻和执行相关电磁兼容标准和规范是实现系统电磁兼容性、提高系统性能的重要保证。自 1996 年开始，欧共体就对其统一市场做出了规定：任何没有欧洲共同体（Conformité Européenne，CE）认证即"CE"标记的电气和电子设备不得进入欧洲共同体市场。我国政府也已作出规定，自 2003 年 8 月 1 日起，任何没有中国强制性产品认证（China Compulsory Certification，CCC，即 3C 认证）标志的电气和电子设备不得进入中国市场。而 CE 认证和 3C 认证均包含了对电磁兼容的要求。

CISPR 和 GB/T 4365—2003 等国际和国内相关电磁兼容标准，涵盖了上述电磁干扰和电磁敏感度要求，对相关电气和电子设备的电磁兼容性能做了强制性要求。标准与规范的种类和数目是相当多的，就其涉及的内容而言，它主要有以下几个方面：

1）规定了电磁兼容领域内的名词术语。

2）规定了电磁兼容测量方法。

3）规定了电磁干扰和电磁敏感度的极限值。

4）规定了设备、系统的电磁兼容要求及控制方法。

电磁兼容性和人们所熟悉的安全性一样，是产品质量最重要的指标之一，它涉及人身安全和环境保护等。

1.2.1　电磁干扰

在人们的日常生活中经常会遇到这样一些情况：正常收听广播或收看电视节目的时候如果户外有汽车驶过，很容易造成收听或收看质量下降；在家玩电子游戏机时，常常造成邻居家电视机的某些频道无法正常收看。这说明，凡有电、有开关的设备均会产生电磁干扰。

干扰类型通常按干扰产生的原因、噪声的波形性质和干扰发射模式的不同来划分。其中：按噪声产生的原因不同，分为放电噪声、浪涌噪声、高频振荡噪声等；按噪声波形、性质不同，分为持续噪声、偶发噪声等；按干扰发射模式不同，分为传导干扰和辐射干扰。

干扰源发出电磁干扰能量，经过耦合途径将干扰能量传输到敏感设备，使敏感设备的工作受到干扰，这一作用过程称为电磁干扰效应，如图 1-1 所示。形成电磁干扰必须具备下列三个基本要素：

图 1-1　电磁干扰三要素

1）干扰源：产生电磁干扰的任何元件、器件、设备、系统或自然现象。

2）耦合途径或称耦合通道：将电磁干扰能量传输到受干扰设备的通路或媒介。

3）敏感设备：受到电磁干扰的设备，或者说对电磁干扰出现影响的设备。

干扰源的种类很多，有自然干扰源和人为干扰源：自然干扰源包括大气干扰、雷电干扰和宇宙干扰；人为干扰源包括功能性干扰及非功能性干扰：功能性干扰指系统中某一部分的正常工作所产生的有用能量对其他部分的干扰；而非功能性干扰指无用的电磁能量所产生的干扰，例如各种点火系统产生的干扰。

此外，人为干扰和自然干扰有可能使系统或设备的性能发生有限度的降级，甚至可能使系统和设备失灵，干扰严重时会使系统和设备发生故障，例如由于雷电和静电放电干扰和其他人为干扰，使火箭、飞船发射后出现计算机故障或系统爆炸的事故多次发生。各种强电干扰可能引起易挥发燃料、弹药和电爆装置的爆炸。同时，长期的电磁辐射将影响人体健康。

干扰的耦合途径分为两类：传导耦合途径和辐射耦合途径。传导耦合途径要求在干扰源与敏感设备之间有完整的电路连接，该电路可包括导线、供电电源、机架、接地平面、互感或电容等，只要一个返回通路将两个电路直接连接起来，就会发生传导耦合，此返回通路可以是另一根导线，也可以是公共接地回路、互感或电容。辐射耦合途径是干扰源的能量以电磁场的形式传播的，根据干扰源与敏感设备的距离可分为近场耦合模式和远场耦合模式，辐射耦合不仅存在于两天线之间，设备的机壳、机壳的孔洞、传输线及元器件之间都可能存在辐射耦合。

传导电磁干扰是指干扰源通过导电介质（例如电线）把自身电网络上的信号耦合（干扰）到另一个电网络。最常见的例子是我们电脑中的电源会对家里的用电网络产生影响，在电脑开机的同时家里的电灯可能会变暗，这在使用杂牌劣质电源的电脑上表现得更为明显。而在当今电源的内部结构中，一二级电磁干扰（EMI）滤波电路是必不可少的，这里的"EMI"针对的就是电磁传导干扰，以防止电源工作时对外界产生太大的影响。

辐射电磁干扰是指干扰源通过空间把自身电网络上的信号耦合（干扰）到另一个电网络，往往被简称为电磁辐射。最常见的例子手机接打电话时会干扰收音机的接收效果，使音质清晰度大大降低。人体生命活动包含一系列的生物电活动，这些生物电对环境的电磁波非常敏感，因此过量的电磁辐射可以对人体造成影响和损害，人们常常担忧的"辐射"也就是指这部分电磁辐射干扰。机箱上的 EMI 触点是为降低屏蔽机箱内部的电磁辐射干扰而设计的，机箱上具有种种防辐射设计，例如 EMI 弹片、EMI 触点，这里"EMI"针对的就是辐射电磁干扰，以减小机箱内电磁波传播到外部的量。

1.2.2　电磁敏感度

在电磁兼容实际工程中，人们同样也关心设备受到干扰作用后是否影响了它的工作性能等问题。电磁敏感度就是指由于在外界的电磁干扰环境下，电气电子设备自身性能下降的容易程度，它反映了设备或系统的抗干扰能力。通常把引起设备性能降低的最小干扰值称为电磁敏感度门限值，以电平来表示，电磁敏感度电平（刚刚开始出现性能降低时的电平）越高，表示受干扰信号响应的可能性越小，说明该设备抗电磁干扰的能力越好。反之，电磁敏感度门限越低，电磁敏感度电平就越小，设备受干扰信号响应的可能性也就越高，设备抗干扰能力越弱。例如同样受到电吹风或电剃须刀的干扰，有些电视机的屏幕上出现了雪花噪点，有些电视机却安然无恙。这表明在受到电磁干扰"攻击"的情况下，前者的电磁敏感度较高，更易受伤，也就是"防御力"较低；而后者的电磁敏感度较低，不易受伤，即"防御力"较高。

不同类型的敏感设备，其电磁敏感度门限的表达形式不一样，大多数是以电压幅度表示。敏感度门限的概念在分析设计和预测电磁兼容性中是描述敏感设备电磁特性的重要参数。同时，一般认为设备的电磁敏感度主要取决于其灵敏度和频带宽度。电子设备的灵敏度与电磁敏感度成反比，频带宽度与电磁敏感度成正比。

电磁敏感度包括对传导发射的敏感度和对辐射的发射敏感度。传导敏感度是利用外在的干扰源或信号发生器耦合到待检验的设备电路中，干扰源或信号发生器可能通过功率放大器或耦合变压器接入，接入的部位有电源线、地线，接入的信号有一定频带宽度的持续信号或尖峰信号，观察设备的正常工作是否被外在干扰源影响；辐射敏感度试验的目的是检验设备能否抵抗外界的电磁干扰，这种干扰是指来自同一电磁环境下的其他产生电磁辐射的设备。例如无线广播的发射台、雷达、射频加热设备等。空间的电磁干扰进入机箱内部电路的途径有两种，一种是电磁干扰以场的形式直接耦合到敏感电路；另一种是空间的电磁干扰耦合到进出机箱的线缆上，耦合的噪声通过线缆进入电路，对电路造成干扰。

1.3 传导和辐射电磁干扰

1.3.1 传导电磁干扰

电流通常流经两根导线，即信号通路和返回通路，形成闭合回路，这两根导线作为往返线路输送能量或信号。通常在这两根导线之外还有第三个导体，即地线。因此，电流流经设备的电源线、信号线或与外围设备接口的线路时，电流还会通过信号地的导线（一般称为信号地线）返回。根据干扰电压电流通过导线传输时传导干扰方式的不同，可以把传导电磁干扰分为差模（Differential Mode，DM）和共模（Common Mode，CM）干扰两种形式，它们产生的机理有所不同。

1.3.1.1 差模干扰

差模干扰指的是存在于信号线及其信号地之间的干扰电压。例如，在供电电源端，两根线上的压差叫差模电压，在上面产生的尖峰、跌落、中断等干扰就称为差模干扰。通常情况下，电源输出差模干扰电压到负载，在信号通路和返回通路分别存在两个大小相等方向相反的电流，即差模电流。差模电流中含有两种分量，即有用的功率信号和不需要的干扰信号。

差模干扰产生的噪声流通路径与电源电流或信号电流的流通路径一样（见图1-2），所以减小差模噪声的方法是在信号线或电源线上串联差模扼流圈、并联电容器或用这二者组成滤波器，使电源电流或信号电流全部通过，同时尽量衰减差模干扰电流，减小差模传导噪声。

理想情况下，这个差模电流产生相反的场并相互抵消。但是，要使差模电流产生的场完全抵消，需要信号线和返回线长度完全相同，并且信号通路和返回通路之间的距离足够小。这在实际中是难以做到的，所以只能使场尽量相互抵消。

1.3.1.2 共模干扰

共模干扰是指在信号通路和返回通路上流过幅度相等、相位相同的电流（见图1-3），并通过大地、金属机箱等参考地返回，形成闭合回路，这个干扰电流称为共模电流，共模电流回路一定要流经大地或金属机箱等参考地。共模电流不传递有用的信号，如果信号通路和返回通路对参考地的路径或阻抗不平衡，即共模电流回路不对称时，共模干扰有部分会转化为差模干扰。

共模干扰是两个幅度相等、相位相同的信号，共模信号会影响电路的正常工作，也会以电磁波的形式干扰周围环境。共模干扰通常用共模电感和共模电容来抑制共模干扰，在信号线或电源线中串联共模扼流圈、在信号线与参考地之间并联共模电容器，组成 LC 滤波器进行共模滤波，滤除共模干扰。

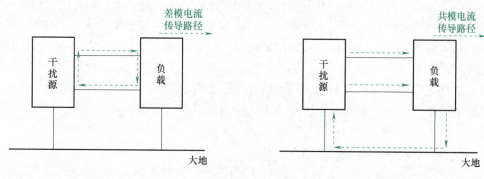

图 1-2　差模电流示意图　　　　　　　　图 1-3　共模电流示意图

1.3.2　辐射电磁干扰

辐射电磁干扰是指电磁干扰源辐射出能量，通过介质（包括自由空间）以电磁波和电磁感应的形式传播。因此构成辐射电磁干扰源必须具备两个条件：①有产生电磁波的源；②能将电磁波的能量辐射出去。构成辐射干扰源的设备结构必须是开放式的，几何尺寸和电磁波的波长必须在同一量级，才能满足辐射条件。显然，并非所有设备都能辐射电磁波，当结构件、元器件或部件满足辐射的条件时，才能起到发送天线和接收天线的作用。

辐射电磁干扰实质上是通过空间将传输干扰源的电磁能量以场的形式向四周空间传播。在考虑辐射问题时，射频干扰的波长与物理尺寸是干扰的重要因素，射频干扰电流将产生电磁场，电磁场可以通过结构件中的细缝传播。

1.3.2.1　差模辐射

差模辐射是由系统中差模电流的流动引起的，对于一个小的环状天线，当它在地平面之上的场中工作时，差模信号的电流环路产生的差模辐射能量可以表示为

$$E = 131.6 \times 10^{-16} \frac{f^2 AI}{r} \tag{1-1}$$

式中，E 为能量（V/m）；A 为环路面积（m^2）；f 为电流的频率（Hz）；I 为电流的幅值（A）；r 为从发射源到接收天线之间的距离（m）。

式（1-1）适用于自由空间中的小型环状天线，且在天线周围附近没有任何反射物体。但是，大多数电子产品的辐射都是在地平面的开阔场地上进行的，而不是所谓的自由空间进行。地面反射可能辐射发射的测量结果增加，最大可达 6dB，考虑到这个因素，上式必须乘以修正系数 2，即式（1-1）可以重写为

$$E = 263 \times 10^{-16} \frac{f^2 AI}{r} \tag{1-2}$$

式（1-1）和式（1-2）表明，差模辐射发射大小与频率的二次方、环路面积和电流值成正比。

在实际应用中，控制差模辐射发射的方法包括：减小环路的电流大小、减小电流信号的转折频率和尽可能减小环路面积。例如在印制电路板（Print Circuit Board，PCB）布局布线过程中，注意高速时钟信号、数据总线和地址总线等，这些信号或总线通常是系统中频率最高的信号，应保证高速时钟信号、数据总线和地址总线有毗邻的地回流线。

信号的回路中，尽量减小信号通路和返回通路导线的距离，使两根导线上产生相反的场，它们相互抵消，使差模辐射发射减到最小。

1.3.2.2　共模辐射

共模电流引起的射频（Radio Frequency，RF）场的值是往返通路中电流产生的场的总和，是主要的辐射源。

共模辐射是共模信号的电流环路产生的辐射，是由于电路中不需要的电压降产生的，这种电压降使系统的某些部件与真正的地之间形成一个共模电位差。一般来说，共模辐射发射来自于系统中的电缆。共模发射可以模拟成一个短的单极子理想天线，天线由共模电压驱动。对于一个地平面上长度为 L 的短单极子理想天线，在距离为 r 的点测量到的电场强度可以表示为

$$E = \frac{4\pi \times 10^{-7} fIL}{r} \sin\theta \tag{1-3}$$

式中，E 为电场强度（V/m）；f 为电流的频率（Hz）；I 为电流的幅值（A）；L 为天线的长度（m）。

对于非理想天线，假设某一个方向的发射强度最大，式（1-3）可以整理为

$$E = 12.6 \times 10^{-7} \frac{fIL}{r} \tag{1-4}$$

式（1-4）表明，辐射发射大小与频率、天线长度和天线上共模电流值成正比。

控制共模辐射发射时，需要尽量减小信号转折频率，即增加信号的上升沿时间，这一点与差模辐射发射控制类似。

1.3.2.3　近场和远场干扰

电磁辐射源产生的交变电磁场可以分为两部分：一部分电磁场能量在辐射源周围空间及辐射源之间周期性地来回流动，不向外发射，称为感应场；另一部分电磁场能量脱离辐射体，以电磁波的形式向外发射，称为辐射场。一般情况下，电磁辐射场根据感应场和辐射场的不同，可以分为近场和远场，近场又称感应场，远场又称辐射场。

要区分天线近场和远场时，首先要了解不同的场是如何产生的。当射频信号应用于任何形式的天线时，都会产生电场和磁场，施加到天线信号的电压会产生电场（通常称为 E 场），但是电流也会在天线导体中流动，并且该电流会产生磁场（通常称为 H 场）。同时，电场和磁场会相互作用，形成与天线相关的电磁场。

判定近场、远场的准则是以离场源的距离 r 来定的。近场和远场的一般判定规则如下：

近场：近场区域是靠近天线的区域，它也可以称为感应性近场区域。在该区域中，分别由干扰电压产生的电场和干扰电流产生的磁场占主导地位。以场源为中心，在 3 个波长范围内的区域，通常称为近场。近场区内，电场强度与磁场强度的大小没有确定的比例关系，对

于高电压小电流的场源，电场要比磁场强得多，如发射天线等；对于低电压大电流的场源，磁场要比电场大得多，如某些感应加热的设备等。另外还有一个过渡区，这是近场和远场区域之间的区域，其中两种类型的场都不占主导地位，并且存在从一种场到另一种场的过渡。它也可以称为辐射近场区域。

远场：顾名思义，远场区域是过渡区以外的局部电场和磁场，在该区域中，电磁波占主导地位并且是唯一可检测的。以场源为中心，在 3 个波长之外的空间范围，通常称为远场。在远场区域，电场强度与磁场强度有如下关系，$E = 377H$，电场与磁场的方向相互垂直，并且都垂直于电磁波的传播方向。

通常来说，对于一个固定强度的电磁辐射源来说，近场辐射的电磁场强度较大，远场辐射的电磁场强度较小。

1.4 电力电子装置的发展及其电磁兼容问题

电力电子高频变换技术的应用使电能转换，特别是电能的频率转换进入了更加自由的时代，从而使电力电子装置在节约电能、降低原材料消耗、提高系统可靠性等方面的优点得到了更加充分的体现。作为电源与控制设备，电力电子装置在许多行业得到了广泛的应用，如有源滤波、超导储能，交流电机的变频调速，广播、通信、宇航、卫星用的电源，各种工业动力设备、医疗仪器、家用电器的电源等都要用到电力电子装置。

除此之外，电力电子化还是电力系统发展的必然趋势与解决该技术难题的重要手段。自电力系统建立以来，对电能的灵活控制、特性调节和有效储存一直是人们在解决的重大科学技术难题。故电力电子技术在电力系统发挥出越来越大的作用，并逐渐使电力系统走向智慧可控这一重大需求得以实现，它不仅以不同时间尺度的快速固态通断替代了传统电路中的机械开关，而且通过各类拓扑结构的变换改变着电力系统的运行功能和电气性能，使其从基本不可控转变为可控、自动可控到智慧可控。

从整体来看，源—网—荷—储装备的电力电子化是新一代电力系统发展的重要趋势和基本特征，电力系统从发电、输电、配电和用电侧都需要使用大量电力电子装置。截至 2023年底，全国可再生能源发电累计装机容量占全部电力装机的 52%。这一数据表明，可再生能源在全国电力装机中的占比已经超过了燃煤机组。在电网侧，特高压直流、柔性直流和柔性交流输电技术广泛应用，输电网络的大功率电力电子变换器应用改变了电源与负荷之间的相互作用规律；在负荷侧，分布式发电、直流配电网和微电网技术蓬勃兴起，智能移动设备和电动运输工具（电动汽车、高铁和电驱舰船）等越发普及，负荷侧逐渐走向高度电力电子化。此背景下，新能源发电和储能的大量接入以及用户对供电的多元化需求，促使电网加快了电力电子化的进程。

在电力电子设备为人类生产、生活带来巨大便利的同时，因其开关工作方式，使它的电磁兼容性能受到挑战：一方面，不良的电磁兼容性能会使其对外造成干扰，影响其他设备的正常工作；另一方面，电力电子装置本身也会受到电磁干扰的影响，使其可靠性下降。电力电子装置在工作中，将发出强烈的电磁干扰，该干扰主要来自于半导体开关器件，开关器件在开通和关断中，由于电压和电流在短时间内发生跳变，从而形成电磁干扰。由于电力电子装置换流过程中产生前后沿很陡的脉冲（如 IGBT 的 di/dt 可达 $2kA/\mu s$，dv/dt 可达 $6kV/\mu s$

甚至更快），从而引发了严重的电磁干扰。

随着以第三代功率半导体（碳化硅和氮化镓）器件的快速发展，电力电子装置的电磁环境将比传统电力电子装置（硅器件）更为复杂。与硅器件相比，碳化硅和氮化镓器件虽然带来了一些开关动作性能上的提升：如开关频率更高、动作速度更快（见表 1-1），对电力电子装置的轻量化和高功率密度起到了促进作用，但与此同时却严重加剧了功率耗散和电磁兼容性能的恶化。由于新型电力电子器件在运行中产生的电磁干扰具有幅值更大、频率更高、谐波更复杂的特征，因此在新型器件逐渐取代传统硅器件的发展趋势下，电磁干扰问题将更加突出。可以说，以高功率密度和高开关频率为主要特征的电力电子装置面临的巨大挑战之一是电磁兼容问题。

表 1-1 中通过双脉冲测试电路测得回路电流为 300A 工况下，最大 dv/dt 以及关断时电压的上升时间 T_f。

表 1-1　不同功率器件关断电压变化率及上升时间

器件	CM300DX-34SA（Si 功率器件）	FF300R17ME4P（Si 功率器件）	CAS300M17BM2（SiC 功率器件）
$(dv/dt)/(V/\mu s)$	3133	3514	15090
$T_f/(ns)$	321	276	59

电力电子装置与系统在工作时之所以会产生电磁干扰，很大程度上是由于高开关速度、高开关频率产生的脉冲宽度调制（Pulse Width Modulation，PWM）信号和分布参数共同作用导致的。现在几乎所有的用电场合都能看到电力电子装置及系统的应用，因此其 EMC 问题不容忽视。

1.4.1　整流电路带来的低频谐波问题

AC-DC 整流是电力电子变换中最常见的电路之一，例如家用电器中的电子计算机、彩色电视机、空调器、电冰箱等都是 AC-DC 电路，它的前端与交流电网直接相连，这种二极管不控整流电路最简单、价格最低廉。但是这种整流电路会产生谐波低频干扰和电磁噪声，通过传导耦合的方式流入电网。当这种整流电路的功率较大时，会对电网造成很大的干扰。

图 1-4a 示出了一种应用极为广泛的不控整流电路，该电路输入端为单相 220V 的交流电网，经整流电路后端接一个大电容以得到波形较为平直的直流电压。这个整流电路输入交流电压 v_s 是正弦波，仅在交流电压 v_s 的瞬时值大于电容电压 V_D 时才有输入电流 i_s，因此输入交流电流 i_s 波形严重畸变呈脉冲状，如图 1-4b 所示。此外，该电路的直流输出电压 V_D 的最低次谐波频率为 2 次谐波，需要很大的滤波器才能得到平稳的直流电压。

当将图 1-4 中的四个二极管改为晶闸管相控整流来得到输出可控的直流电压时，在相控直流电压 V_D 较低时电源侧功率因数低，同时交流电源输入电流中仍含有大量的谐波电流。谐波电流对电网有严重的危害作用：

1）谐波电流流过线路阻抗造成谐波电压降，使电网电压（原来是正弦波）也发生畸变。

2）高次谐波电流还可能危害通信线路；谐波电流会使线路和配电变压器过热，损坏电器设备。

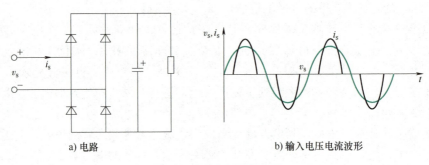

a) 电路　　　　　　　　　　b) 输入电压电流波形

图 1-4　AC-DC 整流电路

3）谐波电流会引起电网 LC 谐振；高次谐波电流流过电网所产生的谐波电压可能使电容器过流、过热而爆炸。

4）在三相四线制电路中，中线流过三相的 3 次谐波电流（3 倍的 3 次谐波电流），使中线过电流而损坏。

5）此外相控整流谐波电流还使整流负载交流输入端功率因数下降，其结果是发电、配电及变电设备的利用率降低，功耗加大，效率降低。

为了减小 AC-DC 变流电路输入端谐波电流造成的严重后果，确保电网良好运行，提高电网的可靠性，同时也为了提高输入端功率因数，必须限制 AC-DC 整流电路的输入端谐波电流。现在，限制电网谐波电流相应的国际标准已经颁布实施，如 IEC 61000-3-2，EN60555-2 等，一般规定各次谐波电流不得大于某极限值。以 IEC 61000-3-2 为例，该标准为合理规范设备电流，对用电设备分为 A、B、C、D 四类，其中 A 类设备为平衡的三相设备，B 类为便携式工具，C 类为照明设备，D 类为输入电流具有特殊波形和有功功率小于 600W 的用电设备，标准同时针对不同类型设备制定对应谐波电流限值。表 1-2 给出了 IEC 61000-3-2 标准中针对 C 类设备的谐波电流限制值。

表 1-2　IEC 61000-3-2 标准中针对 C 类设备的谐波电流限制值

谐波阶次	2次	3次	5次	7次	⋯
谐波电流（%）（以基波为基数）	2	30	10	7	⋯

为了减小电流谐波，可以在图 1-4a 的整流器和电容之间接入一个滤波电感，增加电流 i_s 的导电宽度，减缓其脉冲性，从而减小电流的谐波成分。或者在交流侧并联接入谐振滤波器，使 i_s 的谐波电流经 LC 谐振滤波器形成回路而不进入交流电源。无源 LC 滤波器的优点是：简单、成本低、可靠性高、电磁干扰小；缺点是：体积、重量大，难以得到高功率因数（一般提高到 0.9 左右），工作性能与频率、负载变化及输入电压变化有关，电感和电容间有大的充放电电流并可能引发电路 L、C 谐振等。

如果在不控整流电路和负载之间接入一个高频 PWM DC-DC 开关变换器，应用电流反馈技术，使交流电源电流 i_s 波形跟踪交流输入正弦电压波形，i_s 接近正弦并与正弦电压同相，从而使输入端总谐波畸变率 THD<5%，而功率因数可提高到 0.95 或更高。这种 Boost 型功率因数校正器（Power Factor Correction，PFC）的主要优点是输入电流连续，提高了电源侧的功率因数，现在已广泛应用于 AC-DC 开关电源、交流不间断电源（Uninterruptible Power

Supply，UPS)、荧光灯电子镇流器及其他电子仪器电源中。这种电路减小了整流电路带来的低频谐波问题，但是却引入了高频 PWM 开关，引起高频 EMI 问题，如下节所述。

1.4.2　高频 PWM 导致的电磁干扰问题

近年来，由于 Si、SiC 和 GaN 等电力电子器件的飞速发展，PWM 技术在电力电子装置中得到了广泛应用。因此在主功率电路中，会流过一系列的 PWM 功率脉冲，其频率从几kHz 到几百 kHz 不等，这些脉冲所包含的干扰可以达到几 MHz 到几百 MHz 的频率范围，而且产生的电磁干扰强度更大。

电力电子装置中功率器件的高频高速开关给系统带来了复杂的电磁干扰噪声，这些干扰通过传导和辐射的耦合方式，严重污染周围电磁环境和电源系统，同时也会影响自身装置中的电子元器件和供电电源的可靠运行，已经成为整个系统可靠性问题的瓶颈之一。另外，以共模电流为代表的共模电磁干扰会流经推进电机的轴承和绝缘，带来严重的腐蚀和损耗，威胁电机的可靠运行。由于电力电子装置的电磁干扰主要来源于其中的高频高速开关器件，需要从电磁干扰源头和传播路径出发，分析电磁干扰的产生原因和具体影响，从而进行针对性的电磁干扰抑制。

因此，电力电子装置的干扰源就是电力电子开关器件的快速开关动作，比如 DC-DC、单相和三相 DC-AC、单相和三相 AC-DC，这些电路中的一个或多个开关器件都要高频高速开关，因此这些开关器件作为电磁干扰源，表现在 PWM 输出信号主要有以下三个方面的特征：

1）高 dv/dt。在电力电子开关器件通断瞬间，电压的跳变会与电容作用产生很大的充放电电流，实际中主电路和驱动电路都会存在各种对大地（或机壳）的杂散分布电容，1nF的电容就可以产生几十安培的电流瞬态脉冲，使得电力电子装置成为典型的电磁干扰发射源，对系统产生幅度高、频带宽的电磁干扰。

2）大 di/dt。开关器件在通断瞬间的电流变化会在回路的杂散电感上感应出电压，在目前的大功率变换系统中，杂散电感一般尽量压缩在百 nH 级别，但是 100nH 的杂散电感可以激励 1000V 以上的电压干扰。另外，有较大的 di/dt 的电流环路也是一个辐射源，将对空间产生辐射电磁场。

3）为了驱动上述开关器件，需要控制电路输出 PWM 信号，这些 PWM 控制信号本身也具有一定的 dv/dt，该 PWM 信号和产生信号的高频脉冲时钟波形也会产生一定的电磁干扰。同时，由于控制电路的电压比较低，控制电路也容易受电磁干扰的影响。

采用上述提到的一级开关电路可以 DC-DC、单相和三相 DC-AC、单相和三相 AC-DC 变换，但是这种一级变换电路常常不能满足负载对供电电源品质和供电特性的需求，电能变换的特性、体积、重量等不一定是最优的，变换器可能使供电电网功率因数降低、电网电压脉动或使电网遭受谐波污染。实际中经常采用几个电力电子开关电路级联，组合成多级开关电路构成电力电子装置对系统供电，可以满足负载的供电要求，并且减少甚至消除电力电子装置对电网的负面影响。例如在图 1-5 所示的直流电源供电时采用直流-交流、交流-直流两级变换电路，实现具有中间交流环节的直-交-直变换，得到恒定直流或可变直流电源。又如图 1-6所示的交流电源供电时采用交流-直流、直流-交流两级变换电路，实现具有中间直流环节的交-直-交变换，得到变频、变压交流电源。采用多级开关型变压或变频电源，在某些应用中可以获得更好的技术特性和经济效益，或满足特定的技术要求。

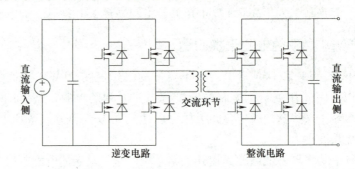

图1-5   直流电源多级变换电路拓扑

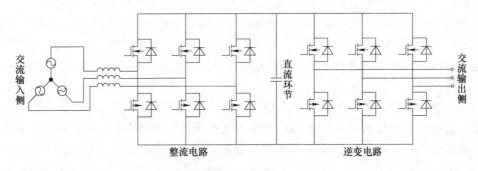

图1-6   交流电源多级变换电路拓扑

上述多级开关变换电路包含多组开关器件，每一级变换器件的开关频率通常都不同，动作时序也不一样。因此每一级变换电路都可以看成是一组干扰源，多级开关变换就包括多组干扰源，不同干扰源的 $\mathrm{d}v/\mathrm{d}t$ 和 $\mathrm{d}i/\mathrm{d}t$ 不同，最后的作用效果也不相同，分析时需要等效为多组干扰源。

同时实际的电力电子装置需要低压辅助电源给整个控制系统供电，包括控制电路、开关器件的驱动电路、信号检测和显示等。该低压、小功率辅助电源通常采用隔离型 DC-DC 变换，如 Flyback、Forward 电路。虽然这种 DC-DC 变换输出低电压、小功率，但是其开关也处于高速开关模式，也会产生很大的 $\mathrm{d}v/\mathrm{d}t$，也是一个很大的干扰源，实际系统中产生的EMI 可能也很大，需要特别注意。

1.4.3   电力电子装置的差模和共模干扰

在电力电子装置和系统中，由于电磁干扰源是由于对开关器件进行 PWM 控制，其产生的 PWM 输出电压和电流脉动都很大，因而产生的电磁干扰也很大。从传播路径来看，传导干扰也包括差模（DM）和共模（CM）干扰两种，它们有很大的区别。考虑电力电子装置对电网的电磁干扰，差模干扰是指相线之间的干扰，直接通过相线与电源形成回路，它主要是由电力电子装置产生的脉动电流引起的。共模干扰是由较高的 $\mathrm{d}v/\mathrm{d}t$ 与杂散参数相互作用而产生的高频振荡，它流过相线、对地杂散参数再到参考地。由于开关器件端子上的 $\mathrm{d}v/\mathrm{d}t$ 是最大的，所以开关器件与散热器的寄生电容会形成很大的充放电电流，即共模电流。

图 1-7 和图 1-8 示出了差模和共模干扰各自的回路，差模干扰回路中有一个差模干扰源

V_{DM}，该差模干扰源通过电源的相线（L）与中性线（N）形成差模干扰，差模干扰电流为 I_{DM}；共模干扰回路中有一个共模干扰源，该共模干扰源通过相线（L）、中性线（N）与地线（E）形成共模干扰回路，共模干扰电流为 I_{CM}。差模和共模回路的区别在于差模电流只在相线和中线之间流动，而共模电流不但流过相线和中线，而且还流过地线。

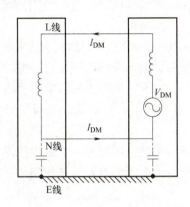 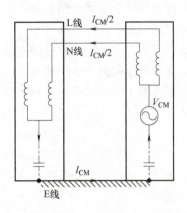

图 1-7　差模干扰回路示意图　　　　　　图 1-8　共模干扰回路示意图

本节以 DC-AC 逆变器为例，简要介绍电力电子装置中共模、差模干扰产生机理与传导路径。DC-AC 逆变器在采用 PWM 调制时，产生了很好的正弦波，但也在输出端叠加了高次谐波，虽然经 LC 滤波器能衰减大部分谐波分量，但仍然残留了一部分高次谐波，在输出端产生差模干扰，尤其是当逆变器的 LC 滤波器对谐波衰减得不够多的时候，输出侧的电压谐波就比较严重，从而引起差模传导干扰。

PWM 逆变器的共模干扰有两条，如图 1-9 所示：一条干扰路径是朝向逆变器的输入侧，如图中虚线所示的共模电流路径 1，共模电流从散热器流向参考地，通过测量所用的线路阻抗稳定网络（Line Impedance Stabilization Network，LISN）回到直流侧，再通过直流输入线流向逆变桥；另一条干扰路径朝向输出侧，如图中虚线所示的共模电流路径 2。大多数负载并不能完全与参考地绝缘，尤其是电机类负载，必须要把电机底座与参考地相连，电机定子绕组对电机外壳有较大的寄生电容，同时定子绕组与转子、转子与电机外壳、转子轴承与电机外壳之间都存在分布电容，由于 $\mathrm{d}v/\mathrm{d}t$ 的作用，就会在逆变器输出侧产生很大的共模干扰电流。该共模电流将流过转子轴承，在电机的轴上形成轴电流，它会大大缩短电机的寿命。

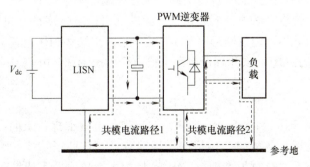

图 1-9　共模电流路径

一般来说，差模干扰的大小由差模电流决定，共模干扰的大小由共模电流决定。由于电路引线的阻抗不平衡会导致差模和共模干扰相互转化。

1.4.4　电力电子装置的磁场和电场辐射

电力电子变换装置主电路上存在着高幅值、快变化的电流和电压，在其周围会产生强烈的电场和磁场辐射。

电力电子装置中的磁场干扰源主要是高 di/dt 导体构成的回路，包括电路中高频开关器件构成的高频电流回路、变压器和电感绕组的漏磁、装置的输入和输出线缆等。电力电子装置的电场干扰源主要是电路中具有很高的 dv/dt 的导体，包括与功率开关管电位快速变化相连的导体或元器件。当设备外壳良好接地时，线缆是电场的主要辐射源，即线缆成为发射天线。

电力电子装置的共模干扰会流过输入、输出线缆及参考地，因此输入、输出线缆可以看成是辐射天线，且是辐射干扰的主要干扰源，因此抑制电力电子装置及系统的辐射干扰首要的是抑制共模干扰。

1.5　电力电子装置及系统的电磁兼容设计

1.5.1　电力电子装置及系统的电磁干扰分析理念

电力电子装置产生的电磁干扰通过传导和辐射耦合到敏感设备。传导干扰是由于传输路径与邻近电路之间的寄生耦合以及内部组件之间的耦合等共同造成，具体来说这些耦合行为表征在电路中就是信号丢失、信号沿路径反射以及与邻近信号线路的串扰等现象。辐射干扰则主要通过空间传播即电磁波的耦合。

如何理解电力电子装置产生的电磁干扰呢？这里有个简单的理解，即干扰的本质是时变电流产生电磁干扰。因为电力电子装置及系统产生电磁干扰的本质是开关器件的快速通断，形成了很大的 dv/dt 和 di/dt，dv/dt 会和分布电容共同作用产生干扰电流，但是 di/dt 一定要流过其他元器件才会形成干扰。同时，将干扰的本质归于时变电流而不是电压还有另一种理解方式，我们视干扰电流为干扰电压源施加于一个阻抗而产生的，即电流始终沿着一条或几条路径流动，最终形成闭合回路。

在此基础上，可以看出控制干扰电流的路径是抑制电磁干扰的一种重要途径。为了控制电流流动路径，可以提供一条返回到原始干扰源的低阻抗射频路径（例如并联电容），或设置一条从干扰源到负载的高阻抗路径（例如串联电感），最终利用电流分流使干扰电流尽量不流通到负载测（测试端）。从此理论出发，目前已出现无源 EMI 滤波器、有源 EMI 滤波器等抑制手段。

对于电磁干扰的分析主要考虑以下四个方面：

1）干扰的频率、时间和幅度。一般来说，出现了电磁干扰，人们习惯于从时域的方面考虑，干扰的能量是通过各种媒介传播的周期性波形，各种正弦波的波长被认为是电磁干扰。但是单独在时域看，有时很难理解 EMI 问题，这就必须采用傅里叶变换转换到频域进行分析。Fourier（傅里叶，1768—1830 年，法国数学家和物理学家）建立了一种分析周期性函数的方法，他证明了任何周期性的信号可以分解为无限个正弦波，每一个都在基本频率的整数倍或者谐波上。干扰的幅度越大，干扰自然也就越大，因此限制干扰能量的幅度是非常重要的。一般来说，干扰始终是存在的，只要使之不干扰电路、装置及系统的正常运行或满足测试的标准就行。

2）耦合路径。电磁干扰以传导、辐射方式耦合电磁能量，引起特定部件的响应。通常这种响应将导致不希望的动作或效果。

3）干扰源和负载阻抗。干扰源和负载（测试接收机）的阻抗会对干扰的大小产生很大的影响，它会显著影响 EMI 滤波器的性能。

4）物理尺寸。射频波长与物理尺寸及其相关，当 PCB 走线或器件上开槽（孔）时，就需要考虑 EMC 的问题。在进行电力电子装置的整机结构和 PCB 走线设计时，要特别注意防止产生天线效应，即避免走线长度与干扰源信号的波长接近，当走线接近干扰信号的某个波长时，就会形成天线效应。例如，设计装置散热孔缝的大小时必须要小于 1cm，因为干扰信号的频率基本低于 1GHz（对应波长为 30cm）。

1.5.2 电力电子装置及系统的电磁兼容设计内容

电力电子装置在现代电力传输和控制中扮演着关键角色，在其发展过程中，电磁兼容（EMC）已成为影响电力电子装置性能的核心因素。分析并理解电力电子装置中电磁兼容相关现象及问题，掌握装置及系统 EMC 建模方法，因地制宜地提出不同场景下电力电子装置面临的电磁干扰问题的解决方案，针对性地完善 EMC 正向设计等工作，将是未来电力电子装置发展的重要基石，为未来电力网络的安全、高效运行提供保障。故本书考虑以电力电子装置的高频分布参数提取为基础，探讨电力电子装置及系统的 EMC 建模方法，并补充说明电气设备中 PCB 在复杂电磁环境中的电磁兼容性问题；更进一步，本书针对传导、辐射电磁干扰阐述若干种抑制方法及防护手段，为电力电子装置及系统所面临的电磁兼容性问题的解决提供指导性思路；最后，本书对 EMC 设计中常用的磁性材料开展介绍，并以设计实例帮助读者理解相关知识。

为方便读者理解电力电子装置及系统的 EMC 设计内容，下文分段总结本书第 2~9 章章节内容：

第 2 章：电磁兼容标准及测试方法。电磁兼容标准是确保电力设备或系统安全、高效工作的重要保障，各类电磁兼容标准规定了相关测试方法，针对设备的电磁干扰特性、抗电磁干扰特性等进行测试，从而评判产品是否满足电磁兼容标准的相关要求，这些电磁兼容标准为如今电气设备、电力网络稳定运行提供帮助。该章介绍了国内外电磁兼容机构及标准的发展历程，阐述电磁兼容标准中规定的各类测试方法，并以 EMI 接收机和频谱分析仪为例，从底层原理上帮助相关研究人员理解 EMC 测试过程。

第 3 章：电力电子装置关键部件的高频分布参数。由于电力电子装置的杂散参数（如电感、电容和电阻）在开关器件高频动作下，显著影响装置功能和稳定性，同时这些高频分布参数是电磁干扰（EMI）的主要传播通道。因此，精确建立和分析这些参数的高频模型，不仅是提高装置电磁兼容性的基础，更是确保系统在复杂电磁环境中稳定运行的关键。本书通过系统的理论介绍和实际应用案例，帮助读者全面理解和掌握高频分布参数的建模与分析技术。

第4章：电力电子装置传导电磁干扰仿真建模。建模是进行电磁兼容设计的关键一环，主要包含时域、频域、时频域三种建模方法。时域 EMI 预测方法的核心是电力电子开关管动态过程的精准描述，具有精度高、物理意义明确、可移植性强、操作方便等特点，但也面临收敛性差、计算时间长的问题。频域建模方法将非线性的开关器件用线性的频域电压源或电流源进行替代，干扰传播计算以频域扫描路径响应完成，牺牲了少许精度换来了计算速度和收敛性的显著提升。综合二者优势的时频域建模则面临振铃难预测的问题，该章剖析并验证了多频点振铃效应的机理。针对 FFT 频谱与 EMI 接收机测量频谱有显著误差的问题，本书介绍了一种模拟算法，将仿真 FFT 频谱干扰转化成 EMI 接收机频谱，能与限值对标，还通过优化中频滤波算法和检波算法，加快了数据处理速度。

第5章：PCB 电磁兼容设计方法。PCB 作为电子元器件的支撑体和电气连接的提供者，是电子设备中不可或缺的组成部分，在现代电子工业中扮演着至关重要的角色。EMC 问题可能导致电路性能下降甚至失效，因此为保证 PCB 电路安全可靠地工作，在 PCB 设计时应避免出现 EMC 问题。该章介绍了 PCB 电磁兼容设计方法，帮助读者深入理解 PCB 的 EMC 问题，从而对 PCB 进行更加合理的设计。

第6章：电力电子装置电磁干扰的滤波技术。电力电子装备的滤波需要在宽频、小体积的要求下性能好，这依赖于准确可靠的设计方法。该章介绍了 EMI 滤波器和回路构造两种滤波技术。从性能指标、拓扑选择、参数设计、体积优化、寄生效应改善等多个方面，本书循序渐进地讲解了滤波器设计方法。从回路构造的思路出发，该章以桥式非隔离型和单级隔离型两类变换器为案例，讨论了回路设计方法及其抑制效果。

第7章：电力电子装置电磁干扰的通用防护方法。电力电子装置在运行过程中可能会产生电磁干扰，电力电子装置的电磁干扰（EMI）防护方法可通过减少传导干扰和电磁辐射，保障电力电子装置在复杂电磁环境中稳定运行，同时减少对周边设备的干扰。电力电子装置电磁干扰的防护方法对于保障设备性能、提升系统可靠性、符合法规要求以及保护人体健康都具有重要意义。该章介绍了几种常用的防护方法，帮助读者深入了解屏蔽、接地、隔离、布线的原理，更好地对电力电子装置的电磁干扰进行抑制。

第8章：电力电子装置辐射电磁干扰的诊断和抑制技术。辐射干扰分析面临主导干扰源和路径不明、抑制设计困难等问题。本书归纳了辐射发射机理，提出了辐射多源干扰诊断技术和辐射路径测量诊断技术，解决了主导干扰源和路径的辨识，为针对性抑制打下坚实基础。该章还整理了辐射干扰源的特征，并基于此列举了三类干扰源抑制技术。辐射干扰的路径抑制相较传导滤波技术有新特点新方法，该章也介绍了辐射滤波器和屏蔽的设计要点。

第9章：磁性材料及其应用。在电磁兼容（EMC）设计中，磁性材料扮演着至关重要的角色。它们作为电磁屏蔽和滤波的关键部分，能够有效减少电磁干扰（EMI）的发射和增强设备对外部电磁环境的抗干扰能力。磁性材料通过其独特的磁导率特性，能够引导、吸收或反射电磁场，减少设备自身产生的电磁辐射泄露到外部环境中。因此在电磁兼容设计中合理选择和应用磁性材料，是提升产品电磁性能、保障设备稳定可靠运行的关键一环。该章介绍了磁性材料的分类及其基本特性，并给出了共差模电感的设计案例，帮助读者理解和掌握磁性材料的选型方法，进行更加经济合理化的设计。

1.6 本章小结

电子产品的电磁兼容（EMC）问题常常被称为"玄学"，实际上电磁兼容是一门实践性很强的工程性学科，在实际应用中除了需要理论计算与建模仿真外，还应该关注实际工程应用中的问题解决，在实践中不断积累总结设计经验，并用于优化相关的仿真模型，通常两者也是相辅相成的关系。

因此，分析电力电子装置电磁干扰的测量方法、产生原因和传播路径，开展相关的EMC仿真设计技术，在PCB设计阶段、电路设计阶段进行EMC设计，通过合理的参数设计，有利于提出抑制电磁干扰的有效抑制手段，减小对外发生的电磁干扰，从而设计出电磁兼容性好的电力电子装置及系统。

在本章节中，首先对电磁兼容发展历史、基本概念进行阐述，并解释电磁干扰现象及不同耦合形式；更进一步，指出未来电力电子装置广阔的应用前景与电力装置及系统中存在的电磁兼容性问题的矛盾，强调针对电力电子装置进行电磁兼容研究的重要性；最后分析电力电子装置及系统的EMI特性，梳理并概括本书各章节内容。

习 题

1. 电磁兼容的定义是什么？
2. 电磁干扰和电磁敏感度的区别是什么？
3. 电磁干扰会造成什么严重后果吗？请调查并结合实际案例进行说明。
4. 简述传导电磁干扰和辐射电磁干扰的定义和区别。
5. 阐述传导电磁干扰中差模干扰和共模干扰的定义，并指出两者传导路径的区别。
6. 整流电路带来的低频谐波问题对于电网有什么危害？
7. 高频PWM信号在电力电子装置中导致的EMI问题有几个方面的特征？请结合书本以及实践经历简单总结。
8. 电力电子装置中磁场辐射和电场辐射的主要干扰源是什么？
9. 电力电子装置EMC的分析理念是什么？
10. 电力电子装置及系统EMC设计的意义是什么？

第 2 章 电磁兼容标准及测试方法

　　由于电磁干扰已成为影响产品高效、可靠、安全工作的重要障碍，国际有关机构、各国政府及军事部门都针对此问题制定了一系列 EMC 标准，对产品非预期发射及非预期响应做出了规范和限制。EMC 标准可分为基础标准、通用标准、产品类标准和专用产品标准。具体而言，基础标准描述了 EMC 现象、规定了 EMC 测试方法、设备，定义了等级和性能判据，不涉及具体产品。通用标准按照设备使用环境来划分，当产品没有特定的产品类标准可以遵循时，使用通用标准来进行 EMC 测试。产品类标准针对某种产品系列的 EMC 测试标准，它往往引用基础标准，但根据产品的特殊性提出更详细的规定。在产品类标准的基础上，形成了专用产品标准，专用产品标准通常不单独形成电磁兼容标准，而以专门条款包含在产品的通用技术条件中。总而言之，EMC 标准是使产品在实际电磁环境中能够正常工作的基本要求。但需要注意的是，产品即使满足了 EMC 标准的基本要求，在实际使用中也可能会发生干扰问题。

　　进一步而言，为了评判产品是否满足电磁兼容标准的基本要求，需要对其进行相关电磁兼容测试。根据测试目的的不同，EMC 测试中包含多种测试方法。针对产品的电磁干扰特性，具体包括传导电磁干扰测试、辐射电磁干扰测试等；针对产品的抗电磁干扰特性，包括了传导敏感度测试、辐射敏感度测试等。同时，根据定义不同，EMC 测试也可分为不同类型：依照产品研制阶段的不同可将 EMC 测试分为预兼容测试及标准测试；依照电磁兼容标准的有无可将 EMC 测试分为标准测试及非标准测试；依照产品的规格可将 EMC 测试分为设备级测试及系统级测试等。

　　本章首先介绍国际及国内电磁兼容标准，包括不同国家及组织旗下制定的各类标准、个别机构的组织架构及部分标准的发展历程；其次，本章详细介绍电磁兼容测试方法，包括传导及辐射电磁干扰测试方法和电磁敏感度的测试方法，阐述测试方法对应的布置配置图，并剖析各装置功能；最后，以 EMI 接收机和频谱分析仪为例，详细介绍了 EMC 测试中电磁干扰频域信息捕捉的设备结构及相关原理。

2.1 国际电磁兼容标准

　　为了规范电子电气产品的电磁兼容性，所有发达国家和部分发展中国家都制定了电磁兼容标准。目前大部分国家的标准都是基于国际电工委员会（International Electrotechnical Commission，IEC）下属机构所制定的标准。IEC 成立于 1906 年，它是世界上成立最早的国际性电工标准化机构，负责有关电气工程和电子工程领域中的国际标准化工作。1906 年 6 月，13 个国家的代表集会于伦敦，正式成立了 IEC，并起草了 IEC 章程及议事规则。1908

年 10 月，由 A·西门子在伦敦主持召开了第一届理事会，通过了 IEC 第一个章程（后经过多次修订），当时有 26 个国家参加会议，英国物理学家、数学家开尔文当选为 IEC 首任主席。

IEC 有两个平行的技术委员会负责制定 EMC 标准，分别是国际无线电干扰特别委员会（CISPR）和第 77 技术委员会（TC77）。CISPR 制定的标准编号为：CISPR Pub. XX，TC77 制定的标准编号为 IEC XXXXX。

CISPR 下设 A、B、D、F、H、I 六个分会：

1) CISPR/A 分会主要负责制/修订关于测量设备和设施、辅助设备及基础测量方法的 CISPR 出版物，研究干扰测量结果的统计分析中所用的抽样方法以及干扰测量与信号接收效果之间的相互关系。目前 CISPR/A 有 WG1（EMC 测量设备和设施规范，制定发射和抗扰度测量设备规范）和 WG2（EMC 测量技术、统计方法和不确定度）两个工作组。

2) CISPR/B 分会主要负责制/修订工业、科学、医疗射频设备、重工业设备、架空电力线、高压设备和电力牵引系统的干扰限值和特殊测量方法的 CISPR 出版物（CISPR11 和 CISPR18）。目前 CISPR/B 有 WG1（工业、科学、医疗射频设备）和 WG2（架空电力线、高压设备和电力牵引系统）两个工作组。

3) CISPR/D 分会主要负责制/修订机动车（船）的电气电子设备、内燃机驱动装置的无线电干扰限值和特殊测量方法的 CISPR 出版物（CISPR12、CISPR21 和 CISPR25）。目前 CISPR/D 有 WG1（建筑物中使用的接收机的保护，包括建筑物使用的所有调频（Frequency Modulation，FM）、调幅（Amplitude Modulation，AM）和电视 TV 等广播接收机的保护）和 WG2（对车载接收机包括机动车上的装置、车载无线电和环境的保护，主要规定了车载射频噪声源影响车上和邻近接收机的试验方法和限值）两个工作组。

4) CISPR/F 分会主要负责制/修订关于家用电器、电动工具、照明设备、接触器、小功率半导体控制装置及类似设备所产生干扰的限值和特殊测量方法的 CISPR 出版物。目前 CISPR/F 有 WG1（主要任务是研究装有电动机和接触器的家用电器、便携工具和类似电子设备的无线电干扰的测量方法和限值）和 WG2（主要任务是讨论照明设备无线电干扰的测量方法和限值）两个工作组。

5) CISPR/H 分会主要是针对无线电业务进行保护的发射限值标准，负责制/修订无线电发射的通用标准。目前 CISPR/F 有 WG1（负责 EMC 产品发射标准的相关文件）、WG2（负责确定发射值的合理性）和 WG3（负责现场测量的通用发射标准）三个工作组。

6) CISPR/I 分会主要负责制/修订关于广播接收机、多媒体设备、计算机及各类信息技术设备所产生干扰的限值和特殊测量方法的 CISPR 出版物。目前 CISPR/I 有 WG1（主要任务是制定广播接收机和相关设备的发射、抗扰度限值和测量方法，维护 CISPR13 和 CISPR20）、WG2（主要任务是制定多媒体设备的发射限值和测量方法）、WG3（主要任务是制定信息技术设备的发射、抗扰度限值和测量方法，维护 CISPR22 和 CISPR24）和 WG4（主要任务是制定多媒体设备的抗扰度限值和测量方法）四个工作组。

早期还有 CISPR 小组委员会 C（电力线、高压设备和电牵引系统的无线电干扰）、CISPR 小组委员会 E（无线接收设备干扰，CISPR 13）和 CISPR 小组委员会 G（信息设备的无线电干扰，CISPR 22）。为了与 CISPR 的分委员会相对应，2003 年对分委员会进行了调整，将 C 分会合并至 B 分会，E 分会和 G 分会合并成立 I 分会。究其原因是数字电视接收机的干扰排放必须同时满足 CISPR 13 和 CISPR 22，这使得数字电视接收机的标准认证问题变得复杂，为了解决这个问题，就把 CISPR/E 和 CISPR/G 于 2001 年合并，组成了新的 CISPR 小组委员会 I（信息技术设备、多媒体设备和接收器的电磁兼容性）。CISPR/C、CISPR/E 和 CISPR/G 也就不复存在了。

IEC/CISPR 组织架构的组织架构如图 2-1 所示。

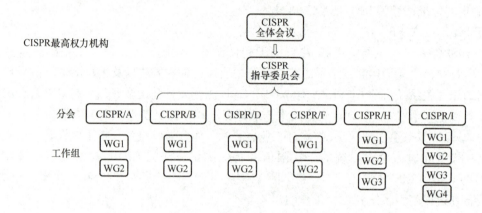

图 2-1　IEC/CISPR 组织架构

国际电工技术委员会第 77 技术委员（TC77）组织结构如图 2-2 所示，主要从事抗扰度标准以及低频（≤9kHz）和高频（>9kHz）电磁发射标准的制定，主要包含 3 个分会：SC77A（低频现象）、SC77B（高频现象）、SC77C（对高空核电磁脉冲的抗扰性）。

除 IEC 下属机构所制定的电磁兼容标准之外，目前美国军方制定的电磁兼容标准较为权威并且应用广泛。美国从 20 世纪 40 年代起到现在，先后制定了 100 多个与电磁兼容性有关的军用标准和规范。美国第一个无线电干扰标准是 1945 年 6 月制定的陆、海军标准 JAN-I-225 "150kHz～20MHz 无线电干

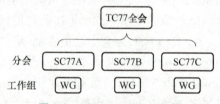

图 2-2　IEC/TC77 组织架构

扰测量方法"。1964 年美国国防部组织专门小组改进标准和规范的管理工作，制定了三军共同的标准和规范，就是著名的 MIL-STD-460 系列电磁兼容标准，该标准主要用于设备和分系统的干扰控制及其设计，它提供了评价设备和分系统电磁兼容性的基本依据，同时它还可以用于分析处于复杂电磁环境中的系统电磁兼容性和有效性。这个标准经过不断地修改、补充和完善，不仅成为美国的军用标准，而且亦为亚欧各国的军事部门所采纳，目前最新的美国军用标准是 MIL-STD-461E。

美国军方以外的组织制定的标准包括 FCC 系列标准、ANSI 标准等。FCC 认证是美国 EMC 强制性认证，主要针对 9kHz～3000GHz 的电子电器产品，涉及无线电、通信设备和系统的无线电干扰问题，包括无线电干扰的限值与测量方法，以及认证体系与组织管理制度等。受 FCC 管制的产品包括个人电脑、CD 播放机、复印件、收音机、传真机、电子玩具与微波炉等，这些产品按用途划分为 CLASS A 和 CLASS B 两大类，A 类为用于商业或工业用途的产品，B 类为用于家庭用途的产品，FCC 对 B 类产品法规要求更严格，限值低于 A 类，对大多数电子电气产品而言，主要标准是 FCC Part15 和 FCC Part18。

图 2-3 示出了 CISPR. 22 和 FCC. 15 传导 EMI 标准极限发射值的示意图，CISPR 规定的频率从 150kHz 开始，而 FCC 从 450kHz 开始，它们的终止频率都是 30MHz，而且 Class B 曲线的极限发射值比 Class A 的要求要严格得多。图 2-4 是 MIL-STD-461E 传导 EMI 标准极限发射值的示意图，它规定的起始频率是从 10kHz 开始，但是它的终止频率是 10MHz。随着输入电压的升高，发射极限值可以放松几个 dB，图中的实线是基线，虚线是电压为 115V 时放松 6dB 的极限值。

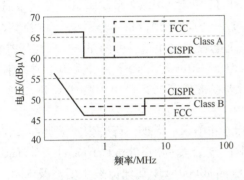

图 2-3　CISPR. 22 和 FCC. 15 传导 EMI 标准
极限发射值的比较

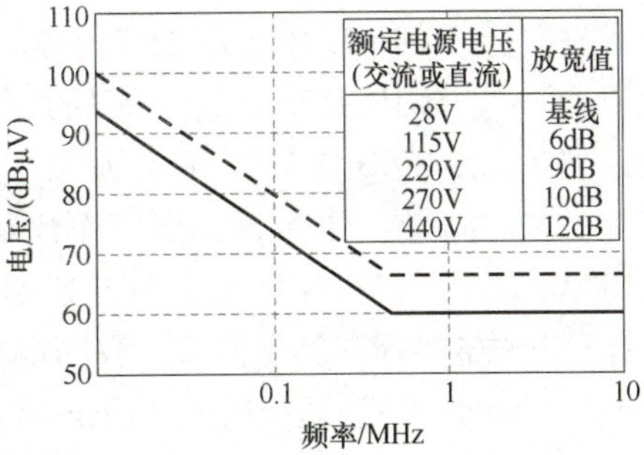

图 2-4　MIL-STD-461E 传导 EMI 标准
极限发射值

针对其余国家或地区而言，国际上制定电磁兼容的主要标准见表 2-1。

表 2-1　国际上电磁兼容的主要标准

国家或地区	制定单位	标准名称
IEC	CISPR	CISPR Pub. XX
	TC77	IEC XXXXX
欧共体	CENELEC	EN XXXXX
美国	FCC	FCC Part XX
	MIL	MIL-STD-461
德国	VDE	VDE XX
日本	VCCI	VCCI

2.2　国内电磁兼容标准

EMC 标准是产品进行 EMC 设计的指导性文件，是实现系统电磁兼容效能的重要保证。当产品进入国内或国际市场时，只有遵守有关的 EMC 标准，才可能被市场接受，并把握市场机遇，具备竞争力。

我国电磁兼容标准化起始于 20 世纪 60 年代，国内第一个无线电干扰标准是 1966 年制定的 JB/T 854-66 "船舶电气设备工业无线电干扰端子电压测量方法与允许值"，该标准是当时第一个机械工业部的部级标准。在随后的 20 世纪 80 年代电磁兼容标准研究得到了飞速的发展，1981 年 5 月，由国家标准局召集有关部门和单位成立了 "全国无线电干扰标准化工作组"，提出制定了包括国家级和部级共 32 项电磁兼容性标准和规范的计划，这个计划的实施和完成，使我国逐步建立了一个适合我国国情又能与国际标准接轨的电磁兼容性标准体系。我国在 1983 年发布了第一个关于电磁兼容的标准（GB/T 3907—1983），到 2000 年已经发布了 80 多项有关电磁兼容的标准。发展至今，现阶段国内电磁兼容标准清单见附录 A，主要包括 14 种分类，共 165 个标准。

与此同时，在国防科工委领导下，我国各有关部门参考国外军标（主要是美国军标 MIL）中标准和规范的有关内容，结合我国情况，制定出一系列军用电磁兼容性标准和规范。1986 年国防科工委正式颁布的 GJB 151A、GJB 152A 和 GJB 72 是我国第一套三军通用的电磁兼容标准；1997 年 5 月 23 日发布《GJB 151A—1997 军用设备和分系统电磁发射和敏感度要求》与《GJB 152A—1997 军用设备和分系统电磁发射和敏感度测量》，并于 1997 年 12 月 1 日实施；2013 年 7 月 10 日发布了《GJB 151B—2013 军用设备和分系统电磁发射和敏感度要求与测量》作为新的国家军用标准，对老标准作了修订，用于替代 GJB 151A 和 GJB 152A，并于 2013 年 10 月 1 日开始实施。

针对电磁兼容标准类型而言，我国电磁兼容标准和国际上类似，可分为 4 大类：基础标准（Basic Standards）、通用标准（Generic Standards）、产品类标准（Product Family Standards）和系统间电磁兼容标准（Standards of Intersystem Compatibility）。基础标准主要涉及 EMC 术语、电磁环境 EMC 测量设备规范和 EMC 测量方法等，如 GB/T 4365—1995《电磁兼容术语》。通用标准主要涉及在强磁场环境下对人体的保护要求，以及无线电业务要求的信号/干扰保护比。产品类标准比较多，达 38 个。系统间电磁兼容标准主要规定了经过协调的不同系统间的 EMC 要求，这些标准大多是根据多年的研究结构规定了不同系统之间的保护距离。国内标准以 GB、GB/T 开头。

针对电磁兼容标准来源及基础而言，我国电磁兼容标准绝大多数引自国际标准，包括：国际无线电干扰特别委员会（CISPR）出版物，国际电工委员会（IEC）的标准，国际电信联盟（International Telecommunications Union，ITU）有关建议等，绝大部分标准等同或修改采用 IEC（IEC/CISPR、IEC/TC77）和 ITU-T 的建议书。同时，根据我国自己的科研成果制定标准的需要，同时也为了世界贸易的需要，我国的很多 EMC 标准都采用了 CISPR 和 IEC 标准。最后正是由于我国国家标准大多数引自国际标准，因此做到了与国际标准接轨，这为我国产品出口到国际市场奠定了电磁兼容方面的基础。

工业、科学、医疗设备在现代社会中广泛应用，均需要满足特定的电磁兼容标准。下面我们以工业、科学、医疗设备的电磁干扰限值（即 GB 4824—2019《工业、科学和医疗设备　射频骚扰特性　限值和测量方法》）为例，介绍国内电磁兼容标准特点、要求和类型。上文中提到标准一般将被测设备分为 A 类和 B 类，B 类是指住宅区使用的设备，A 类指工业区等非住宅区使用的设备，B 类具有比 A 类更严苛的限值要求。除了分类，标准还将被测设备分为 1 组和 2 组设备，1 组设备指设备运行时不主动、不有意发射电磁干扰，2 组设备指设备运行时有意使用电磁发射，例如电磁炉、CT 检查器等。电力电子装置大多属于 1 组设备，电磁干扰发射是装置运行时的负面效应，能量变换是主要目的。因此下面着重介绍 1 组 A、B 类电力电子装置限值。

1. 传导限值

电力电子装置一般具有输入输出端，输入端又可分为直流输入端和交流输入端，交流端也可类似划分。交流和直流端口参照不同的限值，传导限值的区间是 150kHz~30MHz，对区间外的传导干扰发射不作限制，对大于 30MHz 的频谱区间有辐射干扰发射限制。首先介绍 A 类设备的交流和直流限值（见图 2-5 和图 2-6）。A 类设备的电磁干扰限值随设备的额定功率增大而放宽，而且放宽并不是简单向上平移，曲线形状有所变化。还应注意到，交流和直流端口均需要同时满足准峰值和平均值两个限值，一般平均值低于准峰值限值。在限值交界处按照更严苛的限值要求。

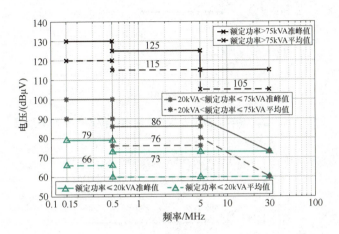

图 2-5　工业、科学、医疗设备的交流端口传导电压 A 类限值

A 类设备的直流端口限值如图 2-6 所示。在电力电子装置额定功率相同时，直流端口的限值均高于交流端口限值。并且交流端口限值的转折点有 0.5 和 5MHz 两个，但是直流端口的转折点仅有一个 5MHz。另外平均值限值并不是总比准峰值限值小 10dB，例如对于额定功率小于等于 20kVA 的设备，平均值限值比准峰值小 13dB。

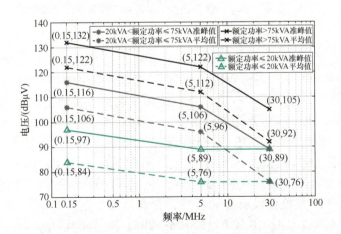

图 2-6　工业、科学、医疗设备的直流端口传导电压 A 类限值

B 类设备的交流和直流限值分别如图 2-7 和图 2-8 所示。B 类设备限值与设备的额定功率无关，不随功率增加而放宽，对大功率电力电子装置更为严苛。其他一些特性，如分界点个数、直流限值大于交流限值等这些特性与 A 类限值相同。在限值交界处按照更严苛的限值要求。

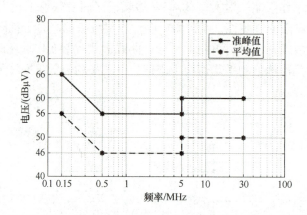

图 2-7 工业、科学、医疗设备的交流端口传导电压 B 类限值

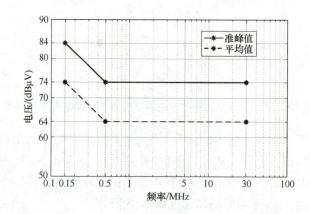

图 2-8 工业、科学、医疗设备的直流端口传导电压 B 类限值

2. 辐射限值

辐射限值规定了从 30MHz～1GHz 的辐射电磁干扰发射要求。辐射 A、B 类限值分别如图 2-9 和图 2-10 所示。与传导限值不同，辐射限值仅考察准峰值，不再测试平均值，辐射限值不需要区分交流和直流端口，而是一次性考察整个设备的辐射特性。A 类辐射限值也与功率有关，但功率分界点仅有一个 20kVA，大于 20kVA 不论多大功率，限值不再继续放宽，而传导限值则还有一个 75kVA 分界点。频率分界点有一个 230MHz。辐射测试限值还与测试距离和测试场地有关。图中 SAC 是半电波暗室（Semi Anechoic Chamber），OATS 是半开阔场（Open-Area Test Site），FAR 是全电波暗室（Fully Anechoic Room）。SAC 和 OATS 是地面没有吸波材料，存在地面反射，FAR 是六个面均布满吸波材料，更详细的区别请参照 GB/T 6113.104—2021 辐射骚扰测量天线和场地要求。另外，测量距离越远，限值越小。相同设备额定功率时，10m 限值和 3m 限值的差距几乎是按照距离衰减规律。根据电磁波传播规律，3m 处和 10m 处电磁场场强应该满足 $20\lg(10/3)=10.45$dB 比例关系。在标准辐射限值中，相同设备额定功率，10m 限值也恰好比 3m 限值小 10dB，因此，辐射认证仅需在 SAC、OATS、FAR 其中一个测试场地完成测试，不同场地的限值大致考虑了场地间的结果换算关系。在限值交界处也按照更严苛的限值要求。

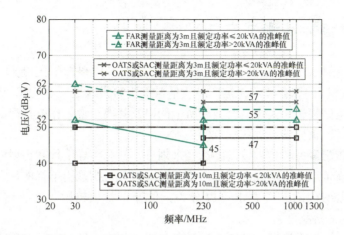

图 2-9 工业、科学、医疗设备的辐射电磁干扰 A 类限值

辐射 B 类限值如图 2-10 所示，限值不会随功率增加而放宽。在限值交界处按照更严苛的限值要求。3m 和 10m 限值也满足 10dB 的电场距离衰减比例。通常大功率电力电子装置只需要关注 300MHz 之前的辐射发射，这是因为大功率电力电子装置的开关频率相对 MHz 不是很高，仅有 100kHz 级别。开关切换导致的电磁干扰源幅值随频率增加而衰减，大于 300MHz 以后辐射干扰已经非常小了，几乎不需要抑制就可以通过限值。

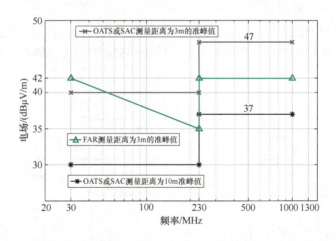

图 2-10 工业、科学、医疗设备的辐射电磁干扰 B 类限值

总之，从以上传导和辐射限值频谱例子可以总结如下规律：

1）不论传导还是辐射电磁干扰的 A 类限值都会随电力电子装置的功率等级增加而放宽，最大放宽约 50dB；而 B 类更为严苛，不会放宽。

2）传导标准要求同时满足准峰值和平均值限值，平均值限值一般比准峰值限值低约 10dB。辐射标准仅要求准峰值。

3）辐射干扰限值不仅与被测装置的功率有关，还和测试距离、测试场地有关。

4）在限值交界处，均按照更严苛的限值要求。

2.3　电磁兼容标准测试方法

EMC 测试指的是对电子产品在电磁干扰大小（EMI）和抗干扰能力（Electro Magnetic Susceptibility，EMS）的综合评定，是产品质量最重要的指标之一。EMC 测试目的是检测电器产品所产生的电磁辐射对人体、公共场所电网以及其他正常工作电器产品的影响。即使设备的功能完全正常，也要满足这些标准的要求。

从电磁能量传出设备和传入设备的途径来划分，又有传导干扰和辐射干扰两个方面：传导干扰是指干扰能量沿着电缆以电流的形式传播，辐射干扰是指干扰能量以电磁波的形式传播。因此，对设备的电磁兼容要求可以分为：传导干扰、辐射干扰、传导敏感度（抗扰度）、辐射敏感度（抗扰度）。

电磁兼容的测试机由测试环境和测试设备组成。其中，针对测试环境而言，为保障测试结果的准确性和可靠性，电磁兼容性测量对测试环境有较高要求，测量场地有室外开阔地、屏蔽室或电波暗室等。通常电波暗室用于辐射发射和辐射敏感测试，屏蔽室用于传导发射和传导敏感度测试。传导和辐射的电磁环境电平最好远低于标准规定的极限值，一般使环境点评至少低于极限值 6dB；针对测试设备而言，电磁兼容测量设备分为两类：一类是电磁干扰测量设备，设备接上适当的传感器，就可以进行电磁干扰的测量；另一类是在电磁敏感度测量，设备模拟不同干扰源，通过适当的耦合/去耦网络、传感器或天线，施加于各类被测设备，用作敏感度或干扰度测量。

本节将简要介绍电磁兼容标准测试方法中的传导干扰测试、辐射干扰测试及电磁敏感度测试等，其对应的测试项目都必须按照某一公认的标准和测试方法进行，具体内容如图 2-11 所示。

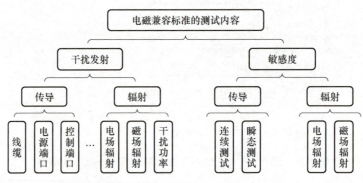

图 2-11　电磁兼容标准的测试内容

2.3.1　传导电磁干扰测试方法

2.3.1.1　传导电磁干扰测试设备

传导电磁干扰测试设备主要包括有人工网络、电压探头、衰减器以及测量仪器等。针对测量仪器，本文将在 2.4 节中以 EMI 接收机及频谱分析仪为例，进行更详细的介绍。

1. 线性阻抗稳定网络

线路阻抗稳定网络（Line Impedance Stabilization Network，LISN），又可称为人工网

络（Artificial Network），本质上是为受试设备的交流或直流电源测量端口的测量点提供一个射频范围内的特定终端阻抗，并将受试设备与其对应的交流或直流电源线上的环境噪声隔离开。可以将人工网络分为人工电源网络（Artificial Mains Network，AMN）和直流人工网络（DC Artificial Network，DC-AN）两类，可简易理解前者为交流 LISN，后者为直流 LISN。

针对交流 LISN，其主要应用场景为测量低压交流电源端口干扰电压，测试过程中需要将 LISN 串接在电源与待测设备之间。交流 LISN 共有两种基本类型：第一种为用于耦合包含共模和差模全部干扰电压的 V 型；第二种为用于分别耦合差模电压和共模电压的 Δ 型。

对于待测设备的输入侧电源端口来说，交流 LISN 为待测设备提供了一个标准阻抗，不会因为电源线上其他设备的变化，引起待测设备的电源侧的输入阻抗，即不受电网其他设备的影响，为测试能够重复实现提供了保障。交流 LISN 的功能总结为以下两点：

1）阻止来自电源的传导干扰影响待测设备。在传导干扰测试中，交流 LISN 的作用是将被测设备与电源隔离，防止来自电源侧的干扰进入被测设备，保证干扰测试记录仪器接收到的干扰只来自被测试设备本身。

2）交流 LISN 在实验室条件下作为参考标准，使呈现在被测试设备输入端的阻抗保持规定的特性，保证在测试时具有统一固定的线路阻抗，从而使测试结果具有可相比较的意义。在 150kHz~30MHz 频率范围内为相线与地线之间和中性线与地线之间提供 50Ω 的恒定阻抗，为待测设备的传导干扰提供通道。

测试标准规定了交流 LISN 的参数与型号，本书以 $50\Omega/50\text{mH}$-V 型 LISN 为例进行介绍。V 型 LISN 的电路如图 2-12 所示，参数见表 2-2，除此之外还有 △ 和 T 型 LISN。LISN 有输入输出端口，测试端口以及地端口。在进行测量时，应保证 LISN 可靠的接地。测量信号从 BNC 测试接头引出，一般经衰减器接至频谱分析仪，或者接至 EMI 接收机。需要注意的是，LISN 测试端在不接衰减器时，必须要接 50Ω 负载。

表 2-2　交流 LISN 参数表

参数	数值
L	$50\mu\text{H}$
C_1	$8\mu\text{F}$
R_1	5Ω
C_2	$0.25\mu\text{F}$
R_2	$1\text{k}\Omega$
R_{IN}	50Ω

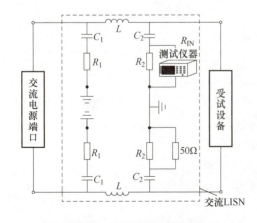

图 2-12　交流 LISN 结构图

针对直流 LISN，其主要应用场景为测量低压直流电源端口干扰电压。测试标准 GB4824—2019 中描述了直流 LISN 作用、规范等内容，其通常被使用在用于组装成光伏、储能系统的并网电源转换器中。标准中还列举了一种直流 LISN 的参数与型号，对应的结构图如图 2-13 所示。

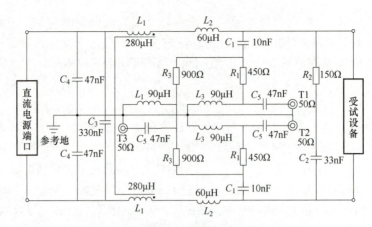

图 2-13 具有 150 欧阻抗特性的直流 LISN 实例

标准中针对直流 LISN 技术要求进行规范，在 150kHz～30MHz 的频域范围内，EUT 端的共模及差模终端阻抗幅值需在（150±30）Ω 以内、相位需在（0°±40°）以内。针对图 2-13 中直流 LISN，共、差模终端阻抗表达式为

$$Z_{CM} = (R_3 // R_3 + T_3 // L_1) // (R_1 + T_1) // (R_1 + T_2) \tag{2-1}$$

$$Z_{DM} = 2R_3 // R_2 // (2R_1 + T_1 + T_2) \tag{2-2}$$

值得注意的是，虽然交流 LISN 和直流 LISN 都应用于测量低压系统电源端口的干扰电压，但是两者由于电路结构及参数的不同，存在几点较为明显的区别：首先针对共、差模等效阻抗，交流 LISN 的共模阻抗 $Z_{CM}=25\Omega$，差模阻抗 $Z_{DM}=100\Omega$，而直流 LISN 的共、差模阻抗相等，$Z_{CM}=Z_{DM}=150\Omega$；其次标准中针对交流 LISN 和直流 LISN 的对地漏电流要求不同，对于直流 LISN 漏电流要求更为严苛，故一般直流 LISN 中电容取值基本小于交流 LISN；最后针对测量对象两者之间也略有区别，交流 LISN 一般只能测量系统中单线对地干扰，而部分直流 LISN 可以测量系统中共、差模分量。

2. 电压探头

尽管 LISN 能满足大部分测量场景的需求，但针对部分大功率设备的传导电磁干扰测试，LISN 无法承受测量环境中的高电压或大电流。故在不能适用 LISN 的测试场景时，应使用图 2-14 所示的电压探头，探头分别接在每根电源线和选择参考地（金属板或金属管）之间。探头主要由一个去耦电容器和一个电阻器组成，使电源线和地之间的总阻抗至少为 1500Ω，电容器或可能用作保护测量接收机抵御危险电流的任何其他装置对测量的准确性影响应小于 1dB，否则应校准。

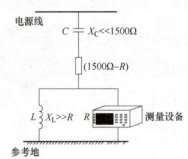

图 2-14 电压探头拓扑

3. 衰减器

测试信号从 LISN 或电压探头等设备引出后，通常要经衰减器衰减后，然后再接入频谱分析仪或 EMI 接收机。衰减器是一种具有衰减信号作用的电子元件，被广泛地应用在电子设备以及测量设备中，其主要功能如下：

1）电子设备测量中使用。

2）调整电路中信号的大小。

3）具有改善阻抗匹配的作用，在某些电路对负载阻抗要求比较高时，可以在该电路与实际负载之间插入一个衰减器，起到缓冲阻抗的变化的作用。

电磁兼容测试中使用衰减器目的是衰减测量信号，防止损坏测量设备，同时能够保证不因为测试设备的引入改变待测设备的工作状况。衰减器的种类多种多样，用于频域测试的衰减器，主要是由电阻性材料做成。通过一定的电阻网络对信号进行衰减，通过合理的设计电阻网络的电阻参数，实际工作中不会影响待测设备的工作。以 T 型电阻网络衰减器为例，结构如图 2-15 所示，通过改变三个电阻的阻值，从而改变衰减器衰减量。需要注意的是，为了保证阻抗匹配，R_1 与 R_2 必须相等。

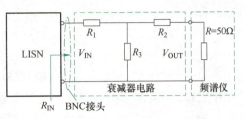

图 2-15 衰减器结构

测试中，把衰减器输入端通过 BNC 接头接在 LISN 的测试端口，输出端接至 EMI 接收机或频谱分析仪，如图 2-16 所示。而 EMI 接收机和频谱分析仪的输入阻抗均为 50Ω。因此可以得出，输入输出电压的关系为

$$K = \frac{V_{IN}}{V_{OUT}} \qquad (2-3)$$

由电路理论得

$$V_{OUT} = V_{IN} \cdot \frac{(R+R_2) \| R_3}{R_1 + (R+R_2) \| R_3} \cdot \frac{R}{R+R_2} \qquad (2-4)$$

$$A = 20\lg(K) \qquad (2-5)$$

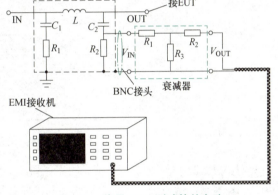

化简得到

$$\begin{cases} R_1 = R \cdot \dfrac{K-1}{K+1} \\[2mm] R_3 = R \cdot \dfrac{2K}{K^2-1} \end{cases} \qquad (2-6)$$

图 2-16 传导 EMI 测试等效电路

电磁兼容标准规定测试时需要 20dB 的衰减，并且衰减器的输出负载 $R = 50\Omega$，因此可以由式（2-6）计算出，T 型等效电路的参数为 $R_1 = R_2 = 41\Omega$，$R_3 = 10\Omega$。并且此时，R_{IN} 仍然保持为 50Ω，保证了在测试时不会因为衰减器的接入而改变测试设备传导干扰的流通路径，也保证了测试的准确性、公平性。此处被衰减的 20dB，EMI 接收机或者频谱分析仪都不能自动补偿，需要在仪器中手动操作对这个衰减进行补偿，从而保证测试结果的正确性。

4. 模拟手测试装置

模拟手由一个 RC 单元及金属箔连接组成，如图 2-17 所示。RC 单元由一个 220pF±44pF 的电容器和一个 510Ω±51Ω 的电阻器串联而成；其一端接金属箔，另一端应接测量系统的参考地。同时，为了测量简洁，模拟手的 RC 单元可以集成在 LISN 的箱体当中。

图 2-17 模拟手的 RC 单元

对于一些手持式电力电子装置，如手电钻等，若直接使用 LISN、探头等测试设备对其进行相关测试，将忽略使用者的手感应影响，存在一定安全隐患，故需要用模拟手进行传导电磁干扰测试。

2.3.1.2 传导电磁干扰测试布置及方法

传导干扰指的是电流或数据通过线缆传输时，通过线缆、电源端口或控制端口对周围环

境产生的干扰。传导干扰测试是对可能形成传导干扰的干扰源电磁发射量的测试。

传导 EMI 的测试原理比较简单，以电源端口为例，为了测量待测设备（Equipment Under Test，EUT）在电源端口产生的干扰，需要将 LISN 连接到电源上，同时将 EUT 的电源端口连接到 LISN，测量干扰的接收机也连接到 LISN 上。利用 LISN 测量被测设备沿电源线向电网发射的干扰电压，测量频率为 150kHz~30MHz（部分标准为 10kH~10MHz），测量在屏蔽室内进行。

受试设备在被测试时应处于有代表性的应用布置下，且试验布置能获得最大干扰。电力电子装置可分为台式和落地式两类设备进行测试，其测试布置分别介绍如下：

按照标准规定对 EMI 测试平台进行布置，一般台式 EUT 传导电磁干扰测试的系统配置如图 2-18 所示，测试方法参照标准 GJB 151B-2013。在进行 EMI 测试时，除待测设备（EUT）外，还有 LISN、衰减器、AE（辅助设备，如供电设备、负载等）等测试设备。

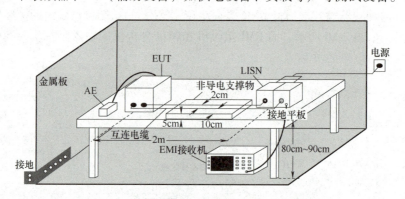

图 2-18　台式 EUT 传导电磁干扰测试系统配置图

落地式 EUT 传导电磁干扰测试的系统配置如图 2-19 所示，测试方法参照标准 GB 4824—2019。不在测量区域范围内的外围设备应与试验环境隔离，或采取去耦的措施。传导测试时无需使用共模吸收装置（Common Mode Absorption Device，CMAD）去耦，而是采用 LISN。类似的测试布置也可以用于辐射测试，但是去耦设备的使用与传导相反，使用 CMAD 而非 LISN。

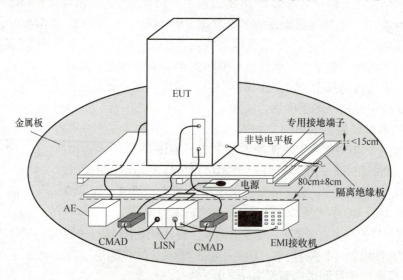

图 2-19　落地式 EUT 传导电磁干扰测试系统配置图

在实际传导干扰测试中，将受试设备布置完成后，需要按标准规定操作对其进行相关测试工作，本书将传导电磁干扰测试的基本过程总结为如下内容，对应流程图如图 2-20 所示。

步骤 1：针对传导发射，首先进行初步的信息检测即预扫，得到受试设备初步的传导发射数据情况。预扫可以在典型的导线上进行测量，例如电源线的 L 线；也可以用峰值检波器和尽可能快的扫频时间对每一根线进行测量。如果对多根导线进行测量，应采用最大值保持功能，以确保测量得到发射最大值。

步骤 2：为减少测量时间，通常将筛减预扫中收集的信号数量。辨别环境或测量辅助设备信号和 EUT 的发射信号，比较信号与限值线，筛选出限值裕度小于 6dB 的关键信号。

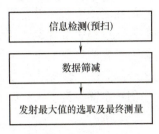

图 2-20　传导电磁干扰测试流程图

步骤 3：通过测量发射的最大值，以确定它们的最高电平。在找到发射信号的最大值后，以适当的测量时间用准峰值检波和/或平均值检波测量发射电平，完成最终测量。

2.3.2　辐射电磁干扰测试方法

2.3.2.1　辐射电磁干扰测试设备

辐射电磁干扰测试设备主要包括有不同频段的天线，以及共模吸收装置（CMAD）。

针对天线，大致可以根据频段分为 30MHz 及 30MHz~1GHz 两类。低于 30MHz 频段，应使用 GB/T 6113.104—2021 规定的环形天线，天线应支撑在一个垂直平面内，并能环绕垂直轴线旋转，环的最低点应高出地面 1m。

而在 30MHz~1GHz 频段，应使用 GB/T 6113.104—2021 规定的天线，而其他类型的天线需要满足测量结果与平衡偶极子天线测量结果之间的差值在 ±2dB 以内，才可以在测试中使用。但需要注意的是在不同试验场地内，针对天线布置的要求也不同。在开阔试验场地（OATS）和半电波暗室（SAC）中，天线中心应在 1~4m 高度变化，便于在每一个测量频率获得最大指示值，同时要保持天线的最低点离地面的距离应不小于 0.2m；在全电波暗室（FAR）中，天线的高度应固定在有效测试区域的几何中心；针对其他场地，例如在现场测量中，天线中心应固定在地面以上 2.0m±0.2m 的高度。

针对共模吸收装置，其主要是一种在辐射发射测量中，施加在离开试验空间后的电缆上以减小标准符合性不确定度的装置。

2.3.2.2　辐射电磁干扰测试布置

辐射干扰测试是测试待测设备（EUT）通过空间传播的辐射干扰场强。可以分为磁场发射和电场发射，磁场发射测试主要针对 100kHz 以下的军用设备及汽车设备等，电场发射测试则很普遍。对辐射干扰测试的目的是在于保护外界环境中的无线电接收机及其他敏感设备，以及保护安装于同一辆车上的接收机免受设备辐射发射量的干扰。

针对测量场地的要求，辐射干扰的测量要比传导干扰的测量复杂。辐射干扰通常需要在开阔场（OATS）进行测试，理想的开阔场是一片没有任何电磁波阻碍的场地，如没有建筑物、电缆和树木等。但这样的场地在现实中不容易找到，所以标准规定了其他可替代的场地：半电波暗室和全电波暗室。半电波暗室是指除地面以外的四周和顶部都安装了吸波材料，因此除地面外其他地方几乎都没有电磁波的反射。全电波暗室则是在半电波暗室的基础上，在地面也加装了吸波材料，实际上是模拟了只有直射波的自由空间。通常 1GHz 以下的辐射干扰测试在半电波暗室进行，1GHz 以上则使用全电波暗室。

为在测试中获得设备干扰电平的最大值，应在符合各种典型应用情况下测量受试设备，并在测试过程中按规定改变受试设备的试验布置。图 2-21 和图 2-22 列举了一种台式受试设备辐射干扰测量典型布置结构，通过俯视图、侧视图帮助读者理解合理布置辐射电磁干扰测试系统的方法。落地式设备的辐射测试布置与传导测试布置相类似（见图 2-19），EMC 测试天线仍然布置在设备 3m 远处。

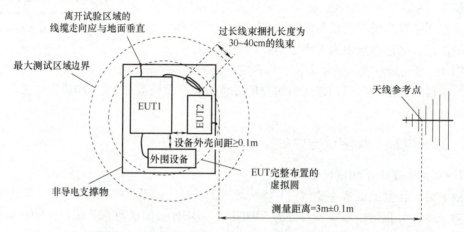

图 2-21　台式受试设备辐射干扰测量典型布置俯视图

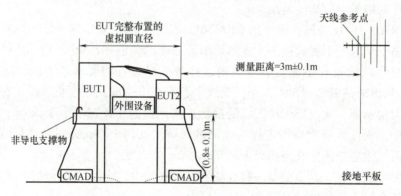

图 2-22　台式受试设备辐射干扰测量典型布置侧视图

磁场辐射干扰测试系统内仪器设备包括了接收环天线、切换开关单元、信号接收机和控制单元等多部分，标准 GJB 151B—2013 中 RE101 对磁场辐射发射进行详细说明，并规定其具体配置图如图 2-23 所示。

具体而言，辐射发射（Radiated Emission，RE）测试方法包括如下内容：

1）电场辐射：分放置式与落地式，与传导发射相同（因为辐射发射结果与产品布置的关系尤为密切，因此需要严格按照标准布置包括产品、辅助设备、所有电缆在内的受试样品）。测试仪

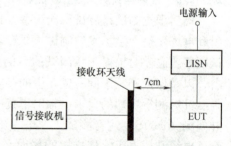

图 2-23　磁场辐射电磁干扰测试配置图

器包括接收机（1GHz 以下）、频谱仪（1GHz 以下）、电波暗室、天线（1GHz 以下一般用双锥和对数周期的组合或用宽带复合天线，1GHz 以下喇叭天线）。

2）磁场辐射：不同尺寸的三环天线对能够测试的 EUT 最大尺寸是有限制的，以 2m 直径的环形三环天线为例，长度小于 1.6m 的 EUT 能够放在三环天线中心测试；在 CISPR11 中，超过 1.6m 的电磁炉用 0.6m 直径的单环远天线在 3m 外测量，最低高度 1m。测试仪器包括接收机、三环天线或单小环远天线。

3）干扰功率：分放置式与落地式，放置式设备放在 0.8m 的非金属桌子上，离其他金属物体至少 0.8m（通常是屏蔽室的金属内墙，这个距离要求在 CISPR14-1 中是至少 0.4m）；落地式设备放在 0.1m 的非金属支撑上；被测线缆布置在高 0.8m、长 6m 的功率吸收钳导轨上，吸收钳套在线缆上，电流互感器端朝向被测设备。如果被测设备有其他线缆，在不影响功能的情况下尽量断开，不能断开的情况则采用铁氧体吸收钳隔离。测试仪器包括接收机、功率吸收钳。接收机遵循 CISPR16-1-1 的要求，天线、场地遵循 CISPR16-1-4 的要求，吸收钳遵循 CISPR16-1-3 的要求。

2.3.2.3　辐射电磁干扰测试方法

绝大多数电力电子装置需要通过电场辐射测试。军用类、车船类、工业/科学/医疗类等不同类电力电子装置所需满足的辐射测试流程规范大同小异，主要是测试距离、天线等选择上有所不同。深刻理解电场辐射测试流程和原理是必要的，本书以工业/科学/医疗类民用电力电子装置为例，介绍辐射电场电磁干扰测试的方法和流程，流程图如图 2-24 所示。

辐射电磁干扰的测试方法比传导电磁干扰的测试方法复杂很多，关键点在于传导电磁干扰测试仅需确定电力电子装置的最大发射工况，而辐射电磁干扰测试除了装置工况，还与天线高度、天线极化方向、转台测试角度等相关。辐射电场的测试过程可以理解为多元函数求极值的问题，如式（2-7）。对于每一个频率点 f，需要找到满足使电场 E_f 最大的天线高度 H、转台角度 θ、天线极化方向 P。因此需要遍历这些参数，找到极值点后，再进行精确测量，确定单个频点的辐射电场。每个频率的最大幅值组合起来形成了辐射电场频谱。应注意，不同频率点的最大辐射电场的出现条件，即 H、θ、P，可能并不相同。

$$最大化 \quad E_f = g_f(H, \theta, P)$$

$$需满足 \quad \begin{cases} 1\mathrm{m} \leqslant H \leqslant 4\mathrm{m} \\ 0 \leqslant \theta < 360° \\ P = 水平或垂直 \end{cases} \tag{2-7}$$

在按照标准要求布置好测试场地后，首先对被测电力电子装置进行辐射电场预扫描，也就是确定辐射电场最大值大致出现的条件，具体如下：

步骤 1： 初始化。设置 EMI 接收机处于频谱仪模式、MAXHOLD（峰值保持）迹线显示模式，频率范围设置为 30MHz~1GHz。天线初始高度为 $H = 1\mathrm{m}$，极化方向为垂直极化方向。

步骤 2： 设置天线高度为 H。

步骤 3： 旋转转台 360°，这一过程中，频谱仪在每时每刻读取不同角度的电场频谱。由于频谱仪处于峰值保持模式，当测到的频谱幅值大于存储的频谱幅值时，覆写频谱幅值和转台角度；当测到的频谱幅值不大于存储的频谱幅值时，则不覆写。完成转台旋转一圈后，频谱仪记录在天线高度为 H，极化方向为垂直极化时，每个频点最大幅值和对应角度。

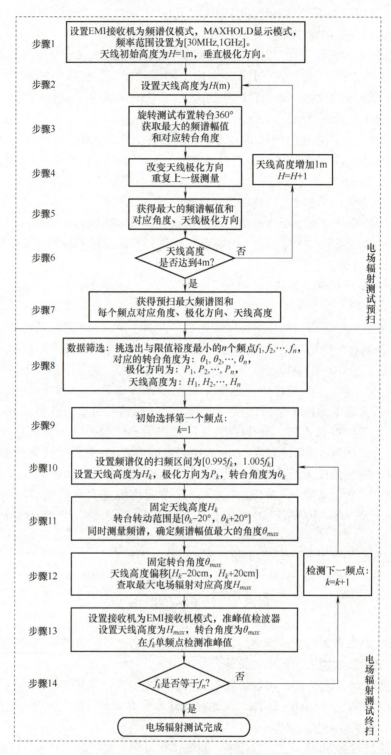

图 2-24 电场辐射测试流程图

步骤 4： 改变天线极性，重复步骤 3 操作，又得到一组在天线高度为 H，极化方向为水平极化时，每个频点最大幅值和对应角度。

步骤 5：将步骤 4 和 3 中两次不同极化的频谱结果相比较，又可以得到在天线高度为 H，每个频点最大幅值和对应角度、天线极化方向。

步骤 6：看天线高度是否达到 4m。如果已经达到，则天线高度已经遍历完成；若未达到 4m，则天线高度 $H=H+1$。回到步骤 2 继续重复测试。

步骤 7：将从多次步骤 5 中得到的频谱结果"不同天线高度 H 时，每个频点最大幅值和对应转台角度、天线极化方向"相组合，得到预扫频谱结果："每个频点最大幅值和对应转台角度、天线极化方向、天线高度"。也就是找到了式子的初步极大值。此即为预测试。

步骤 8：数据筛选。仅挑选若干个与限值裕度很小或者超过限值的频点进行精确的终测。

步骤 9：初始化表示第几个终测频点的变量 k，选择第一个频点，则 $k=1$。

步骤 10：将频谱仪中心频率、天线高度、天线极化方向、转台转角等参数设置为第 k 个需要终测频点对应的参数，即 f_k、H_k、P_k、θ_k。频谱仪的扫频区间设置为更精细的 $[0.995f_k, 1.005f_k]$，也就是 1% 带宽。

步骤 11：频谱仪开始测量，固定天线高度不变，转台在 $[\theta_k-20°, \theta_k+20°]$ 转动，采用类似步骤 3 的覆写规则。确定辐射电场最大时的精确转台角度 θ_{max}。

步骤 12：频谱仪开始测量，固定转台角度 θ_{max} 不变，天线高度在 $[H_k-20cm, H_k+20cm]$ 范围内偏移，采用类似步骤 3 的覆写规则。确定辐射电场最大时的精确天线高度 H_{max}。

步骤 13：设置天线高度为 H_{max}，转台角度为 θ_{max}，极化方向不变，使用 EMI 接收机模式的准峰值检波器读取 f_k 频点精确幅值。

步骤 14：判读是否所有需要终测的频点都被检测到了，如果否，则 $k=k+1$，回到步骤 10 继续检测下一个频点。如果是，则辐射 EMI 检测结束。

上述终测流程中，天线高度、转台转角、频谱仪扫描区间等偏移范围可根据被测装置合理设置。

针对预扫描及最终扫描过程中，EMI 接收机设定模式的不同，可做出如下解释：因为转角和高度变化，而测量时必须知道每刻对应频谱，故必须保证测量的实时性。频谱分析仪模式采用扫频信号源实现扫频测量，通常通过斜波或锯齿波信号控制扫频信号源，在预设的频率跨度内扫描，获得期望的混频输出信号。扫频时间可以设置，通常为 ms 级，可以保证实时性；而接收机模式采用离散、步进频点测试，每个点测量若干时间，其精度更准的同时也带来了测量时间长的问题，无法满足实时性要求，故只应用在确定最大电场辐射后，固定天线高度和转台角度的最终扫描操作中。

2.3.3 电磁敏感度的测试方法

电磁敏感度测试是检查电子装置或设备对电磁干扰敏感程度的测试，需要受控产生一定程度或严重程度的干扰，然后监测被试设备暴露于模拟 EMI 时的性能降级情况。

电磁敏感度测试通常以使电子设备发生故障的电磁干扰量的最小值作为敏感度数值。如果被测设备的敏感度数值大于实际作用于该设备的电磁干扰量，则它能在该电磁环境中正常工作。电子设备的敏感度数值越大，说明该设备的抗干扰性能越好。电磁敏感度测试亦包括传导敏感度测试和辐射敏感度测试等内容。参照标准 GJB 151B—2013，传导敏感度测试和辐射敏感度测试的配置图，如图 2-25 和图 2-26 所示。

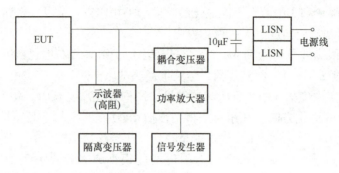

图 2-25　传导敏感度测试配置图

1）传导敏感度测试包括了瞬态（Transients）和连续波（Continuous Wave，CW）两种，瞬态测试是将瞬态或脉冲，诸如电快速瞬变（Electrical Fast Transients，EFT）、浪涌或振荡波注入电源和 I/O 线缆上的测试；连续测试则是将音频/射频电流注入电源和 I/O 线缆上。传导敏感度测试一般在实验室内进行，注入的各种传导干扰信号可用干扰发生器来模拟，耦合到器件或设备的一定部位，根据被测设备工作是否正常来确定该设备的传导敏感度。

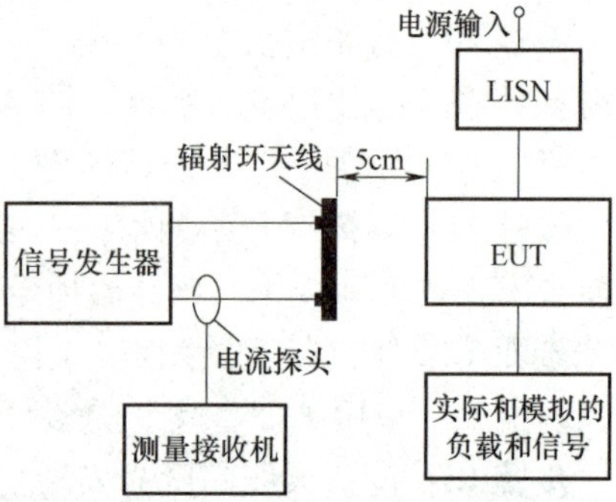

图 2-26　辐射敏感度测试配置图

目前在各类干扰发生器中，脉冲耐压测试仪的应用较为广泛。脉冲耐压测试仪也叫干扰脉冲发生器，能按照标准规定模拟输出上述某一种或几种脉冲波形。目前国际市场上有指数脉冲和矩形脉冲两种干扰模拟器，矩形脉冲上升沿时间小于指数脉冲上升沿时间，输出脉冲频谱较宽，但电路结构复杂，一般供研究电子设备敏感度使用，通常检验电子设备的敏感度采用指数脉冲耐压测试仪。

2）辐射敏感度测试是将设备暴露于模拟的电场、磁场或电磁中进行的测试。辐射敏感度测试系统一般由场强激励器（信号发生器、功率放大器、发射天线）、场强检测仪器、被测设备和检测被测设备工作性能用的测量设备四部分组成。其中心问题是如何建立已知的、均匀的、高强度的宽频率带敏感场，且敏感场辐射的场强重复性要好，并要求敏感场不影响周围设备的正常工作。

3）静电放电（Electro Static Discharge，ESD）测试较为特殊，它主要是模拟了操作者在接触设备时的静电放电。静电放电使用静电放电枪进行模拟，一般具有一个放电"尖"来模拟人的手指，测试时可能通过接触放电（将放电头与被试设备实际接触）或空气放电（将放电头非常靠近被试设备并由火花进行放电）来完成测试。

2.4　电磁干扰测量设备工作原理及区别

电磁干扰信号波形有多种形式，且很多带有脉冲性质，用一般的正弦波或调制正弦波测量仪器，很难获得较精确的测量结果。目前可用于电磁干扰信号波形的测量设备主要有频谱分析仪和 EMI 接收机等，这些测量设备用于干扰测量有各自的特点：

1）频谱分析仪。频谱分析仪是常规的选频测量仪，能以确定的频带宽带、连续的反复扫描设定的频率范围，直接得出被测信号的频谱图。频谱分析仪所测结果是谐波的幅值，不能反映重复频率的影响，主要用于对重复频率较高的信号进行频谱测量。

2）EMI 接收机。国际电磁兼容标准 CISPR16 规定 EMI 接收机作为测量电磁干扰的标准测试仪器，是一种选频测量仪，能将输入信号中预先设定的频率分量，以一定同频带选择出来，并予以显示和记录。连续改变输入信号中的频率设定，即可得到输入信号的频谱。

本节详细阐述这两类电磁干扰测试仪器对应的工作原理及流程。

2.4.1　频谱分析仪工作原理

电磁兼容的标准都是在频域中规定的，频域中更容易找出干扰所在频段，有利于 EMI 滤波器设计，因此电磁兼容的测试可以用频谱分析仪进行频域的测量。简单来说频谱分析仪是一个具有频率选择性的电压表，能够把特定频率量的信息，从含有多种频率量的信号中提取出来的一个装置。

图 2-27 描述了频谱分析仪与时域示波器功能上的区别，示波器观测的是电压信号随时间变化的一种规律，这种方法称为时域测量。而频谱分析仪观测的是输入时域信号中各频率分量的大小，把这种方法称为频域测量。随着电子技术的不断进步与发展，频谱分析仪已经从最初实时扫描频谱分析仪发展到了扫频式频谱分析仪，目前最常用的频谱分析仪为超外差式频谱分析仪。超外差式频谱分析仪不通过傅里叶变换等数学变换方法，而是采用电路硬件设计实现信号的部分处理工作，具备较低的成本的同时，有着更高的频率范围、更好的频谱纯度。超外差式这个名称要从"超"和"外差"两个名词理解，"超"是指工作频率超过了声音的频率，即超音频频率或高于音频的频率范围；外差是指频谱仪采用了混频原理进行频谱搬移。

下面以超外差式结构频谱分析仪为例，讲解频谱分析仪的工作原理。超外差式结构频谱分析仪的结构如图 2-28 所示。主要包含了输入衰减器、混频器、本地振荡器、中频滤波器以及检波器等环节。

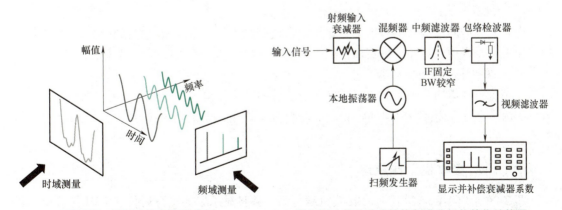

图 2-27　时域分析与频域分析　　　　图 2-28　超外差式结构频谱分析仪简化结构图

（1）射频输入衰减器

射频输入衰减器一般作为频谱分析仪的输入第一级，能够确保输入电平不会超过额定值，避免由于输入电平超过额定值而导致的测量不准确。避免外部过高的输入信号损坏频谱分析仪，同时可以衰减干扰信号电平，起到了保护作用，通常输入衰减器是自动设置的。

（2）混频器

在频谱仪中，混频器的作用主要是实现输入信号的频谱搬移，从而与固定频率的中频滤波器一起，等效实现"频率移动"的中频滤波器。混频器利用非线性元器件（如二极管、三极管等）将输入信号和本振信号进行混合，产生包含二者信号的和/差频等新的频率分量，实现了原始输入信号的频谱搬移。当本地振荡器信号的频率变化时，原始输入信号被搬移到不同频率，与中频滤波器的相对频率也就发生了变化，等效于中频滤波器的中心频率会相对于输入信号发生移动。这其实就是扫频过程。

（3）本地振荡器和扫频发生器

二者共同组成一个频率不断变化的扫频源，和混频器一起将输入信号的频谱搬移到不同位置，实现输入信号的扫频。

（4）中频滤波器

中频滤波器是一个中心频率不变、滤波带宽可调的带通滤波器，它的主要作用是滤除带宽外的干扰信号。中频滤波器的带宽是根据扫描频率段决定的，各国标准都对中频滤波器的带宽进行了严格的规定。中频滤波器的带宽在频谱分析仪中为 RBW 这一参数（表 2-3 是相关标准对 RBW 的规定）。

表 2-3　GJB 151B—2013 规定的 RBW 带宽

频率范围	带宽/kHz
25Hz~1kHz	0.01
1~10kHz	0.1
10~150kHz	1
150kHz~30MHz	10
30MHz~1GHz	100
>1GHz	1000

（5）包络检波器

中频滤波后的信号是窄带信号，通过包络检波确定当前检波频点的幅值变化。频谱仪的检波器主要是峰值检波器，确定信号频谱峰值。检波器的原理图在图 2-32 中已作介绍。

（6）视频滤波器与显示器

视频滤波器本质是一个低通滤波器，使获得的频谱光滑，便于观察分析。然后将信号输入处的前端衰减器系数补偿回去并计算频谱的有效值，最后将有效值频谱结果显示在屏幕上。

2.4.2　EMI 接收机工作原理

图 2-29 是典型的步进式 EMI 接收机结构图，并且显示了频谱分析仪和 EMI 接收机的结构区别：预选器、预放大器和多种检波器。由于接收机自身的功率限制，噪声信号进入到 EMI 接收机，首先需要经过衰减器，将信号强度衰减到接收机能承受的范围内，主要是指预选器和预放大器能承受的输入功率。随后，预选器从中分离出指定频率范围的信号，这部分信号经过前置预放大器放大，进而与本地振荡器产生的本振信号进行混频，实现频谱搬移的

过程。中频滤波器对指定中频分量进行放大，抑制其他分量。检波器对最终信号的包络线进行峰值检波、平均值检波和准峰值检波，最后将结果在显示器上呈现。本节首先介绍接收机和频谱仪的组件区别，阐明精度差异原理，然后着重介绍对测试结果影响显著的中频滤波器和各类检波器的数学本质。

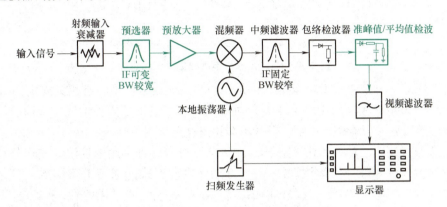

图 2-29　步进式 EMI 接收机结构图示意图

预选器（Pre-selector）是用于提高测试动态范围的可调谐带通滤波器。高动态范围是指所测量的最大频谱幅值和最小频谱幅值的差值很大，意义在于可以同时测量大幅值分量和小幅值分量，频谱细节丰富。这个需求对 EMI 测量是非常关键的，因为开关谐波是随频率逐步降低的，低频的开关谐波幅值很大，高频谐波较小，要同时测量这两者，需要较大的动态范围。实现高动态范围的方法是带通，这可以简单理解为仪器具有的有限信号处理性能更为聚焦地使用在所关注的带通信号内，从而频谱结果更为精细。可调谐的含义是指带通滤波器的中心频率可以移动。当要检测频率点 f_k 时，首先将预选器的中心频率移动到 f_k，然后滤除掉距离中心频率比较远的频谱分量，对输入信号进行一次预处理。中频滤波器和预选器的关键区别就在于带宽，前者具有更窄的带宽，可实现精确选频，后者则是在此之前进行一次预先选频，二者配合相当于实现了两次选择。

预放大器是为了提升测试信噪比，降低仪器底噪的组件。测试仪器本身由电子电路组成，固有产生白噪声，也就是俗称底噪。通过预放大器将输入信号放大，等效于将仪器底噪减小。

上述两个组件的最终目的都是相同的：提高测试精度。这也造成了 EMI 接收机远比相同频率范围的频谱仪价格昂贵的主要原因。但也应该认识到，这些组件不会显著影响测试结果，因此在进行电力电子装置的电磁兼容预测试时，更廉价的频谱仪结果是有效的。更为关键影响测试结果的两个方面是：中频滤波器带宽和检波器特性，下面着重介绍。

中频滤波器作为最关键的选频组件，其选频滤波特性和工作过程应被深入理解。EMI 接收机中的中频滤波器是中心为 f_{nf} 的带通滤波器，只允许频率在其带宽范围内的信号通过。图 2-30a 展示了其步进扫描过程，接收机运行在此模式时，从频域看本质上是以步长 Δf 在每个频点停留一段时间，重复所示的时域信号处理过程，图 2-30b 是对其中的一个步长进行放大后的图像。每移动一步，中频滤波器的中心频率都向右移动 Δf，并对 2 倍 RBW 范围内的频域分量进行衰减。标准 CISPR16 规定，RBW 在 150kHz～30MHz 频段的取值为 RBW = 9kHz。

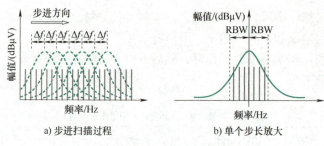

a) 步进扫描过程　　　　　　　　　b) 单个步长放大

图 2-30　EMI 接收机步进扫描过程示意图

同时，标准 CISPR16 对 EMI 接收机内部的中频滤波函数波形也有相关规定，图 2-31 描绘了 150kHz～30MHz 频段（RBW＝9kHz）对应的中频滤波函数限值曲线。不同接收机的实际中频滤波函数波形可能略有差别，但都不会超出这个范围。

与频谱分析仪单一的检波方式相比，EMI 接收机有三种常用的检波方式，分别是峰值检波、平均值检波和准峰值检波。图 2-32 为三种检波方式的通用电路模型，三种检波方式的主要区别在于电路参数的选取，图中，$v_e(t)$ 代表包络线时域信号；$v_{out}(t)$ 则表示检波结果，在三种检波方式下分别表示为 V_{peak}、V_{avg}、V_{qp}；R_c 为充电电阻，R_c 的取值大小会影响电容 C_{out} 的充电速度；R_d 为放电电阻，影响电容 C_{out} 的放电速度。对于峰值检波，充电电阻 R_c 很小，充电速度很快，放电电阻 R_d 很大，放电速度很慢，因此可以检测到峰值。对于平均值检波，充电电阻 R_c 和放电电阻 R_d 相当，可以检测到平均值。对于准峰值，两个电阻的取值比例则是介于二者之间，因此准峰值小于峰值且大于平均值检测结果。

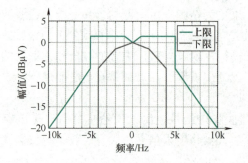

图 2-31　中频滤波函数限值曲线图

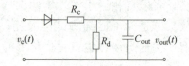

图 2-32　三种检波方式的通用电路模型图

设 $v_e(i)$ 为包络线 $v_e(t)$ 的时域采样。峰值检波的数学表达式如式（2-8）所示。峰值检波电路的输出 V_{peak} 需要迅速及时地反映出 $v_e(i)$ 的瞬时变化，因此要求电容 C 的充电时间足够短，充电电阻 R_c 尽量取小，使 C 在很短的时间内可以快速充电至峰值，而放电电阻 R_d 的取值要相对较大，保证输出波形光滑。

$$V_{peak} = \max(v_e(i)) \tag{2-8}$$

平均值检波的表达式如式（2-9）所示，旨在反映 Δt 内 $v_e(i)$ 的平均值，所以要求选取 R_c 和 R_d，使 C 的充放电时间尽量相等。

$$V_{avg} = \frac{\sum_{i=1}^{N} (v_e(i))}{M} \tag{2-9}$$

式中，M 表示在某个频点的停留时间 Δt 内的采样点数。

准峰值检波的计算表达式为式（2-10），此式表明，求解准峰值 V_{qp} 是一个迭代过程，迭代结果不仅与干扰脉冲的幅度有关，还与干扰脉冲出现的频率有关。准峰值电路的充放电常数介于峰值检波和平均值检波之间，标准 CISPR16 对不同测量频段的准峰值电路充电时间 T_c 和放电时间 T_d 的相关规定见表 2-4 中。

$$\frac{\sum_{i=1}^{Q} \left(v_e(i) - V_{qp} \right)}{R_c} = \frac{V_{qp} \times M}{R_d} \tag{2-10}$$

式中，Q 代表包络线采样数值中超过准峰值 V_{qp} 的数量。

表 2-4　准峰值电路充电时间 T_c 和放电时间 T_d

频段	（9～150）kHz	150kHz～30MHz	（30～1000）MHz
T_c/ms	45	1	1
T_d/ms	500	160	550

总结而言，根据检波器设置的不同，EMI 接收机所具备的峰值、准峰值和平均值检波能满足 EMC 标准要求；根据中频滤波器的幅频特性相异，且频谱仪和接收机的 RBW 带宽不同，一般 EMI 接收机较于频谱分析仪有着更高的精度、更低的失真乱真响应。但一般在电磁干扰测试过程中，选择 EMI 接收机还是频谱分析仪取决于测试需求。若是进行标准 EMC 测试，特别关注实验结果精确性和重复性，EMI 接收机是较为合适的选择；若实验仍处在预测试阶段，频谱分析仪则因其多功能性和成本效益可能更为普适。

2.5　本章小结

电磁兼容标准是确保电力设备或系统安全、高效工作的重要保障，各类电磁兼容标准规定了相关测试方法，针对设备的电磁干扰特性、抗电磁干扰特性等进行测试，从而评判产品是否满足电磁兼容标准的相关要求，这些电磁兼容标准为如今电气设备、电力网络稳定运行提供帮助。在本章中，主要介绍了国内外电磁兼容机构及标准的发展历程，阐述电磁兼容标准中规定的各类测试方法，并以 EMI 接收机和频谱分析仪为例，从底层原理上帮助相关研究人员理解 EMC 测试过程。

习　　题

1. 简述各国及机构制定电磁兼容标准的原因。
2. 阐述国际无线电干扰特别委员会下属分会构成，并指出各分会负责制定的标准内容。
3. 简述电磁兼容标准的类型及其含义。
4. 在 GB4824—2019 标准中，对于传导干扰的频率要求范围是多少？并简单画出标准中规定的 B 类设备交流端口传导电压的准峰值限值。
5. 电磁兼容标准中 A 类设备和 B 类设备具体指是什么？针对两者的标准限值有什么异同之处？1 组和 2 组设备又有什么区别？

6. 简述电磁兼容标准测试方法中测试环境和测试设备的构成。

7. 总结线性阻抗稳定网络（LISN）在传导电磁干扰测试中的作用。

8. 辐射发射（RE）测试项目有哪些类别？

9. 简述 EMI 测试中预扫和终扫测试的区别，并指出两种测试相互配合的意义。

10. 简述频谱分析仪和 EMI 接收机的区别，并指出两种设备适用的测试场景。

11. 频谱分析仪中混频器的作用是什么？请调查资料并结合书本内容作答。

第3章 电力电子装置关键部件的高频分布参数

在电力电子变换器的发展中，电磁兼容性（EMC）已成为影响其性能的关键因素。电力电子设备在高频操作下的杂散参数（如电感、电容和电阻）显著影响装置的功能和稳定性，而这些高频分布参数更是电磁干扰（EMI）的主要传播通道。因此，精确建立和分析这些参数的高频模型成为提高设备电磁兼容性的基础。

本章将首先根据各部件的物理结构特性，剖析两级式逆变器中关键部件的杂散参数形成机理。通过阻抗测量和有限元分析等方法，建立各有源和无源部件的高频模型。这些高频模型不仅有助于深入理解电磁干扰的形成机制，还为设计有效的电磁干扰抑制策略提供了重要支持，从而实现电力电子设备在复杂电磁环境中的高效与稳定运行。

3.1 电力电子装置的关键部件

3.1.1 两级式逆变器概述

本章的研究对象为一台两级式逆变器，其拓扑结构如图 3-1 所示。该变换器采用两级设计，首先通过 Boost 变换器进行升压，再通过三相两电平逆变器将直流电转换为交流电。变换器主要包含了直流电源、线路阻抗稳定网络（LISN）、直/交流线缆、直流支撑电容、连接铜排、IGBT 模块、交流滤波电感、交流滤波电容和负载。直流电源通过直流线缆和 LISN 为电力电子变换器供电，负载通过交流线缆、交流滤波电感和交流滤波电容与变换器的三相交流输出侧连接。本章将系统中的关键部件分为有源部件和无源部件两类，并分别探索各关键部件的高频建模方法。

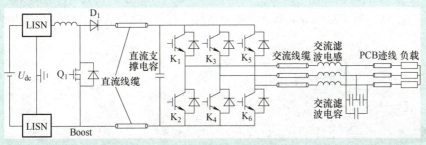

图 3-1 两级式逆变器

3.1.2 高频分布参数的基本概念

在电力电子系统中，随着操作频率的提高，对设备内部电气元器件及其连接电路的电气特性的理解显得尤为重要。这些特性被统称为高频分布参数，它们描述了在高频操作条件下，无源部件（如电容、电感）和有源部件（如晶体管、二极管）以及它们的相互连接电路（如 PCB 迹线、线缆、连接铜排等）的特性。

在高频环境下，电力电子装置的组成部分表现出与低频或直流条件下不同的电气特性。例如，电感和电容的阻抗特性随频率的增加而改变，有源器件如 IGBT 和 Boost 模块的对地寄生参数，这些参数会直接影响设备的性能和电磁兼容性。理解这些高频分布参数对于设计高效、可靠且具有良好电磁兼容性的电力电子装置至关重要。这不仅涉及元器件的选择和电路设计，还包括对电磁干扰的控制和优化，确保设备在其工作频率范围内表现出最佳性能。因此，高频分布参数的精确分析是现代电力电子系统设计中不可或缺的一部分。

3.2 有源部件的高频建模分析

本章所研究的两级式逆变器使用的主要有源部件包括 IGBT 半桥模块和 Boost 模块。因此，本节将以这两种模块为例，深入研究开关器件的高频建模方法。

3.2.1 逆变桥模块高频建模

3.2.1.1 逆变桥模块内杂散参数抽取

IGBT 模块具有复杂的结构特性，其三维结构和纵向剖面图如图 3-2 和图 3-3 所示。该模块主要由功率端子、键合线、半导体芯片、覆铜陶瓷基板（Direct Bonding Copper，DBC）衬底（包括陶瓷绝缘衬底以及上下铜面）以及铜基板组成。功率端子与 DBC 上的铜面直接连接，而 IGBT 芯片的集电极和反并联二极管芯片的阴极直接贴合于 DBC 的铜面上。IGBT 芯片的射极和反并联二极管芯片的阳极则通过键合线与其他功率端子连接到 DBC 的铜面上。从中可见，功率端子、键合线以及 DBC 上的铜层是功率电流的主要传输路径，也构成了模块中的主要杂散电感。各功率端子连接到 DBC 上的铜面与铜基板（通常直接接地）之间通过绝缘衬底形成了各端子的对地电容。根据 IGBT 的外围部件结构特征，可以得到如图 3-4 所示的 IGBT 模块外围电路高频模型。其中，C_C、C_O、C_E 分别代表各个功率端子的对地电容，而 L_C、L_O、L_E 则代表各功率端子的杂散电感，$L_{bonding}$ 则表示键合线的杂散电感。

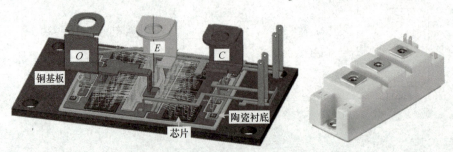

图 3-2　IGBT 模块外围电路三维模型及实物图

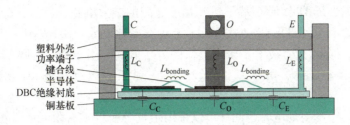

图 3-3　IGBT 模块外围电路三维模型剖面图

对于模块中的杂散电感，可以通过阻抗测量或有限元计算的方法进行提取。采用有限元方法时，首先需在有限元分析软件 ANSYS Q3D 中，根据实际形态和尺寸建立类似于图 3-2 所示的 IGBT 模块三维模型。然后设置模型中各部分的材料属性、边界条件以及激励面，合理划分有限元计算网格。有限元软件可计算出模块中各导体之间的 RL 网络矩阵。最终，通过矩阵转换得到各功率端子和键合线的杂散电感参数。具体的计算结果可参见表 3-1。

当利用阻抗分析仪（见图 3-5）进行测量时，其测量夹具一端连接功率端子的输出端，另一端连接功率端子所接合的 DBC 上的铜面。这样可以得到功率端子的幅值频率响应特性曲线和相位频率响应特性曲线。阻抗分析仪的工作原理是通过给被测试元器件施加单位电流激励源，该激励源包含整个测试频段的频率信息，同时测量元器件两端的电压，从而得到元器件的阻抗。根据测量得到的频率响应特性曲线，在 MATLAB 中建立其高频等效模型。然后选择合适的等效电路及参数对阻抗曲线进行拟合，最终得到的参数抽取结果见表 3-1。

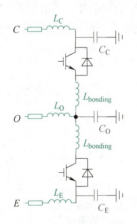

图 3-4　IGBT 模块高频模型

图 3-5　4294A 型阻抗分析仪

表 3-1　IGBT 模块杂散电感测量结果与有限元计算结果对比

	L_C	L_O	L_E	$L_{bonding}$
实测结果/nH	13	15	13	--
有限元/nH	11.28	15.33	14.24	2.12

通过对比表 3-1 中的杂散参数抽取结果，可以发现阻抗测量方法和有限元计算方法对功率端子的杂散电感抽取效果较为接近。这两种方法的交互验证也确保了所抽取的杂散电感值的准确性。在实际应用中，通常 IGBT 的技术手册会给出一个 L_{stray} 参数值，该参数表示在将

半导体芯片短接时，IGBT 模块 C 端子到 E 端子之间的杂散电感。显然，L_{stray} 的理论值应为 L_C、L_E 和 $L_{bonding}$ 之和。因此，仅仅根据 L_{stray} 无法准确地确定 IGBT 模块各个端子以及键合线的杂散电感值。实际上，技术手册中提供的 L_{stray} 值仅可用于验证有限元计算结果或阻抗测量结果的准确性。此外，由于 $L_{bonding}$ 远小于 L_C 和 L_E，仅有几个 nH，因此很难被准确测量。

对于各功率端子的对地电容，同样可以采用阻抗分析仪或有限元的方法进行精确抽取。利用有限元方法时，杂散电容的抽取流程与抽取杂散电感的流程一致，只是计算结果为模块中各导体之间的电容-导纳 CG 网络矩阵；然后通过矩阵转换数值计算得到各功率端子到散热铜板的杂散电容参数，具体的计算结果可见表 3-2。而当采用阻抗测量法时，由于键合线的存在会不可避免地影响对地电容的测量。因此，首先需要剪断键合线，然后用阻抗分析仪单独测量各极功率端子与铜基板之间的电容。相应的测量结果也列于表 3-2 中。

表 3-2　IGBT 模块对地电容测量值与有限元计算结果对比

	C_C	C_O	C_E	比例
实测结果/pF	463	611	125	3.70 : 4.89 : 1
有限元/pF	450.76	601.54	128.26	3.51 : 4.69 : 1
DBC 上铜面面积/cm^2	9.86	12.47	2.66	3.52 : 4.69 : 1

同样地，阻抗测量法和有限元法都能够实现较为精确的杂散电容抽取。此外，IGBT 模块各端子对地电容与其所接合的 DBC 上铜面的面积成比例。由此可证明，IGBT 模块的对地电容主要由与各端子接合的 DBC 上铜面形成。基于这一结论，除了有限元分析法和阻抗测量法外，还可以采用以下两种简单的方法预估 IGBT 模块的对地电容：

1. 计算法

在已知各功率端子接合的 DBC 上铜面积 S、DBC 绝缘衬板厚度 d 以及绝缘材料的介电常数 ε 情况下，可以利用式（3-1）估算各极对地电容

$$C = \varepsilon S / d \qquad\qquad (3\text{-}1)$$

2. 测试法

在已知各功率端子接合的 DBC 上铜面积的情况下，可以先将 IGBT 模块中的 C、O、E 功率端子短接（见图 3-6），然后测量任一端子与铜基板之间的电容。这个测量得到的电容即为各极端子对地电容之和。根据各极上铜面的面积比例，最终可以确定各极对地电容的大小。

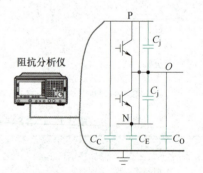

图 3-6　IGBT 模块对地电容测量方法

3.2.1.2　IGBT 芯片内部杂散参数计算

在 IGBT 内部存在许多寄生电容，如图 3-7 所示。其中，有些电容与电压无关，而其他电容受集电极和发射极之间的电压控制。通常认为，栅极与其他层之间的等效电容（例如，栅极和芯片金属化层之间的 C_1，栅极和 N$^-$ 区之间的 C_2，栅极和 P 沟道之间的 C_3，以及栅极和 N$^+$ 发射极区之间的 C_4）不随电压变化。而半导体内部的其他电

容（$C_5 \sim C_7$）则是空间电荷区之间相互作用的结果，因此会随着电压的变化而变化。IGBT 芯片各级之间的寄生电容（见图 3-8）与 $C_1 \sim C_7$ 之间的关系如式（3-2）所示：

$$\begin{cases} C_{ge} = C_1 + C_3 + C_4 + C_6 \\ C_{gc} = C_2 + C_5 \\ C_{ce} = C_7 \end{cases} \tag{3-2}$$

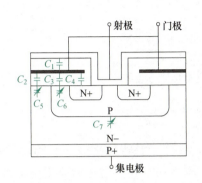

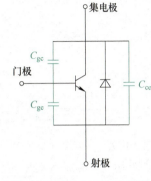

图 3-7　IGBT 芯片寄生电容形成原理　　　　图 3-8　IGBT 芯片及高频模型

　　显然，由于 IGBT 芯片的寄生电容具有压变特性，因此很难通过直接测量的方法得到各寄生电容的容值。然而，IGBT 的数据手册通常会提供在 $0 \sim 30V$ 集射极电压下的输入电容 C_{ies}、输出电容 C_{oes} 和反向转移电容 C_{res} 的容值曲线。其中 C_{ies}、C_{oes}、C_{res} 与 C_{ge}、C_{gc}、C_{ce} 之间存在如下数学关系：

$$\begin{cases} C_{ies} = C_{gc} + C_{ge} \\ C_{oes} = C_{gc} + C_{ce} \\ C_{res} = C_{gc} \end{cases} \tag{3-3}$$

　　电力电子开关器件的实际工作电压通常远高于数据手册中杂散电容的测试电压。为了得到更高电压范围内的寄生电容值，可以通过式（3-4）所示的数学表达式对数据手册中给定的曲线进行拟合：

$$\begin{cases} C_{ce} = \dfrac{C_{ce\_0V}}{\left(1 + \dfrac{V}{K_1}\right)^{\gamma}} \\ \\ C_{gc} = \dfrac{1}{\dfrac{1}{C_{gc\_0V}} + \dfrac{V^x}{K_2}} \end{cases} \tag{3-4}$$

式中，C_p 是 C_{ce} 在任一集射极电压 V 下的值；C_{gc_0V} 和 C_{ce_0V} 分别是 C_{gc} 和 C_{ce} 在集射极电压 $V_{ce} = 0V$ 时的电容值；K_1、K_2、x 和 γ 为常数。

　　在曲线上任取两点，将对应的电压、电容值代入式（3-4），可以求解得到常数系数值分别为 $K_2 = -1.732e^{-10}$、$x = -0.913$ 和 $\gamma = 0.267$ 的。

　　得到各杂散电容的压变数学模型后，可以绘制电容-电压曲线图并与数据手册进行对比。如图 3-9 所示，拟合曲线与实测曲线近乎吻合，从而验证了所推导的参数的准确性。在本章中，电力电子变换器的直流供电电压为 400V。代入该电压后，可以得到 400V 集射极电压下

IGBT 芯片内部各杂散电容值为 $C_{\text{ge}} = 19.27\text{nF}$、$C_{\text{ce}} = 232\text{pF}$、$C_{\text{gc}} = 985\text{pF}$。

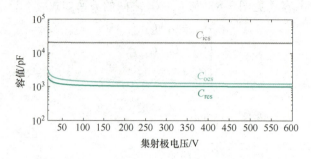

图 3-9　IGBT 芯片寄生电容拟合结果

3.2.2　Boost 模块高频建模

图 3-10a 展示了本章研究变换器共负极 Boost 模块的实物图，图 3-10b 为功率模块等效电路，模块对地电容是最关键的寄生参数。由于模块尺寸较小，过小的节点对地电容不能通过直接测量法获得，即在将模块的键合线全部剪断后，利用阻抗分析仪可以测得升压 Boost 功率模块各个引脚相对于地的阻抗数值。此时需要通过间接测量法获取，这在上文 IGBT 引脚对地寄生电容测量中已经提到。将全部引脚短接，测量全部引脚对地电容之和，然后通过面积进行引脚电容的分配。Boost 模块的总测量电容、铜基板面积比例和分配的电容值见表 3-3。对于具有 3D 模型的模块，可以通过计算机辅助设计（Computer Aided Design，CAD）作图软件的测量功能提取面积，对于未具有 3D 模型的模块，可以通过 ImageJ 这类像素点读取软件获得每个分区的像素点数，也可以得到面积比。

a) 功率模块3D图

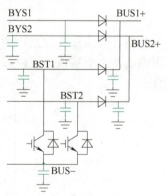

b) 功率模块等效电路

图 3-10　BOOST 功率模块

表 3-3　功率模块寄生电容拟合参数

参数	BUS1+	BST1	BYS1	BYS2	BST2	BUS-	BUS2+	总电容
面积比	0.05	0.27	0.06	0.03	0.26	0.29	0.04	1
数值/pF	9.74	55.7	11.8	6.3	52.7	60.1	8.6	205

3.3　无源部件的高频建模分析

无源部件的高频建模分析是本章的核心内容。电力电子变换器的无源部件主要包括 LISN、直流/交流线缆、直流支撑电容、连接铜排、交流滤波电感、交流滤波电容、PCB 迹线和负载等关键部件。为了深入研究这些关键部件的特性，本节将它们根据结构特性分为五种类型，分别是电容、电感、线缆、连接铜排、PCB 迹线和负载，并对每种类型的关键部件进行了高频模型的建立和分析。

3.3.1　电容高频模型

典型的电解电容的三维剖面图如图 3-11 所示，展现了电容的物理结构，主要由两块与外部连接的极板以及极板之间的电介质构成。电解电容是一种特殊类型的电容器，其结构由正极板、电介质和电解液组成。

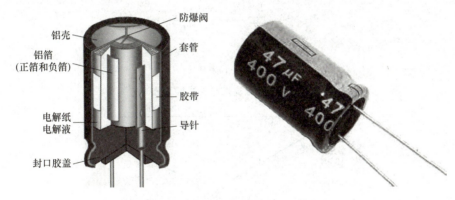

图 3-11　电解电容内部结构图及实物图

正极板通常由铝或钽等金属材料制成，经过氧化处理在其表面形成一层极薄的氧化膜，这层氧化膜作为电介质，能够储存电荷。负极板则浸润在电解液中，电解液通常是含有硼酸、醋酸等成分的溶液或凝胶。这种结构使得电解电容具有较高的电容量和体积密度，适用于需要较大电容量的应用场景，如电源滤波、能量储存和信号耦合。

电容中的主要寄生电感由极板和外部引线形成，而环状设计的极板有效地减小了极板间的感性耦合。导体极板通过电介质构成了电容的结构。因此，对电容部件的高频模型常采用较为简单的 RLC 串联电路进行拟合。

以直流支撑电容为例，说明电容部件的高频模型的拟合过程。利用阻抗分析仪测量直流支撑电容的幅值频率响应特性曲线和相位频率响应特性曲线，结果如图 3-12a 所示。根据频率响应曲线可知，该电容在 10kHz 之前呈现容性，在 10kHz 之后呈现感性。由于幅值曲线的波谷由串联谐振产生，因此电容的高频等效模型采用 RLC 串联结构，如图 3-12b 所示。

首先，根据 10kHz 之前幅值曲线下降的斜率确定电容 C 的值，然后根据谐振发生的频率计算出寄生电感 L 的值，最后通过调整等效电阻 R 来拟合幅值曲线的波谷值。本实验台架中直流支撑电容和交流滤波电容的高频模型及其参数如图 3-12 和图 3-13 所示。

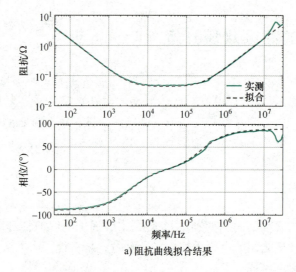

a) 阻抗曲线拟合结果

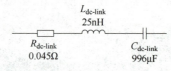

b) 高频模型

图 3-12　直流支撑电容高频建模

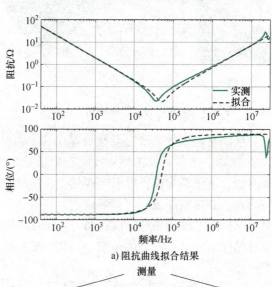

a) 阻抗曲线拟合结果

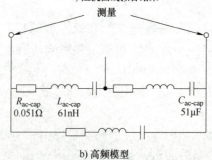

b) 高频模型

图 3-13　交流滤波电容高频建模

3.3.2　电感高频模型

如图 3-14 展示的是一种典型的环形磁芯绕组式电感的三维剖面图。电感的内部结构相比电容更为复杂，由此导致了其分布参数特性的复杂性。电感的每个绕组线圈都具有固有的自感特性，同时绕组之间还存在显著的互感耦合；此外，绕组间以及绕组与磁芯之间均存在容性耦合，即分布电容现象；电感的导线也具有一定的电阻值。基于这些特性，如图 3-15 所示的多级串联的 RLC 并联电路模型能够有效地模拟电感在高频性能。

图 3-14　电感内部结构三维剖面图

在本实验中，共模电感的高频阻抗特性是通过使用阻抗分析仪 4294A 进行测量得到的。测量结果以阻抗曲线的形式展示，基于这些数据使用图 3-16 所示的等效模型进行了拟合。如图 3-17 所示，共模电感的频率响应曲线显示，实际测量得到的桥臂电感响应和通过高频等效模型拟合的响应之间存在对比。

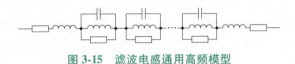

图 3-15　滤波电感通用高频模型

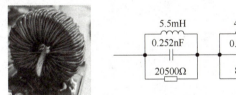
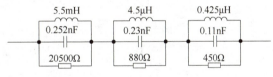

图 3-16　电感高频等效模型图

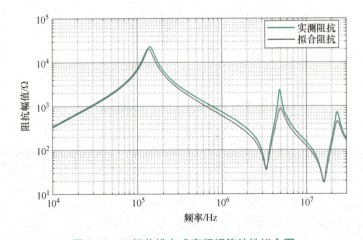

图 3-17　三相共模电感高频幅值特性拟合图

观察到的阻抗曲线中包含三个凸起的谐振峰，这些峰值反映了桥臂电感与寄生电容之间发生的并联谐振现象。根据并联和串联谐振的原理，这些凸起的谐振峰是由于电感和寄生电容间的相互作用。具体来说，这些谐振峰位于 30MHz 以下，表明在这一频率区间内桥臂电感与寄生电容发生了三次并联谐振。对应的凹陷波谷则指示了不同并联部分的电感和电容发生串联谐振。通过细致调整参数，最终确定了共模电感的电路模型具体参数。

3.3.3　连接铜排高频模型

　　直流连接铜排的不规则外形和复杂的电流分布特性使得使用阻抗分析仪进行参数测量时容易产生较大的误差。为此，采用有限元方法抽取连接铜排的杂散参数成为一个更合适的选择。

　　具体操作中，首先建立了如图 3-18 所示的直流连接铜排的三维模型，并对其材料属性进行设定，同时设置激励面并合理划分网格，以确保分析的准确性。通过有限元软件，得到了包含感容性耦合信息的连接铜排接口端子间的阻抗网络。

图 3-18　直流连接铜排三维模型

　　此外，连接铜排的电阻是影响干扰源振铃效应的一个关键参数。由于趋肤效应，连接铜排的电阻会随频率增高而上升。因此基于有限元软件提取的不同频段电阻信息，采用如图 3-19 虚线框内所示的 RL 三阶电路对连接铜排的阻频特性进行了拟合。最终建立的直流连接铜排高频模型如图 3-19 所示，其关键参数列于表 3-4 中。

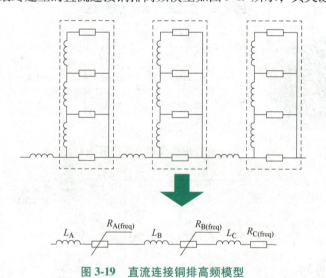

图 3-19　直流连接铜排高频模型

表 3-4　直流连接铜排关键参数

参　数	数　值/pF	参　数	数　值/mΩ
L_A	255	$R_A(0V)$	16.2
L_B	58	$R_B(0V)$	3.4
L_C	124	$R_C(0V)$	7

3.3.4　PCB 迹线高频模型

　　PCB 迹线为环氧树脂绝缘板上附着的铜箔，在低频下可以当作良导体考虑，当电路工作在较高频率下时，PCB 迹线的分布电感、电容就会成为干扰耦合的通道，影响电路的抗干扰度甚至电路的正常工作。因此，提取 PCB 迹线的杂散参数是进行电路板电磁兼容设计的一个重要环节，提取 PCB 迹线的分布参数可以用实验的方法和电磁场理论计算的方法。

由于电路板的引线参数数量级很小，常规的实验方法难以达到精度要求。TDR 方法基于微波传输线理论，通过 TDR 分析仪向待测的 PCB 迹线注入一个前沿约为 5ps 的阶跃信号，同时测量电路的发射信号，并根据发射信号计算引线的分布电感、分布电容和电阻参数，该方法测试精度较高。数值方法从电磁场的观点出发，采用有限元法（Finite Element Method，FEM）、有限差分法（Finite Difference Method，FDM）和矩量法（Moment Method，MOM）等计算电磁场分布，再根据电磁能量求得分布电感、电容和分布电阻参数。商业软件包括 Inca 和 StatMod。Inca 由法国 Grenoble 电气实验室开发，基于局部单元等效电路（Partial Element Equivalent Circuit，PEEC）方法，可提取 PCB 迹线的电感和电阻参数，并生成 Pspice 兼容格式的子电路，参与电路仿真，但不能计算分布电容。StatMod 由德国 SimLab Software GmbH 推出，基于有限元方法，能提取多层 PCB 迹线间电阻、电导、电容和电容分布参数矩阵，给出参数随频率变化曲线，且能输出 Pspice 格式的子电路，适合开关电源 PCB 迹线电磁分析和布线参数提取。

采用软件抽取电路的杂散参数将使繁琐的工作等到简化，但是软件的价格非常昂贵，对于一些形状较为规则的布线，可以采用解析式来近似求得分布参数。

针对图 3-20 的 PCB 迹线电感的提取，要使用 CST Studio Suite 软件中的 RLC 工具箱对 PCB 迹线的寄生电感进行仿真。详细的仿真步骤请参见附录 B，其中包含从模型导入到电感测量结果的完整过程。

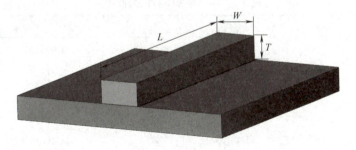

图 3-20　PCB 迹线的三维模型

PCB 引线电感的计算方法如下：

$$l = 0.2L\left(\ln\frac{2L}{W+T} + 0.2235\frac{W+T}{L} + 0.5\right) \tag{3-5}$$

式中，W 是线宽；L 是线长；T 是铜厚；式中所有变量的单位均为 mm。

3.3.5　线缆高频模型

在进行电路功能分析时，一般把线缆当作电阻为零的理想导体来处理，在进行 EMC 分析时，就需要考虑线缆的高频参数。如果流过线缆的电流维持为恒定的直流，则电流在线缆的横截面上分布是均匀的。对于实芯的圆铜线缆，直流电阻用下式表示：

$$R_{dc} = \frac{L}{\sigma S} = \frac{L}{\pi r^2} \tag{3-6}$$

式中，L 是线缆的长度；S 是线缆的横截面积；σ 是铜的电导率；r 是线缆的半径。

线缆的电感包括内自感 L_i 和外自感 L_e 两部分，当线缆通以电流时，不仅在线缆的外部，而且在线缆的内部产生磁通，内自感是线缆内部的磁通在线缆上产生的电感，线缆外部的磁通产生的电感称为外自感，此时的内自感和外自感分别为（假设 $L \gg r$）：

$$L_i = \frac{\mu_0 L}{8\pi} \tag{3-7}$$

$$L_e = \frac{\mu_0 L}{2\pi} \left(\ln \frac{2L}{r} - 1 \right) \tag{3-8}$$

当流过线缆的电流不是直流，而是高频的交流时，高频电流在线缆中产生的磁场在线缆的中心区域将感应很大的电动势，由于感应的电动势在闭合回路中将产生感应电流，这样在线缆的中心将感应出很大的电流，由于感应电流总是在减小原来电流的方向，它将迫使电流集中于线缆的表面流动。这种现象称为趋肤效应，趋肤效应使得线缆在传输高频信号时的效率很低，同时线缆的电阻增加。下式为趋肤深度的表达式：

$$\delta = \frac{1}{\sqrt{\pi f \mu_0 \sigma}} \tag{3-9}$$

式中，f 是信号的频率；σ 是导线的电导率（对铜为 $5.8 \times 10^7 \text{S/m}$）；$\mu_0$ 是导线的磁导率（在自由空间中为 $4\pi \times 10^{-7} \text{H/m}$）。

表 3-5 列出了在不同频率下铜的趋肤深度。

表 3-5　不同频率下铜的趋肤深度

频率 f/Hz	趋肤深度 δ/m
1k	2.09×10^{-3}
10k	6.61×10^{-4}
100k	2.09×10^{-4}
1M	6.61×10^{-5}
100M	6.61×10^{-6}

假设在高频频率 f 下，半径为 r 圆铜线缆的趋肤深度为 δ，此时线缆的交流电阻、内自感和外自感分别为

$$R_{ac} = \frac{L}{\sigma S} = \frac{L}{\sigma (\pi r^2 - \pi (r - \delta)^2)} \tag{3-10}$$

$$L_i = \frac{\mu_0 L}{8\pi} \frac{\delta}{r} \tag{3-11}$$

$$L_e = \frac{\mu_0 L}{2\pi} \left(\ln \frac{2L}{r} - 1 \right) \tag{3-12}$$

由式（3-9）可以看出，随着频率的升高，电流趋于表面流动，线缆的内自感趋于零，因此总的自电感逐渐减小并趋向于外自感，而外自感基本不变。对于一般的铜线缆，内自感

所占自电感的比例很小，因此电感随频率的变化也很小，在 $1\sim1\mathrm{MHz}$ 之间，线缆自电感的变化率小于 6%。

空气中两根半径为 r，长度为 L，轴线间距离为 d 的平行圆线缆形成的互感 L_p（假设 $L\gg d$）为

$$L_\mathrm{p}=\frac{\mu_0 L}{2\pi}\left(\ln\frac{2L}{d}-1\right) \tag{3-13}$$

其分布电容为

$$C=\frac{2\pi\varepsilon_0}{\ln(d/r)} \tag{3-14}$$

式中，ε_0 为自由空间的介电常数，大小为 $8.85\times10^{-12}\mathrm{F/m}$。

在本章的实验设置中，使用的交/直流线缆是非屏蔽类型，如图 3-21 所展示。鉴于线缆之间以及线缆与地面的间隔较大，可以合理假设线缆间的容感性耦合和对地电容耦合对实验结果的影响可以忽略，因此实验中主要考虑了线缆自身的杂散电感和电阻。为了建立线缆的高频模型，采用了了直接使用阻抗分析仪进行测量的方法。所建立的交/直流线缆高频模型及其参数详细记录在图 3-22 和图 3-23 中。

图 3-21　线缆内部结构图

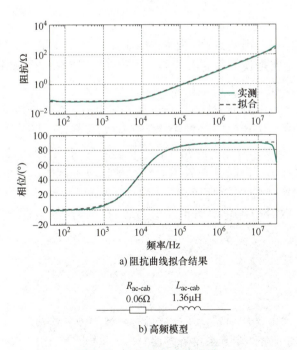

a) 阻抗曲线拟合结果

b) 高频模型

图 3-22　交流线缆高频建模

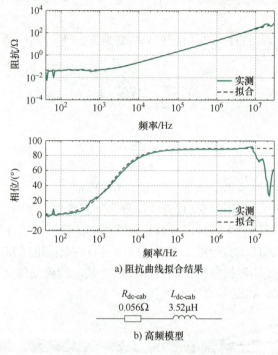

a) 阻抗曲线拟合结果

b) 高频模型

图 3-23　直流线缆高频建模

3.4　本章小结

　　本章首先介绍了两级式逆变器的拓扑结构；然后分别探索了装置中各有源部件、无源部件的高频建模方法。对于变换器中的有源部件，如 IGBT 模块和 Boost 模块，首先对 IGBT 模块的内部结构和工作原理进行了深入剖析，并使用有限元分析和阻抗测量技术进行交互验证，以实现 IGBT 模块外围电路的高频建模；此外对 IGBT 芯片内部寄生电容的形成机理进行了详细分析，并通过数值拟合方法精确提取了寄生参数。同样的方法也应用于精确提取 Boost 模块的对地寄生参数。对于无源元件，本章深入探讨了它们的物理结构及杂散参数形成机理。通过有限元分析或阻抗测量技术，精确地抽取了这些部件的高频模型中的杂散参数值，根据各部件的实际物理结构特性进行了高频模型的推导。上述有源、无源模型的建立和参数的精确抽取对于优化电力电子装置设计，提高其电磁兼容性能具有至关重要的意义。

习　　题

1. 简述对电力电子装置的高频分布参数进行建模和测量的意义。
2. IGBT 模块的高频杂散参数主要有哪些？
3. IGBT 芯片内部寄生电容中哪些属于压变电容？如何得到这些压变电容的值？
4. 简述开关管对地电容的提取方法。

5. 电容的高频等效模型采用何种结构？简述采用该结构的原因。

6. 电感的高频等效模型采用何种结构？简述采用该结构的原因。

7. 连接铜排的高频参数一般采用 何种方法抽取？简述采用该方法的原因。

8. 简述 PCB 迹线高频参数的提取方法。

9. 简述线缆高频参数的测量方法。

10. 简述趋肤效应的原理，及其对线缆高频参数的影响。

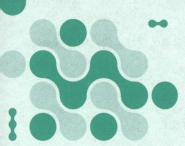

第4章 电力电子装置传导电磁干扰仿真建模

电力电子装置传导电磁干扰建模是通过仿真建模计算装置会向外发射多大幅值的电磁干扰，然后在已建立的模型中添加 EMI 滤波组件，再计算装置发射的电磁干扰是否能够通过标准限值，能指导 EMI 滤波器设计。仿真建模还有利于辨识电磁干扰传播路径中对发射强度影响较大的关键寄生参数，为针对关键耦合的精确抑制提供指导。

本章的目的在于使读者在第 3 章元器件分布参数的基础上，理解电力电子装置电磁干扰时域、频域和时频域建模几种仿真方法的基本原理和实现步骤，同时介绍了模拟 EMI 接收机的准峰值/平均值检测数据处理算法，便于读者在后续学习工作中开展 EMI 建模仿真工作。

4.1 电力电子装置传导电磁干扰建模方法概述与比较

仿真建模从求解域上来看可以分为时域、频域和时频域三种，表 4-1 从多个方面比较了本章介绍的这几种传导电磁干扰建模方法。时域 EMI 仿真采用电路软件模拟开关管及其周围电路的运行，从而获得阻抗稳定网络（LISN）处的时域干扰波形。时域干扰源通常使用非线性模型，例如 Spice 模型来模拟开关暂态，因此存在收敛性问题。又因为时域仿真运行的前提是模型正确地工作在稳态，这意味着元器件参数必须同时包含与运行有关的额定参数和与 EMI 有关的寄生参数，因此需要从工作频率开始的宽频 RLC 模型来模拟由元器件组成的干扰路径。这种仿真方法不需要研制出样机，精度高、仿真速度慢。

频域 EMI 仿真是基于干扰源和路径响应的频域乘积获取 LISN 处的电压频谱。干扰源的频谱只需要得到其包络，核心在于 EMI 只关注峰值，其他频点可以忽略，可以显著简化干扰源的获取过程，通常采取数学解析的方法获取包络表达式。频域干扰源的包络解析模型带来计算速度优势的同时，也面临精度欠佳的问题，因为其无法考虑振铃效应和变斜率开关切换效应。由于频域模型只从频域考虑，没有时域 EMI 源，不需要电路处于时域工作稳态，故路径模型只需要包含关注频段的元器件模型，也就是只考虑和 EMI 有关频段的元器件参数。频域建模法相较于时域建模法而言，路径也明显得到了简化。

时频域 EMI 仿真方法与频域仿真方法的区别在于它需要干扰源的时域模型。根据干扰源的获取方法，时频域 EMI 仿真可以划分为基于干扰源实测和基于开关暂态解析的建模方法。干扰源实测建模法具有最高的精度和最快的获取速度，但样机必须已经研制出来。开关暂态解析模型基于固定的跨导、结电容等参数（这在非线性模型中是变化且耦合的），建立开关瞬态电压电流方程，从而计算时域干扰源。时频域建模法的干扰源简化成线性干扰源，比时域建模法中的非线性干扰源模型更简单，因此损失了一部分精度。

总之，以上各种仿真方法各有优劣，建模速度快的方法必定牺牲了精度，基于干扰源实测的时频域 EMI 仿真建模法同时具有高精度和快仿真速度，但也必须依赖于样机研制。下面各节中，逐个展开介绍这些仿真方法（见表 4-1）。

表 4-1　各类传导电磁干扰仿真建模方法对比

类别	EMI 仿真类型			
	时域 EMI	频域 EMI	时频域 EMI	
干扰源	非线性模型	解析包络模型	开关暂态解析模型	实测模型
干扰路径	宽频 RLC 模型	分频段模型	分频段模型	分频段模型
是否需要样机	否	否	否	是
精度	高	一般	高	高
建模速度	慢	快	慢	快

4.2　电力电子装置传导电磁干扰时域建模方法

4.2.1　时域建模方法基本原理

时域 EMI 预测方法通过在时域电路仿真软件中，按照实际电路拓扑搭建包含各部件高频模型和开关管模型的仿真电路，从而得到系统中包含传导电磁干扰在内的各电气量的时域波形，再把 LISN 处时域波形通过 FFT 得到电磁干扰的频谱，与标准限值比较，看是否满足电磁兼容标准要求。多种仿真软件可用于电磁干扰仿真，例如电路级的 Simulink（用于理想器件）、PSIM（用于器件非线性模型）、ANSYS Simplorer（用于器件非线性模型），3D 有限元级的 ANSYS HFSS、CST MWS Studio 等。时域 EMI 预测方法的关键是干扰源（电力电子开关管动态过程）和干扰路径（装置寄生参数）的精准描述。

时域 EMI 仿真和装置工作原理级仿真的区别总结在表 4-2 中。原理级仿真主要关注工频及约 2 次开关倍频谐波，且考虑多个工作周期，因此分析频段低，仿真步长 μs 级，仿真时间长，但仿真所需运行时间短。而 EMI 仿真需要装置工作在稳态，由于还要考虑一小段装置达到稳态的时间，实际仿真时间略大于一个工作周期，尽管这部分暂态时间在分析频谱时被去掉。由于仿真频段所涉及几百倍开关倍频，频段高，仿真步长为 ns 级，仿真所需运行时

表 4-2　时域 EMI 仿真和装置工作原理级仿真的区别

类别	时间尺度	频率尺度	仿真步长	开关管模型	控制回路
时域 EMI 仿真	1~2 个基波周期	MHz 级	变步长或 ns 级定步长	非线性 Spice 模型	开环
工作原理仿真	多个基波周期	kHz 级	μs 级定步长	理想阶跃方波	闭环

类别	驱动模型	工况	元器件模型	仿真层级
时域 EMI 仿真	含驱动电压电阻	稳态	额定+寄生参数模型	场路协同：电路级+3D 有限元
工作原理仿真	理想电压源	稳态暂态	额定参数模型	仅电路级仿真

间长，也可以采用变步长仿真加速，在开关切换瞬态减小仿真步长，在开关不动作时增大仿真步长，但是不收敛的可能性会更大。EMI 仿真不需要采用闭环控制，只需要采用负载不变的开环控制。

下面阐述驱动信号生成的区别。时域 EMI 仿真的驱动 PWM 信号通常采用外部导入而非仿真软件生成，一方面是因为一些仿真软件没有用于驱动信号生成的模块化简易方式，例如 CST 需要编写宏文件生成驱动信号；另一方面是因为如果驱动信号由电路级步进式仿真产生，但步长又很小，计算效率低。驱动信号一般可通过 MATLAB 编程获取后导入仿真软件。例如，如果要生成三相 SPWM 波，则只需将正弦波向量和三角载波向量比较即可，重要的是，MATLAB 编程生成这两个向量时不是步进式的，而是每个点直接调用正弦或者三角表达式计算得到，计算效率很高。时域 EMI 仿真导入驱动信号后还应设置驱动电阻，因为驱动电阻显著影响开关的切换速度，驱动信号不可直接以电压源形式替代。而在装置工作原理级仿真中，驱动电阻通常被忽略。

应当指出，EMI 具有宽广的频谱范围，高低频 EMI 的仿真需求不同，仿真方法可针对性简化。在后文 8.4.1 节 EMI 源的开关特征描述中将指出，约 1MHz 级以下的低频 EMI 主要是由脉冲方波决定，而更高频 EMI 则与开关切换暂态密切相关。因此若仅需仿真低频 EMI，则不需要采用开关管的精确模型，用理想开关替代即可。也就是说将装置原理级仿真的时间步长调小，并增加若干寄生参数，而无需修改开关管模型即可仿真低频 EMI。

高频 EMI 仿真的开关模型都需要开关管特征模型。模型主要有两种获取方式：①从开关管产品官方网站下载开源的设计资料 Spice 模型；②基于软件自带的模型案例，输入产品手册中参数自行拟合模型，例如 ANSYS Simplore 推出的开关器件特征化建模工具包，特征化建模工具包的工作原理如图 4-1 所示，其能根据开关器件的基本参数、转移特性、输出特性、热特性等外特性测量结果，自动拟合出电力电子开关器件特征化模型中各等效参数的数值，从而精确模拟开关器件开关过程中的充放电过程、电压电流转换过程、开关振荡过程，甚至反向恢复等涉及芯片内部场荷效应的动态或静态过程。特征化工具将拟合得到的开关管动、静态特性封装为与普通电路仿真软件中理想开关器件相同的端口模型，因此只需要按照电力电子变换器的实际物理结构组合各关键部件的高频模型以及开关管特征化模型，即可通过时域仿真软件计算得到传导 EMI 的预测结果。

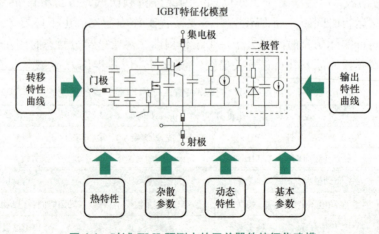

图 4-1 时域 EMI 预测中的开关器件特征化建模

时域 EMI 仿真的核心痛点在于，非线性开关器件模型将导致仿真时间显著增加，并带来时域计算不收敛问题。解决这一痛点的关键措施是采用精确度稍低的器件模型，例如英飞凌提供的开关仿真模型一般有四个等级：L0~L3，随着级别的增加逐步考虑了更多的非线性电热特性。当仿真不收敛报错时，应切换更低一级的仿真模型。一般而言，对于采用了多个器件的电力电子装置，如三相逆变桥，器件最好选用 L0 级别的模型。

4.2.2 时域建模方法分析

电力电子装置的时域电磁干扰源通常包含：调制决定的脉冲波形和开关管动态过程决定的变斜率上升/下降沿。因此，以下以三相逆变器为例，首先分析开关调制过程，再求解开关管的动态开关过程，最后分析共模和差模传导电磁干扰。

4.2.2.1 三相逆变器调制分析

以经典的三相桥式两电平逆变器为研究对象，电路如图 4-2 所示，Q_1~Q_6 为 6 个带反并联二极管的 IGBT 开关管，V_{dc} 是逆变器的直流输入电源电压；C_{dc} 是逆变器的直流支撑电容，该电容起到稳定逆变器直流母线电压的作用，由于引线的分布电感会在 IGBT 开关动作时生较大的电压降，导致直流母线电压跌落或上升，因此直流支撑电容到直流母线的连接线应尽可能地短（在中大功率场合推荐使用叠层母排）；L_{dc} 是从直流电源到直流支撑电容的等效电感（包括引线电感和外加电感），该电感可以减小从直流输入电源吸收的谐波电流，以达到各种国家、国际电磁兼容标准的要求。

输出滤波电感 L 与滤波电容 C 构成输出侧的滤波器，用来衰减 PWM 调制产生的输出谐波电压。

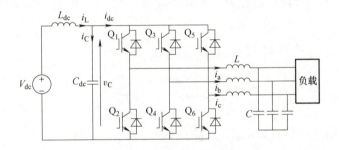

图 4-2 三相两电平逆变器

逆变器的三相调制波如图 4-3 所示，每个输出周期可以分为 A~F 共 6 个区间，每个区间 60°，除了相序不同外，每个区间对于母线输入电流的影响是一样的，因此本文仅分析 $i_{dc}(t)$ 在 ωt 从 30°~90° 的时间段（区间 A）过程。在区间 A 内，其调制示意图如图 4-4 所示，采样过程为对称规则采样。

为了具有通用性，调制波是在正弦基波调制的基础上叠加三次及其倍频的谐波，其数学表达形式如下：

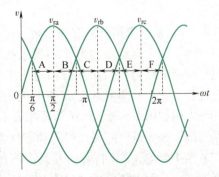

图 4-3 三相调制波波形

$$\begin{cases} v_{ra} = MV_{cm}\left[\sin(\omega t) + v_z\right] \\ v_{rb} = MV_{cm}\left[\sin(\omega t - 120°) + v_z\right] \\ v_{rc} = MV_{cm}\left[\sin(\omega t + 120°) + v_z\right] \end{cases} \qquad (4\text{-}1)$$

式中，V_{cm} 为三角载波 v_c 的峰值；M 是调制比；v_z 是在调制波中注入的谐波。

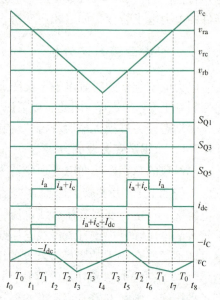

这里分 3 种不同的调制方式进行讨论：

1）SPWM 调制，此时 v_z 为零。

2）SPWM 加上 1/6 的 3 次谐波注入调制，注入的 3 次谐波为

$$v_z = \frac{1}{6}\sin 3\omega t \qquad (4\text{-}2)$$

3）典型的 SVPWM 调制，此时 v_z 为

$$v_z = -\frac{1}{2}(v_{max} + v_{min}) \qquad (4\text{-}3)$$

式中，$v_{max} = \max\left[\sin\omega t, \sin(\omega t - 120°), \sin(\omega t + 120°)\right]$；$v_{min} = \min\left[\sin\omega t, \sin(\omega t - 120°), \sin(\omega t + 120°)\right]$。

需要说明的是，典型的 SVPWM 从空间矢量调制的定义本身看不出调制波的显式定义，但从式（4-3）可以看出，SVPWM 本质上也是一种谐波注入调制。

图 4-4 逆变器的三相调制示意图

由于采用的是对称规则采样，每个开关周期的 PWM 波形是沿中点偶对称的，如图 4-4 所示，因此每半个开关周期可以分为 4 个时间段 T_0、T_1、T_2 和 T_3，每个时间段 T_0、T_1、T_2 和 T_3 的值分别为

$$\begin{cases} T_0 = \frac{T_S}{4}(1 - M\sin\omega t - Mv_z) \\ T_1 = \frac{T_S}{4}M\left[\sin\omega t - \sin(\omega t + 120°)\right] \\ T_2 = \frac{T_S}{4}M\left[\sin(\omega t + 120°) - \sin(\omega t - 120°)\right] \\ T_3 = \frac{T_S}{4}\left[1 + M\sin(\omega t - 120°) + Mv_z\right] \end{cases} \qquad (4\text{-}4)$$

4.2.2.2 桥式电路开关过程分析

为了便于理解电力电子装置干扰源的特性，首先以两电平变换电路为例，深入分析电力电子开关器件的动态开关过程。无论是单相还是三相两电平变换器，其每个桥臂均可以用如图 4-5 所示的单桥臂来表示。以下以该单桥臂电路为例，推导器件开关过程的动态数学模型。

图 4-6 展示了单桥臂的开关管 T_1 在关断（$t_0 \sim t_4$）和 T_1 开通（$t_4 \sim t_8$）时门射极电压（V_{ge}）、集电极电流（i_c）和集射极电压（V_{ce}）的波形。在 t_0 时刻以前，开关管 T_1 处

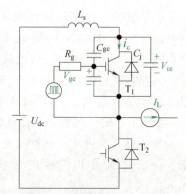

图 4-5 单桥臂的电路原理图

于导通状态，此时负载电流 I_L 流过开关管 T_1，开关管 T_1 集射极电压 V_{ce} 几近为零。

1）在 t_0 时刻，开关管 T_1 的驱动信号由 V_{CC} 转为 V_{EE}，C_{ge} 开始放电，V_{ge} 下降。同时，由于开关管 T_1 仍处于导通状态，V_{ce} 保持几乎为 0，因此 V_{gc} 减小，如图 4-7a 所示。

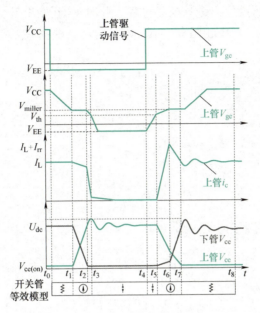

图 4-6　单桥臂的动态开关过程

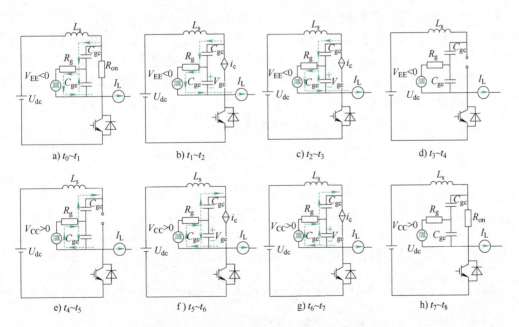

图 4-7　开关器件动态过程各阶段等效电路

2）在 t_1 时刻，V_{ge} 降至米勒平台 V_{miller}，开关管 T_2 进入有源区域，此时 T_2 的动态特性可以等效为如图 4-7b 所示的受控电流源，集电极电流 i_c 与 V_{ge} 的关系为

$$i_c = g(V_{ge} - V_{th}) \tag{4-5}$$

式中，g 为开关管跨导；V_{th} 为开关管导通阈值电压。

在此过程中，由于 Miller 电容值 C_{ge} 比较大，V_{ge} 可以认为基本保持恒定。根据式（4-5）可知，集电极电流 i_C 近乎保持不变。

由于需要先完成换压过程再进行换流过程，此时 V_{ce} 开始上升，由于 V_{ge} 基本保持恒定，V_{cg} 增大（即 V_{gc} 减小，与 1）中相同），如图 4-7b 所示。根据基尔霍夫定律，可以列出如下方程组：

$$\begin{cases} \dfrac{dV_{ce}}{dt} = \dfrac{d(V_{cg}+V_{ge})}{dt} = \dfrac{dV_{cg}}{dt} \\[2mm] i_c = g(V_{ge}-V_{th}) \\[2mm] C_{ge}\dfrac{dV_{cg}}{dt} + i_C = I_L \\[2mm] C_{ge}\dfrac{dV_{cg}}{dt} = \dfrac{V_{ge}-V_{CC}}{R_g} \end{cases} \tag{4-6}$$

从中解得电压上升过程的电压变化率为

$$\frac{dV_{ce}}{dt} = \frac{\dfrac{I_L}{g} + V_{th} - V_{EE}}{\left(R_g + \dfrac{1}{g}\right)C_{gc}} \tag{4-7}$$

式中，R_g 为驱动电阻。

3）在 t_2 时刻，开关管 T_1 两端电压 V_{ce} 上升至直流供电电压 U_{dc}，此时开关管 T_1 和 T_2 开始换流，流过开关管 T_1 的电流快速下降。由于此时开关管 T_1 依然工作于有源区域，因此 V_{ge} 也随着该电流的下降而减小。同时，i_c 的快速下降在寄生电感 L_s 上感应出电压。所以 V_{ce} 稍稍增大超过 U_{dc}，V_{cg} 也增大。此阶段的等效电路如图 4-7c 所示，根据基尔霍夫定律，可以列写该过程的数学表达式为

$$\begin{cases} R_g i_g = V_{EE} - V_{ge} \\[2mm] i_g = C_{ge}\dfrac{dV_{ge}}{dt} + C_{gc}\dfrac{dV_{gc}}{dt} \\[2mm] V_{ge} = V_{gc} + V_{ce} \\[2mm] V_{ce} = U_{dc} - L_s\dfrac{di_c}{dt} \end{cases} \tag{4-8}$$

通过联立求解上述方程，可得电流 i_C 满足的微分方程为

$$i_c + R_g(C_{ge}+C_{gc})\frac{di_c}{dt} + gR_g C_{gc} L_s \frac{d^2 i_c}{dt^2} = g(V_{EE}-V_{th}) \tag{4-9}$$

该方程的解由特解与通解之和构成。其特解为

$$i_c = g(V_{EE}-V_{th}) \tag{4-10}$$

对于通解，式（4-9）对应的齐次方程为

$$i_c + R_g(C_{ge}+C_{gc})\frac{di_c}{dt} + gR_g C_{gc} L_s \frac{d^2 i_c}{dt^2} = 0 \tag{4-11}$$

对应的特征方程为

$$1+R_g(C_{ge}+C_{gc})\lambda+gR_gC_{gc}L_s\lambda^2=0 \tag{4-12}$$

根据特征方程的解的情况，通解可能有以下三种形式：

$$i_c=\begin{cases} C_1e^{\lambda_1t}+C_2e^{\lambda_2t} \\ (C_1+C_2t)e^{\lambda}t \\ C_1\cos\beta t+C_2\sin\beta t \end{cases} \tag{4-13}$$

式中，λ_1 和 λ_2 为特征方程的两个不等实根，λ_1 为特征方程的唯一二重实根。

不过由于特征方程的系数均为正值，λ_1、λ_2、λ、α 均为负，因此由于指数项的衰减，三种形式最后都将趋于 0。

由于原方程的解为特解与通解之和，因此数学上 i_c 最终将衰减至 $g(V_{EE}-V_{th})$，对应着 V_{ge} 减小到 V_{EE}，但实际上 V_{ge} 减小到 V_{th} 时，i_c 就几乎为 0，换流过程就已经结束，电路进入下一个状态。

4）随后到了 t_3 时刻，负载电流已经完全转换到了下桥臂，此时开关管 T_1 进入截止区，如图 4-7d 所示。由于 IGBT 芯片内 n-漂移区的空穴尚未完全复合，因此会存在一个持续时间较长但幅值很低的拖尾电流。由于拖尾电流对电磁干扰的影响较小，因此可以近似地认为 t_3 时刻之后开关管 T_1 已经完全关断。此时开关管 T_2 完全导通，且可以近似为短路（实际上存在一个很小的导通电阻）。此时，整个系统正式进入了新的开关状态，开关管 T_1 的集射极电压 V_{ce} 会在寄生电感 L_s 和分布电容 C_{gc}、C_{ge} 的作用下产生振荡，振荡波形可以近似表达为

$$V_{ce}(t)=U_{dc}+L_s\frac{di_c}{dt}\bigg|_{max}e^{-at}\sin(\omega t) \tag{4-14}$$

式中，a 是衰减系数；ω 为振铃频率。

5）开关管 T_1 稳定于关断状态一段时间后，在 t_4 时刻其驱动电压由关断信号 V_{EE} 升至 V_{CC}，此时，驱动电压开始向 C_{ge} 充电，V_{ge} 增大。由于此时开关管仍处于关断状态，V_{ce} 仍为直流电压，因此 V_{gc} 增大。此阶段的等效电路模型如图 4-7e 所示。

6）在 t_5 时刻，开关管 T_1 的门极电压达到驱动阈值电压 V_{th} 时，开关管 T_1 运行状态进入有源区域，开关管的通道电流此时可以等效为如式（4-10）所示的受控电流源，开关管 T_1 和 T_2 首先开始换流过程，上桥臂电流回升，门极电压 V_{ge} 也随之升高。同时，i_c 的上升在寄生电感 L_s 上感应出电压，使 V_{ce} 稍稍减小，V_{cg} 也减小（即 V_{gc} 增大，与 5）中相同）。此阶段的等效电路如图 4-7f 所示。同样，可以参照式（4-9）列写基尔霍夫方程组，通过联立求解可以得到该阶段 i_c 所满足的微分方程：

$$i_c+R_g(C_{ge}+C_{gc})\frac{di_c}{dt}+gR_gC_{gc}L_s\frac{d^2i_c}{dt^2}=g(V_{CC}-V_{th}) \tag{4-15}$$

与之前的分析类似，数学上 i_c 将会上升至 $g(V_{CC}-V_{th})$，但实际上 i_c 上升到 $I_L+I_{rr\_max}$ 后，由于进入了反向恢复过程的第二阶段，i_c 不再继续上升，而是从 $I_L+I_{rr\_max}$ 开始下降。

当上桥臂的电流上升至 I_L 时，上桥臂的续流二极管开始反向恢复过程。需要注意的是即使是使用无反向恢复特性的碳化硅二极管，上桥臂开关管两端的结电容也会造成反向恢复电流。上桥臂反向恢复过程分为两个阶段：第一个阶段是反向恢复电流 I_f 从零升至 I_{rr_max}，

第二个阶段是从 I_{rr_max} 降为零。总的反向恢复时间 t_{rr} 和最大反向电流的计算式为

$$t_{rr} = \sqrt{\frac{2Q_{rr}(S+1)}{\mathrm{d}i_c / \mathrm{d}t \big|_{i_c = I_L}}} \tag{4-16}$$

$$I_{rr\_max} = \sqrt{\frac{2Q_{rr}\mathrm{d}i_c / \mathrm{d}t \big|_{i_c = I_L}}{S+1}} \tag{4-17}$$

式中，Q_{rr} 是反向恢复电荷；S 是敏捷因子（snappiness factor）；$\mathrm{d}i_c / \mathrm{d}t \big|_{I_c = I_L}$ 是集电极电流 i_c 在刚进入反向恢复时的电流变化率。

在反向恢复电流 I_f 从零升至 I_{rr_max} 的过程中，V_{ge} 也随之升高，由于米勒效应的作用，当 V_{ge} 增大到米勒平台 V_{miller} 后，将会保持在该值一段时间。

7）在 t_6 时刻，流过开关管 T_1 的电流达到最大值 $I_{peak} = I_L + I_{rr\_max}$，反向恢复过程进入第二阶段。$i_c$ 从 $I_{peak} = I_L + I_{rr\_max}$ 开始下降，V_{ge} 也随之减小。开关管 T_1 和 T_2 开始进入换压过程。此时，V_{cg} 降低，使得开关管 T_1 两端电压 V_{ce} 降低。此阶段的等效电路如图 4-7g 所示。与下桥臂关断过程的数学分析过程相似，此时电压变化率为

$$\frac{\mathrm{d}V_{ce}}{\mathrm{d}t} = -\frac{V_{CC} - \dfrac{I_L}{g} - V_{th}}{\left(R_g + \dfrac{1}{g}\right) C_{gc}} \tag{4-18}$$

值得注意的是，通常电压上升时间都小于反向恢复的第二个阶段的时长。即上管电压降至 0，下管电压升至 U_{dc} 后，上管电流才回落到 I_L 附近。

8）t_7 时刻 i_c 降至 I_L 附近，反向恢复过程第二阶段结束，V_{ge} 从米勒平台 V_{miller} 继续充电升高直至 V_{CC}。至此，上桥臂已经完全导通，下桥臂已经完全关断，如图 4-7h 所示。在杂散电感与杂散电容的作用下，i_c 会在 I_L 附近振荡。振荡波形可以近似表达为

$$i_c(t) = I_L + \Delta i_m e^{-at} \sin(\omega t) \tag{4-19}$$

式中，Δi_m 是振荡幅值；a 是衰减系数；ω 为振铃频率。

4.2.2.3 三相逆变器差模传导电磁干扰分析

1. 直流输入差模干扰

为了分析逆变器直流输入侧差模干扰，采用一个电流源 $i_{dc}(t)$ 来等效逆变桥、输出滤波器及负载，等效电路如图 4-8 所示。显然，$i_{dc}(t)$ 与逆变器的调制方式、输出滤波器大小及负载大小都相关，它不但包含有直流成分的电流，还包含有大

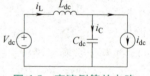

图 4-8　直流侧等效电路

量的谐波电流，直流成分的电流不会流过电容 C_{dc}，它会自动通过电感 L_{dc}，而谐波电流则可能同时流过两者。因此，它们需要分别进行设计，设计中希望绝大部分谐波电流流过电容 C_{dc}，以最大限度地减小流过 L_{dc} 的谐波电流。

由于逆变器为电压源型，每个桥臂上下开关管的驱动信号是互补的，且含有死区时间，为了分析方便，这里忽略死区时间。由图 4-2 的电路可知，直流母线电流 $i_{dc}(t)$ 由负载电流与开关管 $Q_1 \sim Q_6$ 的开关状态共同决定。采用开关函数定义开关管的状态，开关函数为 1 或 0，1 代表开关管开通，0 代表开关管关断，因此直流母线输入电流 $i_{dc}(t)$ 的表达式为

$$i_{dc}(t) = S_{Q1}(t)i_a(t) + S_{Q3}(t)i_b(t) + S_{Q5}(t)i_c(t) \tag{4-20}$$

式中，$S_{Q1}(t)$、$S_{Q3}(t)$ 和 $S_{Q5}(t)$ 分别为开关管 Q_1、Q_3 和 Q_5 的开关函数；$i_a(t)$、$i_b(t)$ 和 $i_c(t)$ 分别为三相逆变桥的输出电流。

开关管 $Q_1 \sim Q_6$ 的开关函数由调制波 v_{ra}、v_{ra}、v_{ra} 与载波 v_c 决定。以 A 相为例，当 $v_{ra} > v_c$ 时，$S_{Q1}(t) = 1$，逆变桥的上管（即 Q_1）导通；当 $v_{ra} < v_c$ 时，$S_{Q1}(t) = 0$，逆变桥的下管（即 Q_4）导通，其余桥臂类似。

依据图 4-4 的调制过程，可以分别绘出 $i_{dc}(t)$、$i_C(t)$ 和 $v_C(t)$ 的波形，在 T_0 时间段，逆变器所有的下管导通，所有的上管关断，即 $S_{Q1}(t)$、$S_{Q3}(t)$ 和 $S_{Q5}(t)$ 全部为零，因而 $i_{dc}(t) = 0$；而在 T_3 时间段，逆变器所有的上管导通，所有的下管关断，即 $S_{Q1}(t)$、$S_{Q3}(t)$ 和 $S_{Q5}(t)$ 全部为 1，由于逆变桥输出为三线制连接，三相电流之和为零，因而 $i_{dc}(t)$ 也为零。逆变器直流母线输入电流可以表示为

$$i_{dc}(t) = \begin{cases} 0 & t_0 \leqslant t \leqslant t_1 \\ i_a & t_1 \leqslant t \leqslant t_2 \\ i_a + i_c & t_2 \leqslant t \leqslant t_3 \\ 0 & t_3 \leqslant t \leqslant t_5 \\ i_a + i_c & t_5 \leqslant t \leqslant t_6 \\ i_a & t_6 \leqslant t \leqslant t_7 \\ 0 & t_7 \leqslant t \leqslant t_8 \end{cases} \tag{4-21}$$

假定负载是三相平衡线性负载，忽略逆变桥输出的高次谐波电流，则可表示逆变桥的三相输出电流为

$$\begin{cases} i_a(t) = I_o \sin(\omega t + \varphi) \\ i_b(t) = I_o \sin(\omega t + \varphi - 120°) \\ i_c(t) = I_o \sin(\omega t + \varphi + 120°) \end{cases} \tag{4-22}$$

式中，I_o 为相电流的峰值（包括负载电流与滤波电容的电流）；φ 为相电流落后于调制波的相位角。

对 $i_{dc}(t)$ 进行积分，可得 $i_{dc}(t)$ 在每个开关周期的平均值为

$$I_{dc} = \frac{1}{T_S} \int_{t_0}^{t_8} i_{dc}(t) \, dt = \frac{3MI_o \cos\varphi}{4} \tag{4-23}$$

上式表明：在每个开关周期，$i_{dc}(t)$ 的平均值都为一个固定值，该值仅与负载和调制比有关，而与开关频率无关，因此在每个输出周期，$i_{dc}(t)$ 的平均值也是固定的。

从谐波的角度来看，$i_{dc}(t)$ 仅含有开关频率及边带分量、开关频率的倍频及边带分量，不含有基波及基波频率的倍频等低次谐波。

为了保证 PWM 调制后输出电压的总谐波畸变率（THD）比较小，直流母线的电压必须是比较稳定的，这就要求直流支撑电容在吸收谐波电流的同时电压波动不能太大。

由于直流电的频率为 0，因而电容的阻抗在该频率下为无穷大，$i_{dc}(t)$ 的直流分量 I_{dc} 不会流过直流支撑电容 C_{dc}，而是完全取自于直流电源，即流过电感 L_{dc} 的电流平均值 I_L 为

$$I_L = I_{dc} \tag{4-24}$$

所以，在线性平衡负载条件下的任意一个开关周期，流过直流侧支撑电容 C_{dc} 的电流平均值为零，即在任意一个开关周期，C_{dc} 两端的始末电压都是相同的。设计时希望绝大部分

谐波电流流过电容 C_{dc}，因此可得

$$\tilde{i}_C(t) \approx -\tilde{i}_{dc}(t) \tag{4-25}$$

式中，$\tilde{i}_C(t)$ 与 $\tilde{i}_{dc}(t)$ 与分别为 $i_C(t)$ 与 $i_{dc}(t)$ 的谐波成分。

流过直流支撑电容的谐波电流为

$$\tilde{i}_{dc} = I_o \sqrt{M\left[\frac{\sqrt{3}}{4\pi} + \left(\frac{\sqrt{3}}{\pi} - \frac{9}{16}M\right)\cos^2\varphi\right]} \tag{4-26}$$

式中，I_o 为相电流的峰值（包括负载电流与滤波电容的电流）。

上式决定了直流支撑电容 C_{dc} 必须承受的谐波电流值大小。

一般情况下，如果直流侧支撑电容选择电解电容，由于电解电容的容值一般比较大，但是其流过的谐波电流有明确的限制，因此式（4-26）是决定直流支撑电容量的主要依据。如果选择金属薄膜电容，则电容 C_{dc} 两端电压的波动和流过电容的谐波电流都要考虑，取其中电容量大的值作为最终设计值。直流支撑电容 C_{dc} 的谐波吸收能力也是必须要考虑的，否则会引起直流支撑电容的发热与寿命缩短，严重时会危及逆变器的安全工作。

为了对上述理论分析的正确性进行验证，在额定功率为 80kVA 的一台三相逆变器平台上进行了仿真和实验验证，仿真是在 Saber 仿真软件进行的，表 4-3 列出了该逆变器的基本参数。

表 4-3　三相逆变器的基本参数

额定输出线电压	额定输出功率	负载功率因数	输出频率	直流输入电压
220V	80kVA	0.8	50Hz	400V
开关频率	C_{dc}	L_{dc}	L	C
5.4kHz	6800μF	0.5mH	112μH	1200μF

图 4-9 为三相逆变器直流支撑电容电压脉动的实验波形，电容电压脉动实验波形在大多数时间为 5V 左右，这与仿真估计基本一致，但是实验测量中还有一些较大的电压尖峰，这些电压尖峰在测量过程中不是很稳定，这是由共模干扰信号引起的。

图 4-10 是当逆变桥输出峰值电流 $I_o = 230A$ 时的直流输入电流时域波形图，将其进行FFT 转换，得到如图 4-11 所示的直流电流频谱图。由该图可以看出，最大幅值的频率点在 10.8kHz，即 2 倍开关频率处，大小为 85A（即 158.6dBμA），同时直流电流的频谱值随频率近似以 −30dB/10 倍频程衰减。此外从其频谱图可以看出：逆变器直流输入电流频谱的最大的两个频率区域处于开关频率及边带、开关频率的倍频及其边带，且倍频处的幅值还略大于开关频率点的幅值，当大于等于 3 倍开关频率后，衰减较快。因此在设计中主要考虑开关频率及其倍频点的衰减，使其满足标准要求。

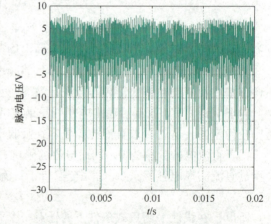

图 4-9　支撑电容电压脉动实验波形

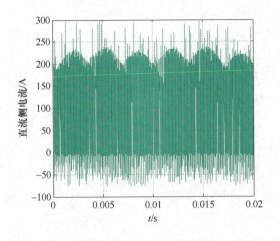

图 4-10　$i_{dc}(t)$ 的实验波形

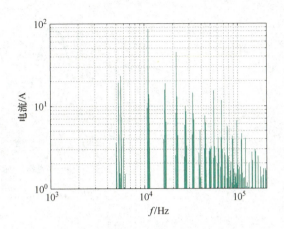

图 4-11　逆变桥输出峰值电流 $I_o = 230A$ 的
直流电流频谱

2. 三相逆变器交流输出差模干扰

逆变桥的输出电压是 SPWM 波形，SPWM 输出波形除了含有基波成分以外，还存在大量的谐波。对某个确定的 SPWM 波形可以用傅里叶级数进行谐波分析，当调制比、载波比等参数发生变化时，就需要逐个地进行大量计算，这些计算通常可以借助计算机仿真软件完成。这种对单个波形进行逐一计算的方法不便于对 SPWM 调制方法进行一般性研究。双重傅里叶积分是分析 SPWM 谐波特征的一般性方法。鉴于该方法的分析推导过程非常复杂，这里直接给出相关的结论。

对于三角载波自然采样的双极性输出 SPWM，设载波幅值是 ± 1，载波角频率为 ω_c，载波初始相位为 θ_c，ω_r 是调制波角频率，θ_r 是调制波相角，M 是调制比且 $M \leqslant 1$。逆变器的相电压输出是双极性 SPWM 波形，其一般表达式为

$$v_{a0}(t) = \frac{V_D}{2} M \cos(\omega_r t + \theta_r) \quad \leftarrow 基波分量$$

$$+ \frac{2V_D}{\pi} \sum_{m=1}^{\infty} \frac{1}{m} J_0\left(m\frac{\pi}{2}M\right) \sin m\frac{\pi}{2} \cos(m(\omega_c t + \theta_c)) \quad \leftarrow 载波倍频谐波$$

$$+ \frac{2V_D}{\pi} \sum_{m=1}^{\infty} \sum_{\substack{n=-\infty \\ (n \neq 0)}}^{\infty} \frac{1}{m} J_n\left(m\frac{\pi}{2}M\right) \sin\left((m+n)\frac{\pi}{2}\right) \cos(m(\omega_c t + \theta_c) + n(\omega_r t + \theta_r)) \quad \leftarrow 边带谐波$$

$$(4\text{-}27)$$

式中，$J_n(\xi)$ 是一类贝塞尔（Bessel）函数。

从式（4-27）中可以看出，逆变桥输出电压的基波频率、相位均与调制波或参考波相同，基波幅值为 MV_D。谐波分量包含载波频率的倍数次谐波及其边带分量，这些谐波分量通过逆变器的 LC 滤波器滤除。

图 4-12 示出了逆变器的三相输出线电压波形，从波形来看，逆变器在该设计参数下可以较好地工作，表 4-4 给出了线电压的谐波畸变率，可以看出，在适当的控制策略下，逆变器可以达到很小的输出电压波形畸变率。

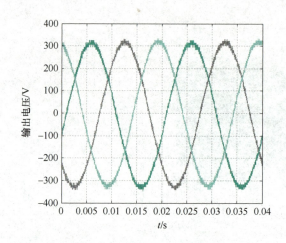

图 4-12　输出线电压实验波形

表 4-4　测量的线电压谐波畸变率

线电压	AB 线	BC 线	CA 线
THD(%)	1.27	1.78	1.17

4.2.2.4　三相逆变器共模传导电磁干扰分析

　　在 PWM 逆变器中，开关电路中电压的突变非常迅速，已经可达 10kV/μs 以上，通过各种分部电容的耦合在逆变器的输入和输出端形成共模干扰。以 A 相上桥臂导通为例，当发生一次开关动作时，桥臂中点输出对负母线 E 的电位差迅速由 V_{dc} 变为 0V。需要说明的是，逆变器存在共模电压不一定就有共模电流（即共模干扰），还需要存在 dv/dt 及寄生电容，才能有共模电流。快速变化的电压在对地电容的作用下形成了较大的对地电流，从而产生了共模干扰。

　　在 PWM 逆变器中，共模电压定义为逆变器输出中点对参考地的电位差，依照这个定义，对于三相逆变器来说，共模电压可以认为是当输出接电机负载，且其三相绕组星形联结时，星形联结的中点对参考地的电位差。当逆变器不带电机负载时，也可以人为地设置一个星形联结的电阻负载，测得共模电压。从这个定义来看，共模电压依赖于参考地的选取，当选取直流侧中点为参考地时，共模电压就变得非常直观，而且共模电压的每一个 dv/dt 也非常清楚。

　　由图 4-13，以 o 为参考点，可得以下等式

$$\begin{cases} V_a - V_{cm} = R_m i_a + L_m \dfrac{di_a}{dt} \\[2mm] V_b - V_{cm} = R_m i_b + L_m \dfrac{di_b}{dt} \\[2mm] V_c - V_{cm} = R_m i_c + L_m \dfrac{di_c}{dt} \end{cases} \tag{4-28}$$

式中，V_a、V_b、V_c 是逆变器每一相输出电压；i_a、i_b、i_c 是逆变器每一相输出电流；V_{cm} 是逆变器产生的共模电压 V_{no}。

　　把式（4-28）合并可得

$$V_a + V_b + V_c - 3V_{cm} = \left(R_m i_a + L_m \frac{d}{dt} \right) (i_a + i_b + i_c) \tag{4-29}$$

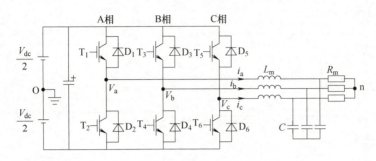

图 4-13 三相逆变器电路图

由于三相电流之和等于零，共模电压的表达式如下：

$$V_{cm} = \frac{V_a + V_b + V_c}{3} \tag{4-30}$$

仿照三相逆变器对共模电压的描述方法，也可获得单相逆变器的共模电压，只不过这个输出中点不是那么明显而已，其共模电压为

$$V_{cm} = \frac{V_a + V_b}{2} \tag{4-31}$$

对于三相四桥臂逆变器而言，共模电压为

$$V_{cm} = \frac{V_a + V_b + V_c + V_d}{4} \tag{4-32}$$

这样，就把三相逆变器与单相逆变器的共模电压的描述达到了统一。

在共模电压的作用下，共模电流路径有两条，一条是朝向逆变器的输入侧，共模电流从散热器流向参考地，通过测量所用的阻抗稳定网络（LISN）回到直流侧，再通过直流输入线流向逆变桥。当逆变器不处在测量状态，而是直流输入线直接连到逆变器时，共模电流通过直流电源的对地电容，流向逆变器。通常情况下，直流电源的对地电容比与其串联的开关管对地的寄生电容要大得多，对共模电流回路的影响可以忽略，这与直流输入侧接 LISN 的效果类似，都给共模电流提供通道。

共模电流的另一个路径是朝向输出侧，大多数负载并不能完全与参考地绝缘，尤其是电机类负载，必须要把电机底座与参考地相连，电机定子绕组对电机外壳有较大的寄生电容，同时定子绕组与转子、转子与电机外壳、转子轴承与电机外壳之间都存在分布电容，由于 dv/dt 的作用，就会在逆变器输出侧产生很大的共模干扰电流。该共模电流将流过转子轴承，在电机的轴上形成轴电流，它会大大缩短电机的寿命。共模电流的路径如图 1-9 所示，图中虚线回路所示的共模电流路径 1 就是前面所述的朝向输入侧的共模电流路径，共模电流路径 2 就是朝向输出侧的共模电流路径。

对三相 PWM 逆变器进行了时域仿真（相关仿真具体步骤见附录 C）和实验验证，逆变器的直流母线电压为 180V，输出电流为 10A。采用电路仿真软件对单相 PWM 逆变器进行了时域仿真，在逆变器直流侧接入 LISN，测量此时流过 LISN 的共模电流波形，共模电流峰值为 0.46A，振荡时间约为 1μs，如图 4-14 所示。在同样额定的单相逆变器平台开展了实验验

证，测量此时的共模电流实验波形，此时共模电流的最大幅值为 0.45A，振荡持续时间大约为 1μs。从上述时域仿真与实验结果来看，共模电流的振荡幅值与时间都非常吻合，说明时域仿真有较高的准确性。

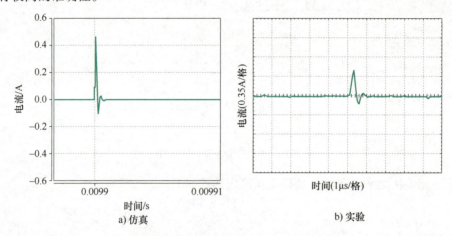

图 4-14 共模电流的时域仿真波形和实验波形

由于共模电流流经输入输出线缆，最后回到参考地，所以输入输出线缆也起到类似天线的作用，产生共模辐射 EMI。

4.3 电力电子装置传导电磁干扰频域建模方法

4.3.1 频域建模方法基本原理

频域建模方法将系统中的干扰源用一个数学模型进行替代，从而避免了开关管的物理建模，同时系统的整个预测过程都是在频域作数学运算得到，从而大大加快了系统中电磁干扰的预测速度。频域建模方法相较于时域建模方法的最大特征是建模过程中要将开关器件替代为电压源或者电流源的形式，如图 4-15 所示。

频域建模方法将系统产生的传导电磁干扰的干扰源与传导路径分开考虑，并分别将干扰源和传导路径的信息进行快速傅里叶变换（FFT）得到干扰源和传导路径的频域信息，进而将其相乘得到需要预测信号的频域信息。通常我们认为系统中存在共模 EMI 和差模 EMI 两种类型的干扰。因此在研究过程中，认为存在共模干扰源和差模干扰源两种类型的干扰源，并且将传导路径分为共模传导路径和差模传导路径两大类。

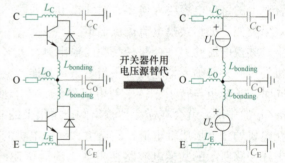

图 4-15 开关器件替代为电磁干扰源的示意图

对一个线性系统而言，如果系统的输入为 $x(t)$，输出为 $y(t)$，并且其脉冲响应为 $h(t)$，那么系统的输出频谱为

$$Y(j\omega) = H(j\omega)X(j\omega) \tag{4-33}$$

相应的幅值频谱为

$$|Y(\mathrm{j}\omega)| = |H(\mathrm{j}\omega)| \times |X(\mathrm{j}\omega)| \qquad (4-34)$$

上式表明，一个线性系统的输出频谱幅值等于输入信号频谱幅值和系统脉冲响应（系统传递函数）频谱幅值的乘积。

大量的研究证明，电力电子系统的传导干扰由两个因素决定：干扰激励源和系统响应。不管一个电力电子系统的拓扑结构是多么复杂，只要定出系统的传导干扰源和系统的响应，就可由式（4-34）直接求出系统产生的传导干扰的幅值频谱（EMC 标准只对干扰信号的幅值频谱有定义）。

频域预测技术由于能有效规避实际半导体开关器件建模的复杂性，因此相较于时域预测技术能大大缩短仿真时间，无论从建模难度还是 EMI 滤波器的设计周期上都有很明显的优势。但是由于实际开关管的波形极不规律，且存在高频谐振现象，使得频域预测模型的干扰源建模较为困难，这也是限制频域预测精度的主要技术瓶颈。同时，频域建模方法也需要建立干扰传导路径中的所有元器件的高频模型。

4.3.2　频域建模方法分析

接下来，以三相两电平逆变器中的传导电磁干扰建模为例，对频域建模基本方法进行介绍。频域建模过程可以分为 3 个步骤：①推导电路高频等效电路模型；②依据电路参数求解干扰源；③确定传导路径并计算系统的 EMI 噪声。为了提高模型的预测精度，在本章的研究过程中，直流侧将不考虑 EMI 滤波环节，且考虑负载为简单的阻感负载。图 4-16 所示的电路模型中，开关器件为 IGBT。系统的主要杂散参数包括各处线路电感，IGBT 的杂散电容，输出侧对地电容等。图中阻抗稳定网络（LISN）的结构主要参考 GJB 151A、GJB 152A 和 GJB 72 等国军标中的相关 EMC 标准。当逆变器不进行并网时，其测试 LISN 为 50 欧姆 V 型 LISN。

4.3.2.1　高频等效电路模型推导

为了在频域对系统产生的 EMI 进行预测，首先必须推导出用于频域预测的电路模型。考虑到频域预测的核心思想是避免开关管的物理建模过程，因此模型推导的第一步是将图 4-16 所示电路的所有开关管用电压源进行替代，替代后的电路模型见图 4-17。依据电路理论的替代定理，将原电路中包括开关管在内的一个桥臂支路当作一个单口网络，则可用一个电压源对该单口网络进行替代，只要替代后的网络仍有唯一解。因而从图 4-16 到图 4-17 是一个电路等效的过程，等效之后的电压源包含了这条支路上 IGBT 和引线端子的一切信息，其中包括 IGBT 的引线电感、结电容以及 IGBT 的通断过程等，所有这些信息都包含在等效该支路的电压源中。值得注意的是，上述过程是完全等效，不包含任何忽略和近似。

在图 4-17 中 L_{bus} 代表两相桥臂之间的杂散电感，在实际电路中，通常这部分连接电感很小，我们可以忽略不计。当我们作此忽略时，则认为三个桥臂与正母线的接触点是同电位，与负母线的接触点也是同电位，即图 4-17 中每个桥臂的电压满足式（4-35）。因此图中的 6 个电压源可以简化为 4 个，进而得到图 4-18 的简化电路。值得注意的是，图 4-17 中 3 个桥臂的正负母线接触点之间的电压相同，这也是进行干扰源简化的先决条件。

$$V_{\mathrm{aP}} + V_{\mathrm{aN}} = V_{\mathrm{bP}} + V_{\mathrm{bN}} = V_{\mathrm{cP}} + V_{\mathrm{cN}} \qquad (4-35)$$

在图 4-18 中总共有 4 个干扰源，分别为 I_{DM}、V_{aN}、V_{bN} 和 V_{cN}。其中 I_{DM} 跨接在正负母线

之间,主要受负载电流的影响,是差模 EMI 的主要来源,通常我们称其为差模干扰源。其他 3 个干扰源 V_{aN}、V_{bN} 和 V_{cN} 通过 IGBT 的对地杂散电容跨接在负母线和地之间,是共模 EMI 的主要来源,通常我们称其为共模干扰源。从图 4-18 可知,PWM 逆变系统的三相输出电路对地而言是完全对称的,由电路的叠加定理与电路对称原理可知,三相输出电路上的 3 个共模电压干扰源 V_{aN}、V_{bN} 和 V_{cN} 可用 3 个完全相同的干扰源进行替代,替代后的共模电压干扰源 V_{CM} 的表达式如下:

$$V_{CM} = \frac{V_{aN} + V_{bN} + V_{cN}}{3} \tag{4-36}$$

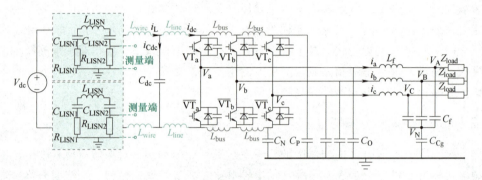

图 4-16 三相 PWM 逆变器电路模型

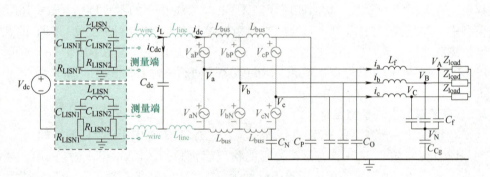

图 4-17 三相 PWM 逆变器替代开关管后简化电路模型

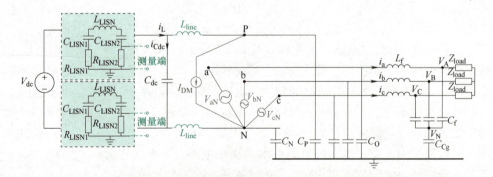

图 4-18 三相 PWM 逆变器忽略桥臂间电感后简化电路

综上所述,图 4-18 所示的等效电路在推导过程中作了一定的简化和忽略,其简化推导所需的前提假设条件如下：

1）桥臂与桥臂之间的连接电感 L_{bus} 忽略不计。

2）3 个桥臂支路的 IGBT 及其杂散参数完全相同，其电路结构也完全相同。

3）3 相输出电路及负载完全对称。

在不考虑不平衡负载的情况下，上述假设通常容易满足，图 4-18 所示的等效电路是后续系统级 EMI 频域预测与分析的基础。

4.3.2.2　干扰源频域建模及分析

三相逆变器的干扰源由采用正弦脉宽调制的变占空比梯形波构成。本节，首先分析固定占空比的不对称梯形波频谱包络，再分析了基于 SPWM 调制的变占空比梯形波频谱包络，最后得到三相共模干扰源的频谱和差模干扰源频谱的获得方式。

1. 不对称梯形波频谱建模

固定占空比的桥臂开关过程的输出电压可以近似为不对称梯形波，如图 4-19 所示，不对称梯形波的频谱分析是干扰源研究的基础。

从图 4-19 中可以看出，占空比 D 的取值需要满足约束条件：

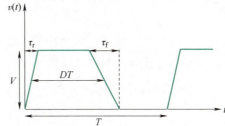

图 4-19　非对称梯形波形

$$(\tau_r + \tau_f)/(2T) \leqslant D \leqslant 1 - (\tau_r + \tau_f)/(2T) \tag{4-37}$$

将不对称梯形波的时域表达式其进行傅里叶级数展开，n 次谐波的幅值表达式如下所示：

$$S(n) = TV \left| \frac{\tau_f(1 - e^{-j2n\pi\tau_r/T}) + \tau_r e^{-jn\pi(2DT + \tau_r - \tau_f)/T}(e^{-j2n\pi\tau_f/T} - 1)}{2n^2\pi^2\tau_r\tau_f} \right| \tag{4-38}$$

值得注意的是，在 EMI 测试中，只需考虑 EMI 噪声信号的包络，因此，需要求出当 n 变化时，上式的最大值。

在 n 很大时，即高频范围，$S(n)$ 在 $e^{-j2n\pi\tau_r/T}$，$e^{-j2n\pi\tau_f/T}$，$e^{-jn\pi(2DT + \tau_r - \tau_f)/T}$ 等于 −1 时取到最大值，如下所示：

$$S(n)_{1max} = \frac{VT}{n^2\pi^2}\left(\frac{1}{\tau_r} + \frac{1}{\tau_f}\right) = \frac{Vf_s}{\pi^2 f^2}\left(\frac{1}{\tau_r} + \frac{1}{\tau_f}\right) = S_1(f) \tag{4-39}$$

其中，$f_s = 1/T$ 为开关频率，f 为 n 次谐波的频率，即 $f = nf_s$。

随着 n 的减小，$2n\pi\tau_r/T$ 和 $2n\pi\tau_f/T$ 减小到小于 π，并趋近于 0，因此 $e^{-j2n\pi\tau_r/T}$ 与 $e^{-j2n\pi\tau_f/T}$ 两项不再能够取到 −1。假设 $\tau_r < \tau_f$，因此 $2n\pi\tau_r/T$ 首先减小到 0，且近似成立

$$e^{-j2n\pi\tau_r/T} \approx 1 - j2n\pi\tau_r/T \tag{4-40}$$

令 $e^{-j2n\pi\tau_f/T} = -1$，$e^{-jn\pi(2DT + \tau_r - \tau_f)/T} = -j$，可以得到中高频段 $S(n)$ 的最大值近似表达式如下式所示：

$$S(n)_{2max} = \frac{V}{n\pi}\left(1 + \frac{T}{n\pi\tau_f}\right) = \frac{Vf_s}{\pi f}\left(1 + \frac{1}{\pi f\tau_f}\right) = S_2(f) \tag{4-41}$$

高频端与中高频段之间的转折频率 f_{c1} 满足

$$S(f_{c1})_1 = S(f_{c1})_2 \tag{4-42}$$

由此解出

$$f_{c1} = \frac{1}{\pi \tau_r} \tag{4-43}$$

随着 n 继续减小，$2n\pi\tau_f/T$ 也趋近于 0，因此

$$e^{-j2\pi n\tau_f/T} \approx 1 - j2\pi n\tau_f/T \tag{4-44}$$

令 $e^{-jn\pi(2DT+\tau_r-\tau_f)/T}$ 等于 -1，得到中低频段 $S(n)$ 的最大值近似表达式如下式所示：

$$S(n)_{3max} = \frac{2V}{n\pi} = \frac{2Vf_s}{\pi f} = S_3(f) \tag{4-45}$$

中高频端与中低频段之间的转折频率 f_{c2} 为

$$f_{c2} = \frac{1}{\pi \tau_f} \tag{4-46}$$

以上 $S(f)_{2max}$，f_{c1}，f_{c2} 的表达式，只在 $\tau_r < \tau_f$ 的假设成立时有效；若 $\tau_r > \tau_f$，则需要将上式中 τ_r 和 τ_f 的位置互换。

当 n 很小时，即低频段，$S(n)$ 的最大值由开关频率 f_s 分量决定

$$S(f_s) = \frac{V}{\pi} \left| e^{-j\pi(2DT+\tau_r-\tau_f)/T} - 1 \right| = S_4(f) \tag{4-47}$$

低频段与中低频段之间的转折频率 f_{c3} 为

$$f_{c3} = \frac{2f_s}{\left| e^{-j\pi(2DT+\tau_r-\tau_f)/T} - 1 \right|} \tag{4-48}$$

根据以上各表达式，不对称梯形波的频谱包络可以近似由图 4-20 所示曲线表示，可以看出，该曲线分为 4 段，随着频率降低，各段的斜率从 $-40dB/dec$ 变化到 $0dB/dec$。前两个转折频率分别与 τ_r 和 τ_f 成反比关系，第三个转折频率与开关频率 f_s 成正比。

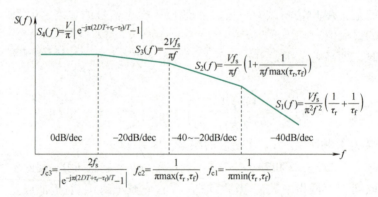

图 4-20 不对称梯形波的频谱包络分段解析式

2. SPWM 不对称梯形波的频谱

上一节的分析是针对固定占空比梯形波形。然而，在逆变器中，由于采用了 SPWM 调制技术，逆变器桥臂实际输出电压的占空比是变化的。本节以 SPWM 为例，将前面的分析扩展到变占空比调制波形。

假设正弦波的基频为 f_u，载波的开关频率为 f_s，而 f_s 是 f_u 的整数 m_s 倍。因此一个正弦波周期中第 m 个开关周期的占空比可表示为

$$D_{\mathrm{m}} = \frac{1}{2} + \frac{M_0}{2}\sin\left(2\pi(m-1)/m_{\mathrm{s}}\right), \quad 1 \leqslant m \leqslant m_{\mathrm{s}} \tag{4-49}$$

式中，M_0 是调制比，介于 $0 \sim 1$ 之间。

然而，由于上升时间 τ_{r} 和下降时间 τ_{f} 的存在，占空比受式（4-37）约束，因此相应的 M_0 也受以下约束

$$M_0 \leqslant 1 - (\tau_{\mathrm{r}} + \tau_{\mathrm{f}})/T \tag{4-50}$$

带入变占空比后的第 n 阶谐波的频谱振幅为

$$S(n) = \sum_{m=0}^{m_{\mathrm{s}}-1} \frac{V}{2n^2\pi^2 f_{\mathrm{u}}} \left| \frac{\mathrm{e}^{-jn\pi f_{\mathrm{u}}\left((2m+1)T + M_0 T\sin\left(\frac{2\pi m}{m_{\mathrm{s}}}\right) + \tau_{\mathrm{r}} - \tau_{\mathrm{f}}\right)} \left(1 - \mathrm{e}^{-j2n\pi\tau_{\mathrm{f}} f_{\mathrm{u}}}\right)}{\tau_{\mathrm{f}}} - \frac{\mathrm{e}^{-j2n\pi m/m_{\mathrm{s}}}\left(1 - \mathrm{e}^{-j2n\pi\tau_{\mathrm{r}} f_{\mathrm{u}}}\right)}{\tau_{\mathrm{r}}} \right| \tag{4-51}$$

式中，n 是相对于基频 f_{u} 的谐波阶数。

利用以下等式

$$\sum_{m=0}^{m_{\mathrm{s}}-1} \mathrm{e}^{-j2n\pi m/m_{\mathrm{s}}} = \frac{\mathrm{e}^{-j2n\pi(1-1/m_{\mathrm{s}})}\left(1 - \mathrm{e}^{j2n\pi}\right)}{\left(1 - \mathrm{e}^{j2n\pi/m_{\mathrm{s}}}\right)} \tag{4-52}$$

可得 n 阶谐波的频谱振幅化简为

$$S(n) = \frac{V}{2n^2\pi^2 f_{\mathrm{u}}} \left| \frac{\left(1 - \mathrm{e}^{-j2n\pi\tau_{\mathrm{f}} f_{\mathrm{u}}}\right)}{\tau_{\mathrm{f}}} \mathrm{e}^{-jn\pi f_{\mathrm{u}}(T + \tau_{\mathrm{r}} - \tau_{\mathrm{f}})} \sum_{m=0}^{m_{\mathrm{s}}-1} \mathrm{e}^{-j\frac{2n\pi\left(m + M_0\sin\left(\frac{2\pi m}{m_{\mathrm{s}}}\right)\right)}{m_{\mathrm{s}}}} - \frac{1 - \mathrm{e}^{-j2n\pi\tau_{\mathrm{r}} f_{\mathrm{u}}}}{\tau_{\mathrm{r}}} \frac{\mathrm{e}^{-j2n\pi(1-1/m_{\mathrm{s}})}\left(1 - \mathrm{e}^{j2n\pi}\right)}{\left(1 - \mathrm{e}^{j2n\pi/m_{\mathrm{s}}}\right)} \right| \tag{4-53}$$

现在，来考虑以载波频率 f_{s} 为基波的 k 阶谐波，它也是正弦波频率 f_{u} 的 n 阶谐波，n 和 k 满足：

$$n = km_{\mathrm{s}} \tag{4-54}$$

首先，有以下恒等式

$$\frac{\left(1 - \mathrm{e}^{j2n\pi}\right)}{\left(1 - \mathrm{e}^{j2n\pi/m_{\mathrm{s}}}\right)} = m_{\mathrm{s}} \tag{4-55}$$

然后，用 k 来替代 n，有

$$\mathrm{e}^{-j\frac{2n\pi\left(m + M_0\sin\left(\frac{2\pi m}{m_{\mathrm{s}}}\right)\right)}{m_{\mathrm{s}}}} = \mathrm{e}^{-j2k\pi M_0\sin\left(\frac{2\pi m}{m_{\mathrm{s}}}\right)} \tag{4-56}$$

因此，将其代入后，可以得到以载波频率 f_{s} 为基波的 k 阶谐波振幅为

$$S(k) = \frac{TV}{2k^2\pi^2} \left| \frac{\left(1 - \mathrm{e}^{-j2k\pi\tau_{\mathrm{f}}/T}\right)}{\tau_{\mathrm{f}}} \mathrm{e}^{-jk\pi(T + \tau_{\mathrm{r}} - \tau_{\mathrm{f}})/T} \sum_{m=0}^{m_{\mathrm{s}}-1} \frac{1}{m_{\mathrm{s}}} \mathrm{e}^{-j2k\pi M_0\sin\left(\frac{2\pi m}{m_{\mathrm{s}}}\right)} - \frac{\left(1 - \mathrm{e}^{-j2k\pi\tau_{\mathrm{r}}/T}\right)}{\tau_{\mathrm{r}}} \right| \tag{4-57}$$

按照上一节说明的类似步骤，可以得出 SPWM 调制后不对称梯形频谱包络的近似值，如图 4-21 所示。与图 4-20 相比，SPWM 梯形图的频谱与未调制（固定占空比）波形的区别仅在于 X 项，其定义为

$$X = \sum_{m=0}^{m_{\mathrm{s}}-1} \frac{1}{m_{\mathrm{s}}} \mathrm{e}^{-j2k\pi M_0\sin\left(\frac{2\pi m}{m_{\mathrm{s}}}\right)} \tag{4-58}$$

这个新参数 X 是调制频率比、调制指数 M_0 和谐波数 k 的函数，因此使分析变得复杂。幸运的是，很容易证明 X 的绝对值最大为 1。

$$0 < |X| \leqslant 1 \tag{4-59}$$

因此，SPWM 梯形波的频谱包络应该有两个相应的边界，干扰源真正的数值频谱包络位

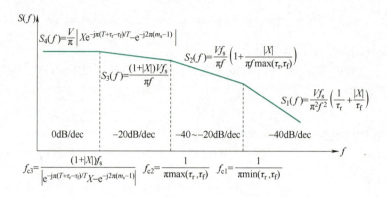

图 4-21　SPWM 调制的不对称梯形波频谱包络分段解析式

于近似包络边界之间。

为了考虑最坏的情况，应考虑包络线的上边界，即 $|X|=1$ 值。进一步分析会发现，$|X|=1$ 值对应于调制指数 $m_s=0$ 的情况，此时 SPWM 梯形会退化为 0.5 固定占空比的不对称梯形。因此，与上一节中的分析相互验证了推导的正确性。

3. 共模干扰源的频谱解析

根据式（4-36），SPWM 逆变器的源 CM 电压可由三个 SPWM 不对称梯形平均得到，其调制正弦波相互偏移 120°。与式（4-49）类似，每个开关周期中三个电压的占空比为

$$D_{am}=1/2+M_0\sin(2\pi(m-1)/m_s)/2 \tag{4-60}$$

$$D_{bm}=1/2+M_0\sin(2\pi(m-1)/m_s-2\pi/3)/2 \tag{4-61}$$

$$D_{cm}=1/2+M_0\sin(2\pi(m-1)/m_s+2\pi/3)/2 \tag{4-62}$$

利用上一节的结果，频谱最终可以表示为

$$S(k)=\frac{TV}{2k^2\pi^2 m_s}\left|\frac{(1-e^{-j2k\pi\tau_f/T})}{\tau_f}e^{-jk\pi(T+\tau_r-\tau_f)/T}\frac{(X_a+X_b+X_c)}{3}-m_s\frac{(1-e^{-j2k\pi\tau_r/T})}{\tau_r}e^{-j2k\pi(m_s-1)}\right| \tag{4-63}$$

这里 X_a，X_b，X_c 的表达式如下：

$$X_a=\sum_{m=0}^{m_s-1}\frac{1}{m_s}e^{-j2k\pi M_0\sin\left(\frac{2\pi m}{m_s}\right)} \tag{4-64}$$

$$X_b=\sum_{m=0}^{m_s-1}\frac{1}{m_s}e^{-j2k\pi M_0\sin\left(\frac{2\pi m}{m_s}-\frac{2\pi}{3}\right)} \tag{4-65}$$

$$X_c=\sum_{m=0}^{m_s-1}\frac{1}{m_s}e^{-j2k\pi M_0\sin\left(\frac{2\pi m}{m_s}+\frac{2\pi}{3}\right)} \tag{4-66}$$

这三个变量显然都等于 X

$$X_a=X_b=X_c=X \tag{4-67}$$

因此，SPWM 源 CM 电压的频谱与 SPWM 不对称梯形电压的频谱完全相同。

4. 差模干扰源的频谱

电力电子装置的差模干扰通常主要出现在百 kHz 级及以下的低频频率段，更高频率段的差模成分，由于幅度衰减更大，一般不用考虑。应当指出，差模干扰源频谱的数学解析比较复杂，可搭建含理想开关器件模型，且步长小于 100ns 的电路模型来仿真计算差模干扰源频谱。

4.3.2.3　传导路径频域建模及分析

本章 4.3.2.1 节推导了用于系统级 EMI 预测的等效电路，由于三相输出电压电路的对称性，系统的三相输出电压干扰源可以用三个相同的共模电压干扰源进行替代。同样地，可以对三相输出电路进行合并处理，从而对系统 EMI 的传导路径作进一步简化，简化后的传导路径如图 4-22 所示。其中三相输出电路由于结构的对称性进行了并联处理，特别是三相 IGBT 模块的输出对地电容可以直接并联，图中的 V_{CM} 和 V_{DM} 即为前述的共模干扰源和差模干扰源。为了分析的简便，直流侧不考虑共模 EMI 滤波器，因此直流侧的阻抗特性主要由 LISN、线路阻抗以及直流支撑电容的阻抗特性决定。

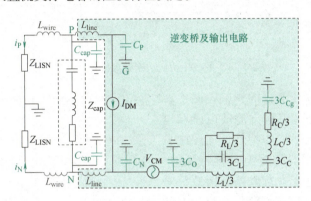

图 4-22　系统 EMI 传导路径的简化等效电路

图 4-22 中，Z_{LISN} 表示阻抗稳定网络的阻抗，L_{wire} 表示直流线缆的电感，C_{cap} 表示直流支撑电容的对地电容，L_{line} 表示直流母排的杂散电感，C_P 代表正直流母线的对地杂散电容，C_N 代表负直流母线的对地杂散电容，C_O 代表单个 IGBT 模块桥臂输出中点对地杂散电容，C_{Cg} 代表单相输出滤波电容的对地杂散电容。

由电路理论的叠加原理知，系统在 LISN 上产生的总的 EMI 噪声受到差模噪声源 I_{DM} 和共模噪声源 V_{CM} 的共同影响。当将 I_{DM} 开路时，得到系统总的干扰中由共模干扰源 V_{CM} 产生的噪声；当将 V_{CM} 短路时，则得到系统总的干扰中由差模干扰源 I_{DM} 产生的噪声。因此可分别得到系统的共模传导路径和差模传导路径，如图 4-23 和图 4-24 所示。

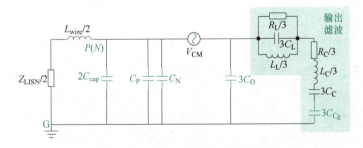

图 4-23　共模干扰源决定的共模传导路径

对于图中的输出滤波环节，由于通常输出滤波器的对地电容非常小，其阻抗在所研究的频段范围内阻抗非常大。而不论是差模传导路径还是共模传导路径，输出滤波器的滤波电感、滤波电容都是和输出滤波器的对地杂散电容是串联关系，因此在传导路径的分析时，可

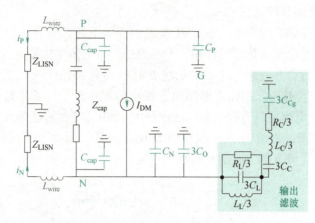

图 4-24　差模干扰源决定的差模传导路径

以忽略输出滤波电感和电容的影响。图 4-25
给出了输出滤波器在忽略输出滤波电感和电
容的影响前后的对地阻抗的特性，从图中看
出，在考虑输出滤波器的对地阻抗特性时，
可以对滤波电感和电容进行忽略。因此可对
上述的传导路径作进一步的简化，简化后的
共模传导路径如图 4-26 所示，简化后的差模
传导路径如图 4-27 所示。

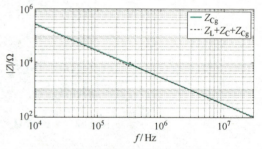

图 4-25　输出滤波器阻抗特性

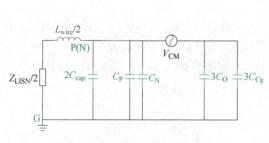

图 4-26　简化后的共模传导路径

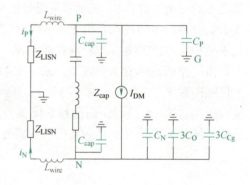

图 4-27　简化后的差模传导路径

　　计算上述传导路径等效电路模型的单位源扫频响应，可以得到共模 EMI 和差模 EMI 的
传导路径阻抗特性对比结果，如图 4-28 所示。其中的信号取自 LISN 上的电压信号，蓝色表
示共模传导路径的阻抗特性，黑色表示差模传导路径的阻抗特性。由图 4-28 中可以看出，
差模传导路径在 200kHz 以下起主导作用，而在 200kHz 以上，共模传导路径起主导作用。

　　下面着重对图 4-26 所示的共模传导路径进行分析，通常来说输出滤波器的对地杂散电
容相较于 IGBT 模块输出中点对地杂散电容来说非常小，因此可以将其忽略。而直流支撑电
容的对地电容以及直流母线的杂散电感也非常小。因此，IGBT 的输出对地杂散电容决定了
整个共模传导路径的主谐振频率，并对系统的共模 EMI 起决定性的影响。

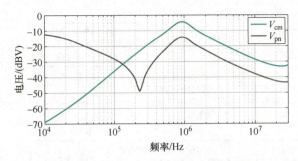

图 4-28　差模传导路径和共模传导路径的阻抗特性对比结果

当改变 IGBT 的输出对地电容时，共模传导路径的特性会发生明显的变化，图 4-29 给出了 C_0 分别取 500pF、800pF、1200pF 时的共模传导路径特性。从仿真结果可以看出，随着 IGBT 输出对地电容的增大，共模传导路径特性的谐振峰值的频率逐渐降低，且幅值会逐渐增大。因此，从共模传导路径的角度来说，IGBT 的对地杂散电容越小，三相两电平逆变器的共模 EMI 越小。

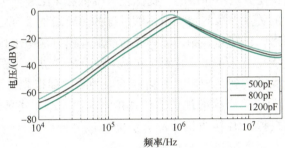

图 4-29　C_0 取不同值时的共模传导路径阻抗特性

4.4　电力电子装置传导电磁干扰时频域建模方法和案例

从上面的分析可以看到，时域 EMI 预测方法具有精度高、物理意义明确的优点，但其预测速度非常慢、存在着收敛性问题的缺点。而频域方法则具有预测速度快但精度略低的特点。下面介绍兼顾二者优点的时频域建模方法。

4.4.1　时频域建模方法基本原理

时频域预测方法流程总结如图 4-30 所示。时频域建模方法中路径建模采用频域方法实现，干扰源的建模采用时域方法实现，这利用了路径扫频速度快和时域干扰源建模精确度高的优点。

首先建立含有 LISN 和电力电子装置的电路拓扑。然后按照类似 4.3.2.1 的思路将电路中的非线性开关器件以线性电压源或者电流源代替，逐步化简去掉冗余源，推导高频等效电路。根据共差模的定义，进一步建立共模和差模等效电路模型。根据共差模等效电路模型，首先确定建模所需的关键部件参数，完成部件参数抽取后，在仿真软件中搭建共模差模等效电路，并以单位源频率扫描，获得路径响应，这就是路径频域建模。然后确定共差模等效干扰源与各开关管电压/电流的解析表达式。

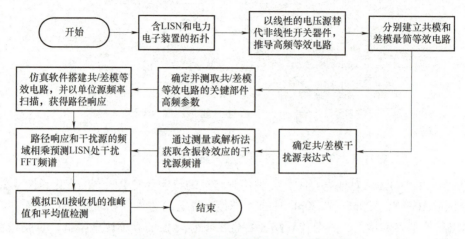

图 4-30　电力电子装置时频域建模方法流程图

第 4.3.2.2 节频域建模方法中介绍的干扰源包络解析法无法表征干扰源的振铃效应和上升下降时间随负载变化的关系，源的建模是不够准确的。要增加准确度，首先必须从时域角度获得更准确的脉冲波形，再转化到频谱。因此时频域建模方法中干扰源建模采用时域测量或者时域解析模型，这将在第 4.4.2 节时频域建模方法分析中进行介绍。

将获得的时域干扰源转换到频域后，与路径响应相乘，即得到预测的 LISN 处干扰 FFT 频谱，但是因为 EMI 接收机采用标准规定的带宽检测频谱，结果可能会与 FFT 获得的频谱不同，因此需要特定的模拟 EMI 接收机检测算法完成最终预测，这一算法将在 4.5 节中介绍。后面有一个完整的示例详细介绍该预测流程。

4.4.2　时频域建模方法分析

4.4.2.1　振铃效应分析

开关的上升和下降过程解析式在 4.2.2.2 节桥式电路开关过程分析中已经有所阐述，下面进一步介绍开关管的振铃效应，以使干扰源解析模型同时包含脉冲方波、变斜率上升下降沿和振铃效应。

1. 高频振铃效应

电力电子装置的振铃效应本质是电力电子装置发生开关动作后电压冲击在新的开关状态下发生的无源衰减振荡，无源衰减振荡的特性由当前开关状态所对应的无源等效电路决定。

三相两电平电力电子装置在 SPWM、SVPWM 等调制策略下，共有八种不同的开关状态，并对应八种无源等效电路。图 4-31 展示了这八种开关状态下的无源振铃等效电路图，其中当桥臂开关管处于导通状态时，其在无源等效电路中用短路表示；当桥臂开关管处于断开状态时，其在无源等效电路中用开路表示。发生自由振荡的频率将随着无源等效电路的变更而不同，因此三相两电平电力电子装置正常运行过程中存在八种振铃频率。

2. 影响振铃频率关键因素分析

根据变换器中不同部分对振铃效应的影响，本节将振铃等效电路分为了如图 4-32 所示的三个子部分，其中直流供电电源到直流支撑电容（不含直流母排）为直流部分，直流母排到 IGBT 模块交流输出端为变换部分，IGBT 模块交流输出端子到负载为交流部分。

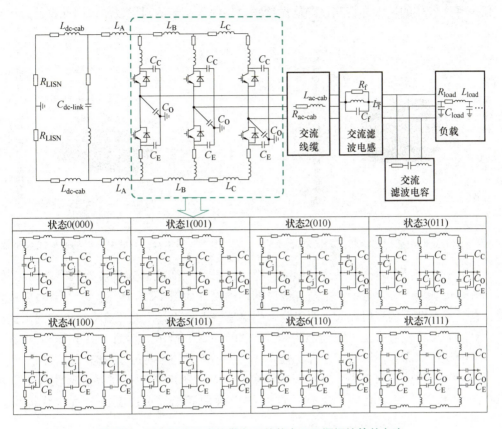

图 4-31　三相两电平变换器各开关状态下无源振铃等效电路

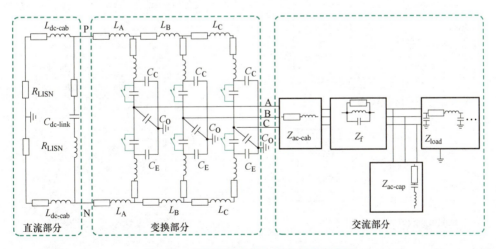

图 4-32　无源振铃等效电路各部分示意图

变换部分的寄生参数对高频振铃频率的影响较大。图 4-33 所示的四维图展示了 A、B、C 三相引线电感 L_A、L_B、L_C 对振铃频率的影响关系图，图 4-34 则展示了振铃频率随着 IGBT 对地电容 C_C、C_E、C_O 和结电容 C_j 值改变所产生的变化趋势（图中 p 为 C_C、C_E、C_O 前所乘的系数，k 为 C_j 前所乘的系数）。可以看到，振铃的频率由变换部分的所有寄生参数共同决定，任一寄生参数的增大都将直接降低振铃频率，由于高频的阻尼较弱，因此振铃效应会很明显。

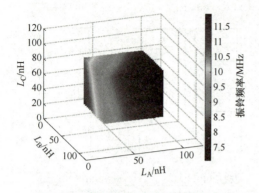

图 4-33　杂散电感对振铃频率的影响

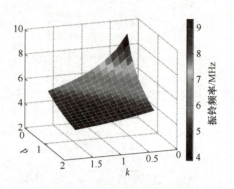

图 4-34　杂散电容对振铃频率的影响

为了分析直流部分对振铃效应的影响，把交流部分和变换部分等效为三端口无源网络，直流部分通过正母线、负母线和地与三端口网络连接，如图 4-35a 所示。对于高频振铃效应来说，直流支撑电容的容值较大，而串联寄生电感一般较小，因此直流支撑电容的阻抗相对较小，对高频振铃效应来说可以近似为短路，如图 4-35b 所示。然而，由于 LISN 的阻抗和输入线缆的阻抗对高频振铃效应来说比较大，对高频振铃的影响可以忽略不计。

为了进一步验证说明直流部分对振铃频率的影响，图 4-36 对比了在直流线缆中串接一个 200μH 电感以改变直流部分阻抗特性时的干扰源频谱。可以看到，直流线缆串入的 200μH 电感对干扰源频谱没有明显影响。

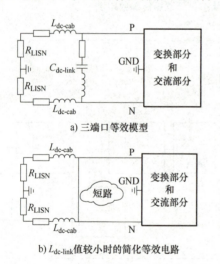

a) 三端口等效模型

b) $L_{dc-link}$值较小时的简化等效电路

图 4-35　振铃等效电路直流部分简化过程

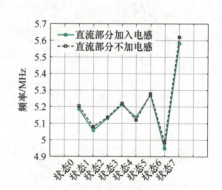

图 4-36　直流输入端加入和不加
200μH 电感时振铃频率对比

为分析交流部分对振铃效应的影响，振铃等效电路中的直流部分和变换部分可以等效为一个无源四端口网络，如图 4-37a 所示。交流部分通过 ABC 三相交流输出端子以及地回路同四端口网络相连。此时，交流侧的阻抗可以表示为

$$Z_{AC} = Z_{ac-cab} + Z_f + Z_{load} \tag{4-68}$$

图 4-38 给出了 Z_{ac-cab}、Z_{load} 和不同寄生电容的 Z_f 的阻抗特性曲线。由图可知，在 Z_f 比 Z_{ac-cab} 与 Z_{load} 之和大的频段内，交流线缆、负载几乎不会影响振铃频率，此时无源四端口网络可以简化为图 4-37b 所示的电路。实际上，当 C_f 设计得远比 IGBT 模块的结电容和对地电容小时，其几乎不会影响振铃频率，交流部分可以最终简化为如图 4-37c 所示的电路。从图 4-37a～图 4-37c 的简化过程通常在低于式（4-69）所示的频段范围内成立。可见，如果 C_f 设计的足够小，交流部分能在较大的频段范围内实现该简化过程。但若 C_f 的值较大，Z_{AC} 将在很低的频点处转变为感性，可能会同开关器件中杂散电容发成谐振从而造成额外的振铃点。

$$f = \frac{1}{2\pi\sqrt{C_f \times (L_{ac-cab} + L_{load})}} \tag{4-69}$$

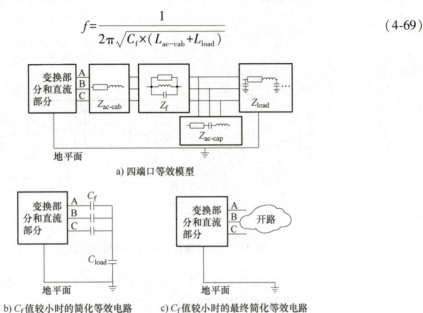

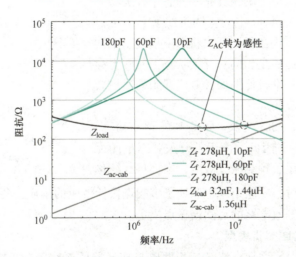

a) 四端口等效模型

b) C_f 值较小时的简化等效电路　　　c) C_f 值较小时的最终简化等效电路

图 4-37　振铃等效电路交流部分简化过程

图 4-38　交流部分的各部件阻抗

3. 振铃效应验证

由于三相两电平电力电子装置各开关状态的无源等效电路阶数较高，首先利用电路分析中的扫频工具实现无源等效电路自然谐振点的快速计算。

图 4-39 展示了利用扫频工具得到状态 0 对应的无源等效电路自然谐振频点的方法。单位扫频电压源并联在任一导通开关管两端从而向电路中注入宽频带单位电压信号，其他导通中的开关管两端仍然短路。根据叠加定理，电压源在叠加时可等效为短路，因此电压源的加入并未改变无源等效电路的拓扑。最终可以得到无源等效电路中各电气量的幅频响应特性，此时无源等效电路的自然谐振点（亦即是当前开关状态下的振铃频率）位于幅频响应曲线的峰值处。图 4-40 中的蓝色折线是利用扫频工具预测得到的各状态下的振铃频率。

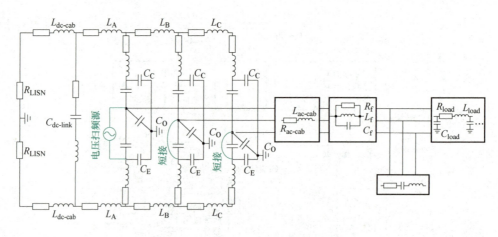

图 4-39　开关状态 0 下的振铃频率扫频方法

实验测试了电力电子装置进入各个开关状态时的振铃时域波形，并单独地将振铃波形经 FFT 变换转化为频谱，此时谐振频点即是频谱中的峰值点。为了减小偏差，测试中采用多组测量并取均值的方法，最终确定各开关状态下的振铃频率。各个开关状态下的振铃频率对比如图 4-40 中的实测折线所示。可以看到，三相电力电子装置在不同开关状态下呈现出不同的振铃频率。值得一提的是，同一开关状态下实际上存在着多个振铃，由于频率较低的振铃效应遇到的阻尼较小，其通常占主要的成分。

对比实测的折线，扫频法取得了较高的预测精度，其最大误差不超过 5%。因此，由于各开关状态下的无源等效电路能够直接用于预测振铃效应，本文将其统称为振铃等效电路。同时，实验结果也验证了多频点振铃效应的本质是各开关状态下的无源振荡，振荡频率由无源等效电路的自然谐振点决定。

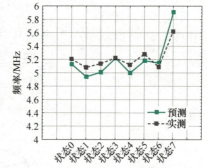

**图 4-40　各开关状态下预测和
实测振铃频率对比**

4.4.2.2　干扰源的时域解析模型

在第 4.3.2.1 节中，详细介绍了三相两电平变换器的系统等效 EMI 模型。其中共模干扰源为三个下桥臂电压，差模干扰源为直流支撑电容到 A 相桥臂之间的母排电流。基于单桥臂电路中 IGBT 的动态开关过程模型，可以对三相两电平电力电子变换器的共、差模干扰源进行数学模型，从而用于变换器传导 EMI 的频域预测中。

图 4-41 以 C 相下桥臂集射极电压为例展示了三相变换器的共模干扰源时域波形（其他两相干扰源与之类似）。其主要由随瞬时负载电流变化的变斜率的梯形波以及振铃波形构成。此处的振铃波形主要是在 C 相下桥臂关断期间，由自身桥臂开关动作以及其他桥臂开关动作所引起的振铃效应。因此，各相的共模干扰源在一个基波周期内的数学表达式可以表示为

$$V_{CM-X} = \underbrace{S_X(t)U_{dc}}_{\text{第一项}} + \underbrace{\sum_{i=1}^{n}\left[\left[\frac{dV_{ce}}{dt}\bigg|_i (t-t_{i0}) - U_{dc}S_X(t)\right] \cdot \left[\varepsilon(t-t_{i0}) - \varepsilon\left(t - \frac{U_{dc}}{(dV_{ce}/dt)\big|_i} - t_{i0}\right)\right]\right]}_{\text{第二项}} +$$

$$\underbrace{\sum_{j=1}^{m} L_X \frac{di_C}{dt}\bigg|_{j\max} e^{-a_j(t-t_{j0})}\sin(\omega_j(t-t_{j0}))}_{\text{第三项}} \tag{4-70}$$

式中，X 表示系统的 A 相、B 相或 C 相；$S_X(t)$ 表示 X 相的开关序列信息，当开关管 T2 关断时，$S_X(t)=1$；当开关管 T2 导通时，$S_X(t)=0$；n 是 X 相开关动作的次数，m 表示在 $S_X(t)=1$ 期间所有三相桥臂发生开关动作的次数；L_X 是每一相的寄生电感，a_j 和 ω_j 是在第 j 次振铃效应时的阻尼系数和振铃频率；t_{i0} 是第 i 次换压过程的起始时间，t_{j0} 是第 j 次振铃效应的起始时间。

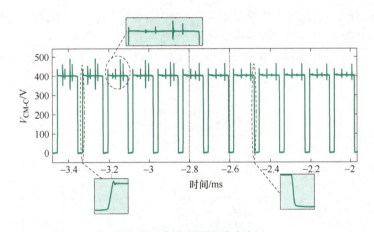

图 4-41　共模干扰源时域波形

式（4-70）中，第一项是理想方波序列的数学模型，其在图 4-42 中用曲线 1 表示。第二项是斜坡信号的表达式，第 i 个斜坡信号的斜率主要受第 X 相发生开关动作时的交流侧瞬时负载电流大小影响。斜坡信号在图 4-42 中用曲线 2 表示，其与理想方波信号叠加共同构成了变斜率梯形波。第三项为指数衰减的振铃效应的数学模型，下桥臂干扰源中的振铃效应只会在下桥臂关断期间出现，并且进入不同系统状态时会有不同的振铃斜率、幅值以及衰减系数，共模干扰源的振铃波形在图 4-42 中用曲线 3 表示。

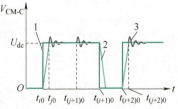

图 4-42　共模干扰源
近似时域波形

类似地，图 4-43 展示了三相两电平电力电子变换器的差模干扰源时域波形，其主要由随瞬时负载电流变化的变斜率的斩波以及振铃波形构成。由于在高频下直流支撑电容的阻抗通常很小，因此直流支撑电容两端的电压波形可以近似视为恒定 U_{dc}。差模干扰源上的振铃电流可以通过求解如式（4-71）所示的方程组求解。

$$\begin{cases} 2R_A\bar{i}(t) + 2L_A\dfrac{\mathrm{d}i(t)}{\mathrm{d}t} = U_A(t) - U_{dc} \\ \bar{i}(0) = 0 \end{cases} \tag{4-71}$$

式中，L_A 是直流支撑电容到 A 相桥臂之间的母排杂散电感；R_A 是在振铃频率下该段母排的趋肤电阻。

由此，差模干扰源 I_{DM} 在一个基波周期内的数学表达式可以表示为

$$I_{DM} = \sum_{X=A,B,C} \left\{ \underbrace{S_X(t)U_{dc}}_{\text{第一项}} + \right.$$

$$\underbrace{\left[\sum_{k=1}^{n} \left.\frac{\mathrm{d}i_C}{\mathrm{d}t}\right|_k (t-t_{k0}) - I_X(t)S_X(t) \right] \cdot \left[\varepsilon(t-t_{k0}) - \varepsilon\left(t - \frac{2I_X(t_{k0})}{(\mathrm{d}i_C/\mathrm{d}t)|_k} - t_{k0} \right) \right]}_{\text{第二项}} \left. \right\} +$$

$$\underbrace{\sum_{h=1}^{p} \left.\frac{\mathrm{d}i_C}{\mathrm{d}t}\right|_{\max} \frac{e^{-R_A t/L_A}}{2L_A(\omega_h^2+b_h^2)} \left[\omega_h + \omega_h e^{-b_h(t-t_{h0})}\cos(\omega_h(t-t_{h0})) + b_h e^{-b_h(t-t_{h0})}\sin(\omega_h(t-t_{h0})) \right]}_{\text{第三项}} \tag{4-72}$$

式中，$b_h = a_h - R_A/L_A$，a_h 是第 h 次振铃效应时的阻尼系数；$I_X(t)$ 表示第 X 相在 t 时刻的瞬时电流值；$S_X(t)$ 表示 X 相的开关序列信息，当开关管 T2 关断时，$S_X(t)=1$；当开关管 T2 导通时，$S_X(t)=-1$；p 是三相桥臂开关动作的次数（除了进入零状态时的开关动作）；t_{k0} 是第 k 次换流过程的起始时间，t_{h0} 是第 h 次振铃效应的起始时间。

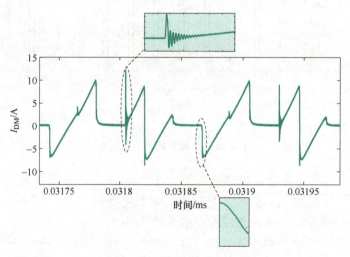

图 4-43　差模干扰源时域波形

式（4-72）中，第一项（三相之和）是理想斩波序列的数学模型，其图 4-44 中用曲线 1 表示。第二项是变斜率模型，用于修正理想斩波电流的电流变化率，其在图 4-44 中用曲线 2 表示。第三项是式（4-71）的解，其代表了 I_{DM} 上的振铃波形，在图 4-44 中用曲线 3 表示。

式（4-70）和式（4-72）中的参数都可以通过第 3 章中的各部件高频建模方法精确抽取，电压、电流变化率也都在 4.2.2.2 节中给出了相关的计算公式，此时建立了含变斜率特性的梯形波/斩波干扰源模型（亦即是式（4-70）和式（4-72）中的前两项）。进一步考虑上节中的振铃效应，可得到考虑变斜率特性和振铃效应的干扰源模型。

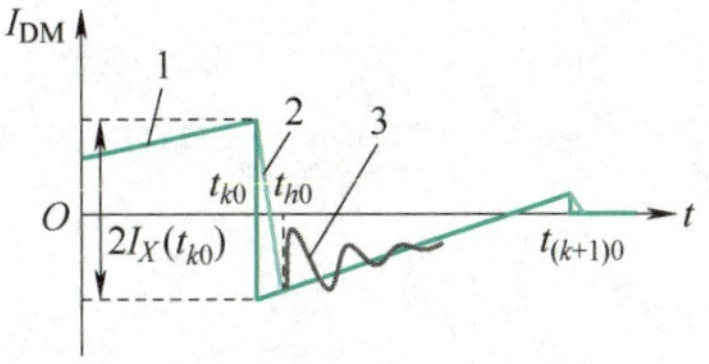

图 4-44　差模干扰源近似时域波形

4.4.2.3　干扰源实测建模

仍以三相两电平逆变器为例，总共有六个开关管，这并不意味着要同时测量所有开关管两端电压。为获得在 4.3.2.1 中已经建立了共模和差模干扰源的频域等效模型，只需测量相关的电压电流即可。对于共模，应同时测量三个下桥臂开关管电压；对于差模，则应测量直流母线电流。

干扰源测量时应保证测量时间大于一个工作周期，确保测量采样频率远大于所需分析的 EMI 频率。对于最高 30MHz 的传导 EMI，建议达到 200MHz 的采样频率。

测量得到时域干扰源后，将其经 FFT 转换到频域，计算共差模干扰源频谱，此时获得了 4.3.1 中式（4-34）的共模和差模对应的 $|X(j\omega)|$ 项。先按照类似 4.3.2.3 中图 4-26 和图 4-27 的等效电路，搭建电路扫频模型，计算如图 4-28 和图 4-29 所示的路径响应，此时获得了 4.3.1 中式（4-34）的共模和差模对应的 $|H(j\omega)|$ 项，此即为"电路扫频获得路径响应"过程。然后按照式（4-34）预测共差模干扰，该式即为"源乘以路径响应预测干扰"的步骤。

4.4.3　电力电子装置时频域仿真建模案例

本节以三相两电平逆变器为案例，逐步介绍电力电子装置的仿真建模流程，具体软件操作在附录 D 中有介绍。装置的拓扑结构及关键部件在 4.2.2 中有所介绍。需要强调的是，当逆变器不进行并网时，其直流侧测试 LISN 采用 50Ω V 型 LISN。

4.4.3.1　装置差模电磁干扰仿真建模

1. 建立差模等效电路

根据 4.3.2.3 中的等效原理，获得如下差模等效电路，由差模干扰源、直流支撑电容寄生参数和 LISN 差模模型构成，其中 LISN 的差模阻抗为两个 50Ω 电阻的串联。

2. 抽取差模关键部件宽频阻抗参数

差模仿真模型中的直流母线支撑电容先由 4 个电容并联构成一组，两组再串联构成，共 8 个电容，测试得到单个电容的参数为电容 410μF，寄生电感 45nH，寄生电阻为 0.2Ω。因此根据串并联关系得到模型中电容参数，见表 4-5。

表 4-5　差模仿真参数

C_{CAP}	L_{CAP}	R_{CAP}
410×4/2μF = 820μF	45/4×2nH = 22.5nH	0.2/4×2Ω = 0.1Ω

3. 提取差模路径响应

在仿真软件中搭建如图 4-45 所示电路，将差模干扰源设置为幅值为 1 的电流源，仿真任务为频率扫描，获得差模电压 V_{DM} 的频谱，即为差模路径响应，如图 4-46 所示。

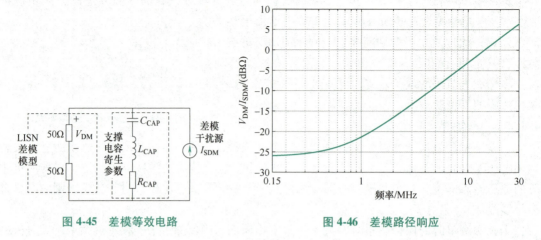

图 4-45 差模等效电路　　　　　图 4-46 差模路径响应

4. 获取差模干扰源

（1）差模干扰源可以通过实测获得

同向测量正母线和负母线电流，两电流相减即去掉电流中的共模分量，但叠加了电流中的差模分量。正母线和负母线电流相减后除以 2 即为差模干扰源，将时域差模干扰源经过 FFT 计算后转换到频域，其频谱如图 4-47。

（2）差模干扰源也可以通过 4.3.2.2 中介绍的干扰源频域建模方法获取

需要搭建 100ns 级的时域仿真电路获取 BUS 线干扰电流，并和上述实测方法一样计算差模干扰源波形和频谱。

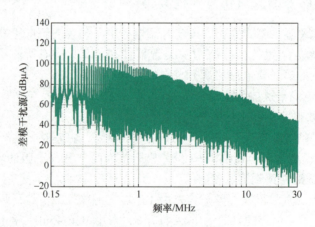

图 4-47 差模干扰源频谱

5. 源和响应的频域乘积获得差模电磁干扰频谱

将上文中介绍的差模干扰源频谱与差模路径响应相乘，即可得到预测的差模干扰 FFT 频谱，如图 4-48 所示。应当注意，FFT 频谱既没有考虑标准规定的分辨率带宽，也没有考虑规范的准峰值和平均值检波器，因此 FFT 频谱与 EMI 接收机测量结果有所不同。

6. 模拟 EMI 接收机的检波获得准峰值和平均值频谱

将获得的差模干扰经 IFFT 返回到时域后，送入模拟 EMI 接收机的算法中，得到准峰值和平均值频谱如图 4-49 所示。这一算法将在 4.5 中介绍。准峰值和平均值频谱并不简单是原始 FFT 频谱的包络，例如在 4MHz 附近，准峰值检测后的频谱有明显抬升并形成波包，但这在平均值和 FFT 频谱中并未出现。并且检测后的准峰值频谱幅值全频段均高于 FFT 频谱，尤其是在约 4MHz 以后，幅值增量更大。

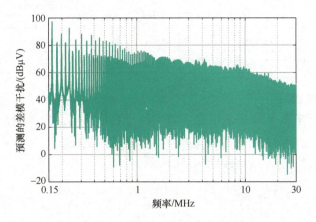

图 4-48　预测的差模干扰 FFT 频谱

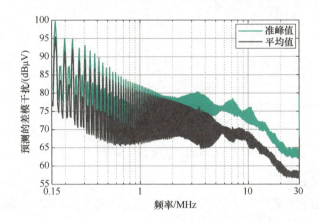

图 4-49　差模干扰准峰值和平均值频谱

4.4.3.2　装置共模电磁干扰仿真建模

1. 建立共模等效电路

根据 4.3.2.3 中的等效原理，建立如图 4-50 所示共模等效电路，由共模干扰源、开关模块寄生电容 C_{BUS}、C_{INV}，LISN 共模阻抗，滤波电感共模阻抗、负载共模阻抗、负载的对地寄生电容组成。LISN 的共模阻抗是两个 50Ω 电阻并联，因此是 25Ω。滤波电感的高频模型采用 RLC 并联结构等效。

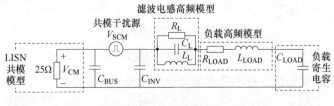

图 4-50　共模等效电路

2. 抽取共模关键部件宽频阻抗参数

测量元件共模阻抗参数见表 4-6。应注意测量滤波电感共模阻抗时，将 3 个滤波电感并联后再测量，负载也是并联后再进行测量。

表 4-6 共模等效电路关键参数

参数	C_{BUS}	C_{INV}	R_L	C_L	L_L	R_{LOAD}	L_{LOAD}	C_{LOAD}
数值	231pF	142.5pF	16.7kΩ	660pF	0.53mH	83.3Ω	1.3μH	10nF

3. 提取共模路径响应

在仿真软件中搭建图 4-50 所示电路，将共模干扰源 V_{SCM} 设置为幅值为 1 的电压源，仿真任务为频率扫描，获得 LISN 处共模电压 V_{CM} 的频谱。路径响应 $V_{CM}/V_{SCM} = V_{CM}$，即共模路径响应就是此时仿真的 V_{CM}，结果如图 4-51 所示。

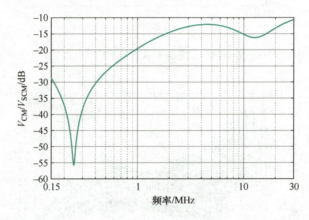

图 4-51 共模路径响应

4. 测取共模干扰源

测量三个相桥臂下管电压，求其平均即为共模电压源 V_{SC}，其频谱如图 4-52 所示。

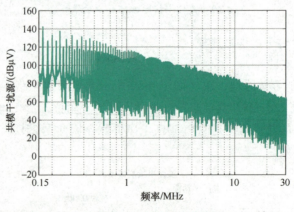

图 4-52 共模电压源频谱

5. 源和响应的频域乘积获得共模电磁干扰仿真结果

将上文中介绍的共模干扰源频谱与共模路径响应相乘，即可得到预测的共模干扰频谱。

如图 4-53 所示。

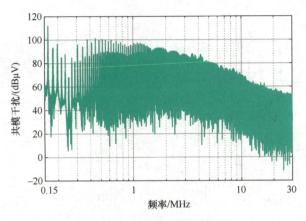

图 4-53　预测的共模干扰频谱

6. 模拟 EMI 接收机的检波获得准峰和平均值频谱

　　将获得的共模干扰频谱经 IFFT 返回到时域后，送入模拟 EMI 接收机的算法中，得到准峰值和平均值频谱如图 4-54 所示。这一算法将在 4.5 中介绍。

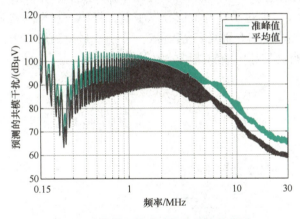

图 4-54　共模干扰准峰值和平均值频谱

4.5　模拟 EMI 接收机的数据处理算法

　　设计 EMI 接收机数据处理算法的目的是在程序中模拟 EMI 接收机的硬件处理过程。通过将示波器测得的噪声信号时域数据或仿真软件计算的时域数据经过算法处理，转换为与 EMI 接收机测试结果一致的频谱图，能与限值比较。其中最关键的环节有两个，分别是中频滤波和检波。

4.5.1　中频滤波器模拟

　　实际 EMI 接收机通过硬件电路直接对时域信号进行过滤。图 4-55 展示了中频滤波过程：首先时域数据经过 FFT 变换到频域；进而频域数据与中频滤波函数相乘，模拟滤波过程；最后将滤波后的频域数据进行快速傅里叶逆变换（Inverse Fast Fourier Transform，IFFT）转换到时域取包络。

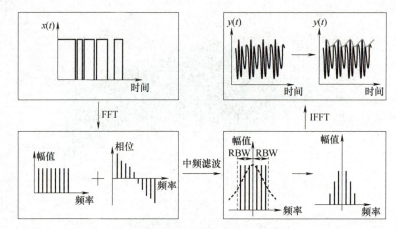

图 4-55　中频滤波及包络检波过程

EMI 接收机中频滤波器符合高斯窗滤波特性。标准高斯函数的表达式为式（4-73），其中对于传导 EMI，RBW = 9kHz，对于辐射 EMI，RBW = 120kHz。不同型号的 EMI 接收机的中频滤波函数有略微系数差别，但对 EMI 检测结果影响不大。EMI 接收机实际通带特性的测量方法如图 4-56 所示。通过手动调整信号发生器，将单一频率的正弦信号输入到 EMI 接收机，读取对应频点幅值，如此重复 i 次，得到 i 个点，最后利用算法，使用高斯函数对这 i 个点进行拟合，即可得到实际中频滤波函数的近似表达式。

$$G(f) = e^{-\frac{4\ln 2 (f - f_{IF})^2}{RBW^2}} \tag{4-73}$$

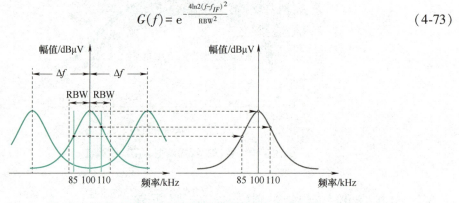

图 4-56　EMI 接收机实际通带特性的测量方法示意图

使用上述方法测得的中频滤波函数结果如图 4-57 所示，其中横坐标原点为预设的中心频率，此处为 100kHz，散点为测量数据，曲线 1 为散点拟合的曲线，曲线 2 为标准高斯函数。此处最大和最小的虚线限值定义与图 2-31 相同。容易看出，测量的中频滤波曲线和标准高斯函数曲线非常接近，较峰值衰减 6dB 的曲线对应频率宽度，也就是 RBW 的定义，大概就是 9kHz。因此可以直接用标准高斯函数模拟中频滤波器。

应当注意的是，模拟高斯滤波器函数时，不可仅计算 RBW 带宽内［-RBW/2，RBW/2］的高斯窗滤波，而将 RBW 带宽外的全部忽略为 0，这是因为 RBW 带外的一部分频带仍然具有一定大小的频谱能量，如果忽略最终检测结果将偏小。一般而言，滤波窗可以计算到［-2RBW，2RBW］区间，这时候可以忽略窗外的微弱幅值。

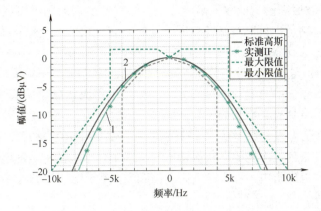

图 4-57　实测 EMI 接收机中频滤波函数曲线图

然而，由于 EMI 分析频率高，采样频率高，采样点数多，直接根据图 4-55 和式（4-73）模拟中频滤波器计算效率非常低，对计算设备性能要求高，尤其是高频传导和辐射 EMI。例如，如果要分析到 200MHz 的辐射 EMI，采样频率可设置为 500MHz，采样时间设置为 20ms，则采样点数为 10M。若模拟 EMI 接收机的步进是 40kHz，在（30～200）MHz 区间将有 4251 个检测点。每个频点的检测都需要进行一次 IFFT。单次 IFFT 的复杂度是 $O(N\log_2 N)$，N 为采样点数。4251 次 10M 点 IFFT 的复杂度将达到 $O(4251 \times 10^7 \log_2 10^7)$，这一计算量是相当庞大的！因此必须采取特定的简化计算手段，本文中提出的下变频法将显著提升计算效率。

下变频，顾名思义，就是将中频滤波后的高频 EMI 频谱搬到 0Hz 附近的低频段，而几乎不改变包络结果，可以降低采样率从而降低采样点数 N，最终显著降低 IFFT 的计算量。下变频主要分为两个部分，去掉中频滤波后的带通 EMI 的高频零分量和低频零分量。

1）去除中频滤波后频谱的高频零幅值分量。在信号频谱的高频区域添加零，等效于时域中对信号进行内插值。这也意味着，删除高频零点相当于在时域中对中频滤波信号进行采样，对信号包络线的形状和后续检测结果没有影响。以频率为 30MHz 的 EMI 信号为例，其采样频率为 500MHz，采样持续时间为 20ms。图 4-58 显示了消除高频零点前后的中频窗口信号时域结果。两者的包络线形状相同，但原始信号有 10×10^6 个点，而去除高频零点后的信号只有 1.2×10^6 个点。因此 IFFT 点数 N 大大减少，IFFT 的计算效率也随之提高。此外，信号点数量的减少也会大大加快后续检测过程。

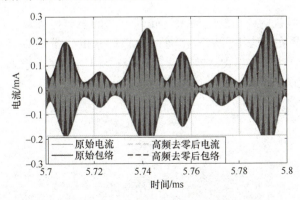

图 4-58　采用高频去零后的中频滤波包络比较

2）去除中频滤波后频谱的低频零幅值分量。中频滤波后的频谱可以写成式（4-74）和式（4-75），注意到，$A(t)$ 只取决于各频谱分量的幅值和相位以及相对频谱位置 $(\omega_k-\omega_j)$，与绝对频谱位置 ω_k，ω_j 无关。这意味着，如果只改变 ω_k 和 ω_j 而 $(\omega_k-\omega_j)$ 保持不变，新信号的 $A(t)$ 将与原始信号相同。即当频谱沿频率轴移动时，$(\omega_k-\omega_j)$ 保持不变，$A(t)$ 保持不变。消除中频窗口频谱中的低频零幅值分量，相当于将原始频谱向低频移动，即下变频。去除低频零点的频谱将具有与原始频谱相同的包络 $A(t)$。图 4-59 展示了消除零幅值低频分量前后的包络。EMI 信号点的数量从 1.2×10^6 进一步减少到 0.019×10^6，从而显著提高了计算效率。此外，可以看到包络线的形状保持不变。两个包络线的重合证明了所提出的包络简化计算方法有效性。也应指出，在去除低频和高频零点后，信号不再是窄带信号，其包络也不再是峰值点的连线。

$$S(t)=A(t)\cos(\omega_0 t+\theta(t)) \tag{4-74}$$

$$A(t)=\sqrt{\sum_{i=0}^{p}A_i^2+\sum_{k=0}^{p}\sum_{j=0}^{p}A_kA_j\cos\left[(\omega_k-\omega_j)t+\theta_k-\theta_j\right]} \tag{4-75}$$

式中，p 为带内频点总数；$A(t)$ 为中频滤波信号 $S(t)$ 的包络。

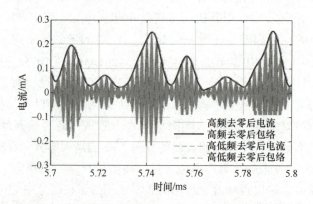

图 4-59　采用低频去零后的中频滤波包络比较

综上，基于下变频的中频滤波包络计算方法的机理被详细阐述，其快速性准确性得到了仿真验证。下变频的简化过程在随书提供的模拟 EMI 接收机的程序中有所体现。

4.5.2　检波器模拟

在实际的 EMI 接收机中，检波过程通过硬件电路的充放电完成。而在算法中，峰值检波和平均值检波的结果在算法中可以直接通过 MATLAB 的自带函数求取，对于准峰值检波环节，无解析解，需要计算方程式（2-10），因此需要用迭代算法求解。计算前，为了方便编程，将方程式（2-10）拆成如下三个等式。

$$Q_C=\frac{\sum_{i=1}^{Q}(v_e(i)-V_{qp})}{R_c} \tag{4-76}$$

$$Q_D=\frac{V_{qp}\times M}{R_d} \tag{4-77}$$

$$Q_C=Q_D \tag{4-78}$$

图 4-60 详细描述了通过二分法计算准峰值的函数流程图。除了输入包络 v_e，程序还使用 RBW 作为输入，根据标准充放电时间常数，确定 R_e、R_d，以适用于 CE/RE 不同的测试要求。此外，迭代边界的初始值是基于准峰值介于平均值和峰值之间这一预知条件，这些更精确的初始值将减少迭代次数。迭代值 V_{qp} 被纳入方程式（4-76）和式（4-77），以计算 Q_C、Q_D 以及它们之间的误差 $|\text{Error}|$。如果误差达到阈值，则输出 V_{qp}。如果不满足阈值要求，则根据 Q_C、Q_D 大小关系调整二分法的上下边界，并重复迭代。需要注意的是，这里的迭代阈值不能使用绝对值，而更应该使用相对值。这是由于 EMI 不同频段的幅值差别大，0.1 绝对的阈值可能足以检测到大幅值的低频电磁干扰，但对于小幅值高频传导及辐射电磁干扰，则可能需要 0.001 甚至更小的阈值。绝对阈值

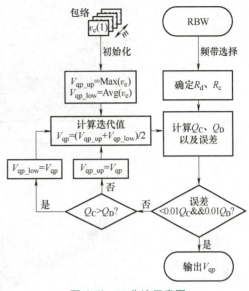

图 4-60　二分法示意图

设置过大会导致迭代次数不足，绝对阈值设置过小会导致迭代次数过多。因此，根据 Q_C 和 Q_D 设置一个相对阈值更为可取，如程序中使用的 $0.01Q_C$ 或 Q_D。

4.5.3　数据处理算法验证

令逆变器工作在表 4-7 列举的工况下，用示波器和接收机分别测量逆变器发射的电磁干扰，比较接收机频谱结果和示波器时域数据经模拟 EMI 接收机算法处理后的频谱结果，验证算法准确性。首先对比时域 FFT 法处理与接收机测取的电磁干扰频谱结果，如图 4-61 所示。浅灰曲线（即 FFT 结果）是利用示波器对设备交流端口共模电压进行测量，进行 FFT 处理后的频域结果，另外三条曲线是使用 EMI 接收机三种检波方式扫频的结果。可以看出，与前文的分析一致，FFT 由于忽略了 RBW 的作用，其结果整体与三种实际测量的曲线相比偏小。

表 4-7　电磁干扰简易测量方法实验验证工况

逆变器工况		接收机设置	
参数	数值	参数	数值
直流母线电压	800V	扫描步长	4kHz
输出功率	40kW	分辨率带宽（RBW）	9kHz
开关频率	20kHz	检波模式	准峰值

接下来验证所提出的模拟 EMI 接收机算法程序的有效性。图 4-62 展示了接收机工作在准峰值检波模式下实测干扰频谱与模拟 EMI 接收机算法计算结果的对比，平均值和峰值检测与之类似，辐射 EMI 的检测也与传导类似，均不再赘述。可以看出，实测频谱结果与程序计算的结果几乎完全重合，证明了算法的准确性。再观察表 4-8 记录的实测与仿真运行时长的对比，准峰值检波模式下，接收机测量整个传导频段的干扰幅频数据花费超过 3h，未采用下变频加速的算法测量时间也是超过 3h，但是本书提出的采用下变频加速算法仅花费

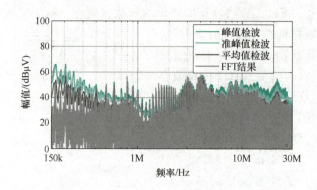

图 4-61　不同处理方式电磁干扰频谱图

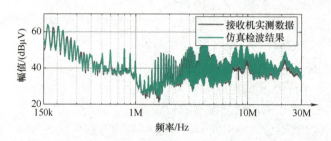

图 4-62　实测干扰频谱与模拟 EMI 接收机算法干扰准峰值频谱对比图

不到 10s 的时间即给出与实际测量相近的结果。这在实际工程中将提供巨大的便利，为快速电磁干扰测量提供了重要手段。

本书将该算法整理成 MATLAB 程序，见附录 E：模拟 EMI 接收机的算法程序。

表 4-8　EMI 接收机实测与仿真运行时长

测量模式	EMI 接收机实测	未使用下变频加速的算法	本书的加速算法
测量时间	>3h	>3h	<10s

4.6　本章小结

电力电子装置传导电磁干扰的仿真建模是进行电磁兼容设计的关键一环，主要包含时域、频域、时频域三种建模方法。

时域 EMI 预测方法的核心是电力电子开关管动态过程的精准描述，具有精度高、物理意义明确等特点，但速度较慢，且对计算性能的要求较高。本章以三相逆变器为例，阐明开关调制过程，分析了开关管的动态开关过程，再论述了差模和共模干扰的时域特性。

频域建模方法将开关器件用电压源或电流源进行替代，从而大大加快了系统中电磁干扰的预测速度，需要分别对共模和差模 EMI 的干扰源和传导路径进行建模。本章推导了三相两电平逆变器的高频等效电路模型，并依据电路参数求解干扰源，最后确定传导路径并计算了系统的 EMI 噪声。

时频域建模方法中干扰源在时域中建模，干扰路径在频域中建模。本章着重介绍了干扰源包含振铃效应的开关瞬态解析模型和实测模型。提供了详细案例列举三相逆变器共差模传导电磁干扰的时频域建模流程。

　　针对 FFT 频谱与 EMI 接收机检测频谱不同的问题，本书介绍了一种模拟 EMI 接收机工作原理的算法，能准确计算准峰值平均值检测频谱，并通过优化中频滤波算法和检波算法，加快了数据处理速度，不仅能服务电磁干扰仿真预测，还有望为电磁干扰实验测试提速降本。

<h2 style="text-align:center">习　　题</h2>

1. 简述时域、频域和时频域 EMI 仿真方法的优劣势。

2. 简述时域 EMI 仿真方法的基本步骤。

3. 简述时域 EMI 仿真和装置工作原理级仿真的主要区别。

4. 简述开关管关断时的电压尖峰和开通时的电流尖峰的产生原因。

5. 什么是米勒效应？简述其对开关管开通关断过程的影响。

6. 简述频域建模过程的基本步骤。

7. 简述不对称梯形波的频谱包络特征。

8. 三相两电平逆变器的共模 EMI 主要由哪部分对地杂散电容决定？简述其原因。

9. 简述时频域建模方法的基本流程。

10. 试分析三相两电平变换器的振铃频率的主要影响因素。

11. 简述 EMI 接收机的中频滤波器和检波器模拟的原理。

第 5 章　PCB 电磁兼容设计方法

在电力电子装置及系统中，控制回路通常集成在多层 PCB 上。为了提高装置及系统的功率密度，功率回路目前也朝 PCB 板集成的方向发展。有研究指出，电磁兼容问题随着电路集成密度的增加成指数级增长。因此，在 PCB 设计时应确保不同的电路元件、走线、过孔和 PCB 材料能够在复杂电磁环境下协同工作，各种信号兼容且不会相互干扰，避免出现电磁兼容问题。

本章首先通过元件、边缘速率、引线三个方面讨论了 PCB 与电磁兼容的关系，其次分析了 PCB 中的旁路电容和去耦电容，并说明了选取配置原则，然后针对 PCB 中的串扰问题，解释了其产生机理和抑制方法，最后给出了 PCB 布局和布线的基本规则，帮助读者更好地理解 PCB 电磁兼容设计的原理，并掌握设计方法。

5.1　PCB 与电磁兼容

多数情况下，电路中的元件并非理想器件，除了它们的基本工作特性外，还会展现出远离基频的高频响应特性，而电磁兼容性往往是由这些高频特性所决定的。因此在进行 PCB 设计时，必须充分考虑到这些元件以及 PCB 本身在高频下的电磁特性，并采取适当的措施来确保整个电路系统的电磁兼容性达到设计要求。

PCB 中所使用的器件例如时钟电路、A/D 电路以及处理器等运行速度在不断提高，由于这些数字器件的边沿速率会产生大量的干扰，因此运行速度越高，PCB 中越容易产生严重的电磁干扰问题。由于 PCB 当中的各元件不是理想器件，在高频时会表现出与低频不同的阻抗特性，因此电路元件对 PCB 的电磁兼容特性有很大影响。

5.1.1　PCB 元件的高频特性

电路中的无源器件不能视作理想的元器件，在电磁干扰测试的频率范围内，它们的阻抗特性以及分布参数都会因频率的变化而发生改变。例如，电阻在低频段表现出电阻特性，高频段表现出电感或电容特性，如图 5-1a 所示。电容的高频模型则由电容、电阻和电感串联而成，如图 5-1b 所示。电感在低频段表现出电感特性，在高频段表现出电容特性，如图 5-1c 所示。

以电容元件为例进行说明，PCB 中会使用电容来进行滤波，起到去耦合旁路的功能。但是当频率达到一定时，电容表现出电感特性，此时电容的滤波性能就会受到很大的影响。另外，当频率达到百 MHz 以上时，PCB 走线的电抗部分就可能超过电阻部分，因此在两点之间获得真正的低阻抗是不可能的，例如假定一条长 10cm 的走线具有 $R = 57\mathrm{m}\Omega$、

8nH/cm 的阻抗特性，那么在 100kHz 上，可以得到一个 5mΩ 的感性电抗。频率在 100kHz 以上时，走线就变为电感了，电阻变得可以忽略，也不再是方程的一部分。频率为 150MHz 以上时，这一条 10cm 的走线可以看作是一个有效的辐射体。因此 PCB 中电路元件的非理想特性会影响其电磁兼容性能，工作频率较高的 PCB 必须考虑元件的非理想特性，以避免高频电磁兼容性能的恶化。

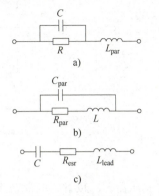

图 5-1　电阻、电感和电容
元件的高频特性

元件的封装也会引入高频寄生参数。例如，一个双列直插的 24 引脚集成电路插座，会引入 4~18nH 的分布电感；一个线路板上的接插件有 5~20nH 的分布电感；一个集成电路本身的封装材料引入 2~10pF。

5.1.2　数字器件边缘速率与电磁兼容

PCB 中使用了大量的数字以及模拟器件，各生产厂家生产器件的运行速度在不断提高，电磁干扰也随着器件运行速度的提高而加强，数字器件的边沿速率是射频干扰的主要原因。

数字电路的电磁兼容设计中要考虑的是数字脉冲的上升沿和下降沿所决定的频率带宽，方形数字信号的印制板设计带宽定为 $1/\pi \cdot t_r$（t_r 为信号上升时间），通常要考虑这个带宽的十倍频。

矩形波的 n 次谐波幅值如下式所示，其频谱如图 5-2b 所示，在对数坐标中以每倍频 20dB 的值进行衰减。

$$C_{nm} = \frac{2A}{n\pi}\sin(nD\pi) \tag{5-1}$$

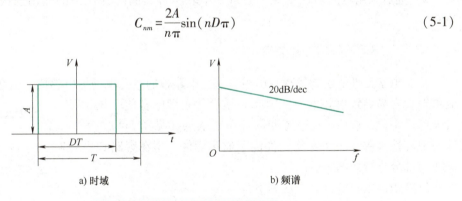

a) 时域　　　　　　　　　　b) 频谱

图 5-2　矩形波时域波形以及频谱图

由于器件工作时的信号并不是理想的矩形波，存在有上升时间 t_r 和下降时间 t_f，如图 5-3a 所示，对其进行傅里叶分解，可得梯形波的 n 次谐波幅值如下式所示，频谱图如图 5-3b 所示。

$$V_{1n} = 4\frac{V_d}{n^2\pi\omega_0}\mathrm{e}^{jn\omega_0\tau}\sin\frac{n\omega_0\tau}{2}\sin\frac{n\omega_0(d_1T+\tau)}{2} \tag{5-2}$$

从图 5-3 中可以看出，边沿速率的加快，t_r 减小，噪声发射的频谱越宽，辐射干扰会越强。在半导体开关器件开关过程中产生的高 $\mathrm{d}v/\mathrm{d}t$ 和 $\mathrm{d}i/\mathrm{d}t$ 会通过电路中的寄生电感和寄生电容产生强烈的电磁干扰，其干扰源主要集中在电压、电流变化大的元器件上如开关管、高

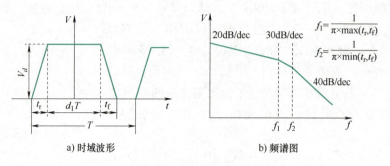

图 5-3　梯形波时域波形以及频谱图

频变压器、二极管，因此在设计原理图时，在满足信号传输要求的前提下，考虑 EMC 问题时，应该尽可能选用慢速的器件，如 74HCT 足以替代 74ACT 的功能，此时的发射的射频干扰会减小。所以说在实际运用中，并不是所使用的器件速度越快，PCB 的性能就能越好，所选取的器件速率满足所要求的速率即可；若使用过高速率的元件，反而可能使 PCB 的电磁兼容性能恶化。

器件制造商通常会优先考虑器件的快速性和功率容量，并不会优先考虑电磁兼容性和辐射噪声问题。集成电路产生的射频干扰会耦合到电路中，导致电磁干扰的出现。产生电磁干扰问题时，须采用以下措施：

1）保持较短的引线，减小回路构成的面积。

2）使时钟信号远离 I/O 电路部分，减小耦合。

3）通过采用电阻器或铁氧体磁环，串联阻抗提高时钟线路的输出阻抗，减小电流及辐射。

5.1.3　PCB 引线与电磁兼容

所有电子元件的引脚都存在引线电感，电路板的过孔也增加电感值。当在其附近有信号走线时，容易导致射频电流。因此必须设计去耦电容使引线长度电感最小化，包括过孔电感和器件引线电感（见图5-4）。从电磁兼容性来讲，表面安装元件优于通孔元件，这在旁路和去耦电容部分进行详细阐述。

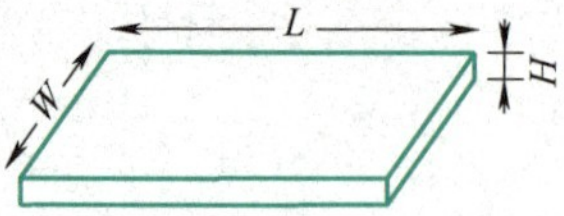

图 5-4　引线示意图

PCB 引线电感的计算方法如下：

$$l=0.2L\left(\ln\frac{2L}{W+H}+0.2235\frac{W+H}{L}+0.5\right)\quad(\text{nH})\qquad(5\text{-}3)$$

式中，W 是线宽；L 是线长；H 是铜厚；所有变量的单位均为 mm。

例如，假定 PCB 的长度 $L=25.4$mm，$W=0.25$mm，$H=0.035$mm（1 盎司铜层的厚度），根据上式计算可得引线电感 $l=28.8$nH。

这个公式看起来比较复杂，实际上，对寄生电感影响最大的是线长 L，将 L 的长度缩短是减小信号线寄生电感的最有效方法。本例中，将引线电感 L 的长度缩短一半，引线电感为 12.7nH，减小 56%；将引线电感的宽度加宽一倍，W 为 0.5mm，引线电感为 26nH，仅仅减小 11%。

过孔的寄生电感计算方法如下：

$$L = 2h\left(\ln\frac{4h}{d} + 1\right) \quad (\text{nH}) \tag{5-4}$$

式中，h 是过孔的长度（即板厚）；d 是过孔的直径；单位均为 cm。

例如，假定 PCB 过孔的长度 $h = 0.157\text{cm}$，直径 $d = 0.041\text{cm}$，根据上式计算可得引线电感 $L = 1.2\text{nH}$。

从公式上可以看出，要减小过孔的寄生电感，需要减小板厚、增大过孔直径。一个印刷线路板上的过孔对地面层大约引起 0.6pF 的电容，会对高速信号产生一定延迟。

PCB 平板电容器（见图 5-5）的电容计算公式为：$C = kA/(11.3d)$；其中 A 为面积，单位为 cm^2，d 为与相邻参考层的间距，单位为 cm，平板电容 C 单位为 pF，式中 $K = 4.7$ 是考虑了 PCB 材的介电常数。例如，当 $A = 0.126\text{cm}^2$，$d = 0.073\text{cm}$ 时，平板电容 $C = 0.72\text{pF}$。要减小平板电容可以增加板厚，减小板之间正对面积和移除接地面。

由于在 PCB 的同一层上，信号线与信号线之间等效的正对面积很小，距离相对于相邻层之间的间距也很大，所以，同一层内的走线之间的寄生电容认为很小可以忽略；把走线覆盖的面积当作平板电容器的面积，相邻层的间距作为平板电容器的间距，忽略掉其他因素引起的小电容，寄生电容就可以简化为平板电容器的电容。

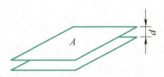

图 5-5　平板电容器示意图

过孔的寄生电容，不能等效成平板电容器，一般用以下公式计算：

$$C = \frac{0.55\varepsilon_r T D_1}{D_2 - D_1} \tag{5-5}$$

式中，D_1 为过孔的铜皮外径；D_2 为过孔而在地平面挖空部分的圆直径；T 为 PCB 厚度，ε_r 为板材的相对磁导率；以上量的单位均为 cm。

例如板厚为 0.157cm，$D_1 = 0.071\text{cm}$，$D_2 = 0.127\text{cm}$，计算得到 $C = 0.51\text{pF}$。

从以上计算公式中可以看出，要想减小过孔的寄生电容，需要使用小孔径的过孔、加大过孔和铜皮的间距、选用更薄的 PCB 板材。

5.2　PCB 中的旁路和去耦电容

旁路是将混有高频电流和低频电流的交流信号中的高频成分旁路滤掉的电容，称作"旁路电容"，在电路中通常用于滤除输入信号中的高频噪声。去耦电容就是起到一个电池的作用，满足驱动电路电流的变化，避免相互间的耦合干扰。去耦电容在电路中通常装设在元件电源端，它可以提供较稳定的电源，同时也可以降低元件耦合到电源端的噪声，间接可以减少其他元件受此元件噪声的影响。同时，去耦电容在可以装设在信号输出端，减小输出信号的高频干扰，避免耦合到下一级电路。

图 5-6 是芯片周围的旁路电容和去耦电容的连接示意图，其中旁路电容在信号输入侧，用于滤除输入信号中的高频噪声；连接在信号输出端的去耦电容，

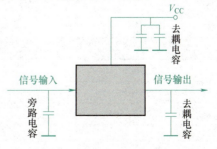

图 5-6　旁路电容和去耦电容的连接示意图

可以去除器件在工作时，由于器件切换流入后级网络中的射频能量，防止对后级电路产生干扰；连接在电源与地之间的去耦电容，可以对器件运行产生的高频噪声进行滤除，防止高频噪声流入电源，对电源电压造成干扰。另外还可以起到稳压的作用，为器件的正常工作提供稳定的直流电压，保证器件的正常工作。

去耦电容和旁路电容其实没有本质的区别，旁路电容实际也是去耦合的，只是旁路电容一般是指高频旁路，也就是给高频的开关噪声提高一条低阻抗泄放途径。高频旁路电容一般比较小，而去耦合电容一般比较大，它们的选取一般要依据电路中的分布参数与驱动电流的大小来确定。

旁路和去耦的性能与电容的特性息息相关，因此下面将首先介绍电容自谐振以及电容的一些基本特性。

5.2.1 电容的自谐振分析

PCB 的旁路和去耦电容与 3.3.1 中介绍的电容相类似，下面详细介绍其高频模型。所有电容器的高频模型是由 LCR 电路组成，其中 L 是电感，它与导线的长度有关，R 是指电容的等效串联电阻，C 是电容。实际的电容并不是理想电容，在高频时其阻抗特性与低频不同，因而其在 PCB 中的滤波效果会随频率的不同而发生变化。影响电容性能的一个关键参数是电容的自谐振，下面对其进行说明。

电容器的高频等效电路见图 5-7a 所示，它包含漏感 L_{lead}、等效串联电阻 R_{esr} 和电容 C，其幅频特性如图 5-7b 所示。转折频率为

$$f_0 = \frac{1}{2\pi\sqrt{L_{\text{lead}}C}} \tag{5-6}$$

为了在所需频段内，电容器的阻抗特性表现出电容特性，因此电容器应该有高的电容值 C，为使其在工作频率上有小的阻抗，应该使寄生电感 L 足够小，以使其阻抗在更高频率下不增加，另外其寄生电阻也必须小，已得到最小的可能的阻抗。

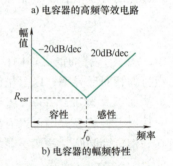

a) 电容器的高频等效电路

b) 电容器的幅频特性

图 5-7 电容器的高频特性

一个典型的引线电容的电感值平均大约为每 0.1in⊖ 引线（指高出板子表面的长度）2.5nH，表面贴装电容器的引线长度电感平均为 1nH。一般来说，对引线电容器而言，其寄生电感 L=3.75nH，对表面贴装的电容器而言，L=1nH，表 5-1 给出了引线电容与表面贴装电容在相同容值，不同引线电感作用下的自谐振频率。

表 5-1 电容器的自谐振频率

电容	引线谐振频率（3.75nH）/MHz	表面贴装谐振频率（1nH）/MHz
1.0μF	2.6	5
0.1μF	8.2	16
0.01μF	26	50

⊖ 1in=0.0254m。

（续）

电容	引线谐振频率（3.75nH）/MHz	表面贴装谐振频率（1nH）/MHz
1000pF	82	159
1000pF	116	225
100pF	260	503
10pF	821	1600

引线电感越大，电容器的自谐振频率越低，去耦性能越差，因此电容器在实际运行中必须尽量缩短引线，减小漏感，以使旁路和去耦电容的自谐振频率尽量高。通常来讲，表面贴装电容器在更高频率时的性能比引线电容器更好。

5.2.2　旁路电容的选取及配置原则

旁路电容的大小可按照时间常数选取，要在不引起信号失真的基础上滤波，滤波的时间常数通常要小于信号频率的 1/100；如果是脉冲信号，则滤波时间常数小于上升时间的 1/3。图 5-8 是旁路电容选取合适与电容过大两种情况的波形示意图，旁路电容选取过大，则电容的充放电速率变慢，可能会影响电路的正常工作。旁路电容通常选用聚苯乙烯、陶瓷电容，优点是引线电感较小。

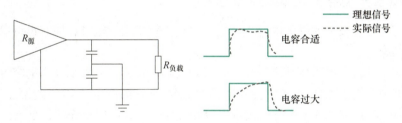

图 5-8　旁路电容的选取

电容的作用机理如图 5-9 所示，在由逻辑状态 0 到逻辑状态 1 的转换中，通过改变信号的时间常数来改变输出信号的边沿速率，从而改善电磁兼容性能。要注意的是，在设计时，必须确保最慢的边缘变化率不会影响电路的工作性能。

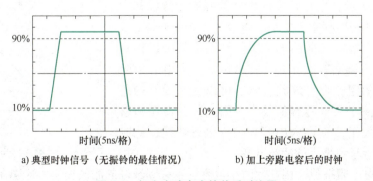

a）典型时钟信号（无振铃的最佳情况）　　b）加上旁路电容后的时钟

图 5-9　加上旁路电容的前后对比图

图 5-10 介绍了增加电容可以增加信号的时间常数的机理。逻辑状态转换过程可以分成两个阶段：$0 \rightarrow 1$ 和 $1 \rightarrow 0$。其中 $0 \rightarrow 1$ 可以认为是等效为电容充电模型，电容初值为 0，时间

常数为 RC，电容越大，时间常数越大。1→0 可以认为是电容放电模型，电容的初值为 V_b，时间常数为 RC，电容越大，时间常数越大。这里 R 即为信号回路戴维南等效阻抗。

在计算旁路电容之前，需要先计算戴维南等效阻抗。一般情况下，信号并不直接给定时间常数，需要将信号速度换算成时间常数。

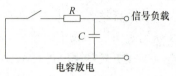

电容充电

充电方程：$V_c(t)=V_b\left(1-\mathrm{e}^{\frac{-t}{RC}}\right)$，$I(t)=\left(\frac{V_b}{R}\right)\mathrm{e}^{\frac{-t}{RC}}$

$$t_r = kR_t C_{max} = 3.3R_t C_{max} \tag{5-7}$$

$$C_{max} = \frac{0.3t_r}{R_t} \tag{5-8}$$

放电方程：$V_c(t)=V_b\mathrm{e}^{\frac{-t}{RC}}$，$I(t)=\left(\frac{-V_b}{R}\right)\mathrm{e}^{\frac{-t}{RC}}$

电容放电

图 5-10　逻辑状态变化时的等效电路及充放电方程

式中，t_r 是信号的边缘速率；R_t 是网络总电阻；C_{max} 是所用的电容的最大值；一般来说，信号的上升时间大约等于 k 倍时间常数，k 通常为 3.3；$R_t C_{max}$ 则是时间常数。

举例来说，如果边缘速率是 5ns，电路等效阻抗是 140Ω，可以计算出最大电容值 C_{max} = 0.3×5ns/140Ω = 0.01nF，选取小于 0.01nF 电容值能满足实际需要。

上述旁路电容的选取原则也适用于信号输出端的去耦电容。

5.2.3　电源去耦电容的选取及配置原则

去耦电容通常装设在元件的电源端，它可以提供较稳定的电源，同时也可以降低元件耦合到电源端的噪声。

在实际应用中，一般采用两个电容并联起到去耦的作用，并联的去耦电容可以提供更宽频带的射频抑制。为了获得最佳特性，这两个并联的去耦电容必须相差两个量级（例如 0.1μF 和 0.001μF）或 100 倍。并联去耦电容在工作时，大电容最先到达自谐振频率，在高于自谐振频率时，大电容由于显示出感性。其阻抗随频率的增加而增加，此时小电容的阻抗随频率增加而减少（容性），因此小电容值电容器阻抗比大电容值电容器阻抗要小，并起支配地位，它可比大电容单独存在时提供更小的净阻抗，这样就使得在低频与高频出都能起到良好的去耦作用。

如图 5-11 所示，是并联去耦电容的幅频曲线，其中 f_1 是大电容的自谐振频率，f_3 是小电容的自谐振频率，f_2 是大电容与小电容幅频曲线的交点。从图中就可以很直观地看到并联去耦电容的作用。在低频时，大电容的阻抗小于小电容的阻抗值，因此大电容可以起到很好的滤波作用。但是由于大电容容值较大，因此其自谐振频率较低，当频率大于 f_1 时，大电容表现出电感特性，此时靠大电容并不能起到很好的滤波效果；当频率大于 f_2 时，

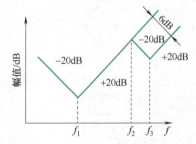

图 5-11　并联去耦电容的幅频曲线

小电容小于大电容阻抗值，因此此时小电容可以起到较好的滤波作用。这样在低频段靠大电容滤波，在高频段靠小电容滤波，滤波频段拓宽，滤波性能变好。

当电容器安装在 PCB 的恰当位置时，可得到有效的容性去耦；安装在不恰当的位置或过量使用电容器是一种材料的浪费。去耦电容可以选用电解电容、坦电容来滤波，这两种电

容容量相对较大，其中钽电容通常是贴片，效果好，但是价格高。

功率分配网络中的状态切换常会引起电压电流的波动，可能会导致器件的功能异常。采用容值大的电解电容可给元器件提供直流电压及电流，为电路提供能量储存，实现对直流电压的平稳控制，使电路工作在最佳电压和电流状态下。大的电解电容通常用于以下地方：

1）电源与 PCB 的接口处。

2）自适应卡、外围设备和子电路 I/O 接口与电源终端连接处。

3）功率损耗电路和元器件的附近。

4）时钟产生电路和脉动敏感器件附近。

5）在存储器附近，因为存储器工作和待机时电流变化非常大。

在使用大的电解电容时，一般需要降额使用，即使用电容标称电压的 50%~80%，从而避免在冲击时损坏电容。举例而言，如果电容标称额定电压为 10V，则该电容可以用于 5~8V 的工作电压。

5.2.4　PCB 中的电源层和接地层

PCB 中的电容可以分为两类：①外加的分立电容；②电源层和接地层的等效平板电容。

在实际设计中，通常使用多层板来减小引线电感，使用多层板的好处在于可以将电源层和接地层彼此靠近，在电源层和接地层之间产生了一个大的去耦电容，形成天然的平板电容器，这在 PCB 高频电路板去耦电容的设计中不可忽略。电源和接地层有非常小的等效引线电感，没有寄生电阻（Equivalent Series Resistance，ESR），通常在一些高频区段使用电源层和接地层作为去耦电容来减少射频能量辐射。

对于一个理想的平板电容器来说，当电流单一地从一侧流出注入另一侧时，电感实际上接近为零。在这种情况下，高频下的阻抗将等于等效的寄生电阻 R_s，不存在固有的谐振，这正是 PCB 中的电源层和接地层的结构特性。

图 5-12 显示了理想平板电容器的理论阻抗频率相应与分立电容器的对比。

在电源层和对应的接地层间总是存在着电容，该电容与层间厚度、层间填充的介质、叠层板的面积紧密相关，该电容值可根据下式估算

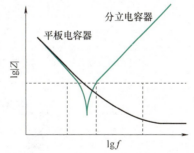

$$C = \frac{\varepsilon_0 \varepsilon_r A}{d} = \frac{\varepsilon A}{d} = 8.85 \frac{A \varepsilon_r}{d} (\text{pF}) \qquad (5\text{-}9)$$

式中，ε_0 是自由空间介电常数，通常约等于 4.5；ε 是层间填充介质的介电常数；A 是平行板的面积；d 是层间厚度；C 是电源和接地层间的电容值（pF）。

图 5-12　理想平板电容器与分立电容器的阻抗频率

平板电容器为慢边沿速率设计提供了一定的去耦，电源层和接地层间也存在着不同的引线电感值，可以通过网格分析、数学计算或模拟实验获取实际电感值。

但是当使用电源和接地层作为主要的去耦电容时，要考虑它的自谐振频率，如果电源和接地层电容的自谐振频率与安装在 PCB 上的分立电容器的自谐振频率一样，在这两个频率相交的地方，将会产生尖锐的共振。如果时钟的频率也是在这个尖锐的共振频率上，该 PCB 将变成了一个电磁干扰发射器。因此在实际应用中，增加具有不同自谐振频率的去耦

电容，可避免 PCB 电源和接地层的共振，避免造成严重的电磁干扰问题。

图 5-13 显示的是具有分立去耦电容的电源和接地层的去耦效果，即综合考虑了分立电容与电源层和接地层之间的去耦效果。图 5-13a 显示的是只有电源层和接地层的"裸板"的阻抗曲线，图 5-13b 显示的是分立去耦电容的阻抗特性曲线，图 5-13c 显示的分立去耦电容与电源层和接地层共同的去耦效能。从图中可以看出：

1）低于 f_a 频率时，由于板间的电容小于分立去耦电容的容值，分立去耦电容可以起到很好的去耦效果。

2）高于 f_a 频率时，分立去耦电容表现出电感特性，且其阻抗值大于层间电容的阻抗值，因此，大于 f_a 时分立去耦电容并不能带来附加的去耦效果。

在实际设计分立去耦定容时，必须结合所要滤波的主要频段对分立去耦电容进行选取。同时，减小分立去耦电容连线的串联电感可以增大分立去耦定容的自谐振频率，从而增大频率 f_a 的值，使总体性能在宽频段内获得良好的去耦性能，因此表面贴装电容或使用并联电容可以取得更好的去耦效果。

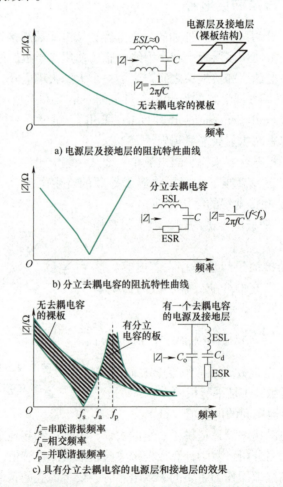

a) 电源层及接地层的阻抗特性曲线

b) 分立去耦电容的阻抗特性曲线

f_s=串联谐振频率
f_a=相交频率
f_p=并联谐振频率

c) 具有分立去耦电容的电源层和接地层的效果

图 5-13 具有分立去耦电容的电源层和接地层的去耦效果

在产品设计中，通常采用并联去耦电容来提供更宽的工作频带，减少接地带来的电位差。此外，去耦电容还提供了局部化的点电源电荷，通过将电压保持在一个稳定的电位，从而减小导线分布电感带来的影响。

5.3　PCB 串扰及串扰抑制

5.3.1　PCB 中串扰的产生

串扰是指走线、导线、走线和导线、电缆束、元件及任意其他易受电磁场干扰的电子元件之间的电磁耦合。串扰是由网络中的电流和电压产生的，类似于天线耦合。串扰是 PCB 设计中的重要方面之一，在设计的任一环节都要考虑，在实际中应尽量最小化或消除串扰，设计一个产品时必须使其自身能够兼容。

串扰可以被定义为一个系统内部的 EMI，包括导线、电缆、走线间的串扰等，它会影响系统或装置内的源和接收器性能。串扰不仅出现在时钟或周期信号线上，而且也出现在数据线、地址线、控制线和 I/O 走线上。高速走线、模拟电路和其他易受影响的信号容易被数据线、时钟信号等强干扰源引起的串扰破坏。串扰也会在机箱内产生辐射或传导 EMI，或者引起电路和子系统的功能性问题。实际上，串扰是 EMI 传播的主要途径之一。

串扰包括电容耦合和电感耦合。电容耦合通常是因为较长的平行走线或层间的走线产生的耦合。这种耦合可能十分严重，所以必须尽量避免。电感串扰通常是物理位置上互相平行的走线产生的互感耦合。

一种在 PCB 走线产生的典型串扰是通过电容和电感元件产生的线间耦合，如图 5-14 所示，其中两根导线互相平行走线，这两根导线间存在着互容和互感耦合，包括走线间互容 C_{sv} 和走线间互感 M_{sv}。同时，这两根导线和参考地层间存在电容耦合，包括源-地电容 C_{sg} 和受扰线-地电容 C_{vg}。此外，它们还存在一个共用地阻抗 Z_g。

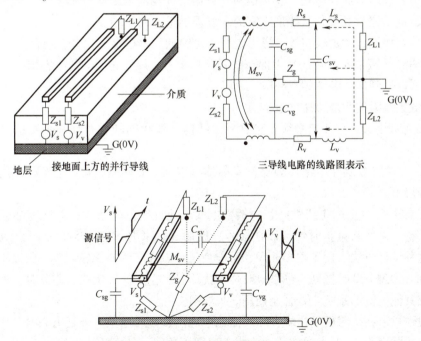

图 5-14　PCB 结构中的走线到走线的耦合

另一种串扰是由公共地阻抗耦合产生的，典型的串扰示意图如图 5-15 所示，它包括原导线、受扰导线、参考地平面，地平面存在公共阻抗。干扰源的电流会流过公共阻抗，受扰导线的电流也会流过公共阻抗，这样就会在公共阻抗上形成串扰。因此，在实际应用中尽量使参考地平面保持低阻抗，减小串扰的产生。

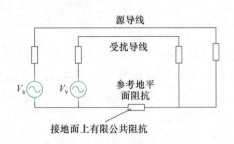

图 5-15　用 3 个导体表示的传输线解释串扰

5.3.2　PCB 中串扰的抑制方法

串扰有时随着走线宽度增加而增加。如果自电容和互电容比率保持在一个固定值，从而使间隔距离也保持为常数，就不会发生这种情况；如果比率不固定，互容将增加。对平行走线来说，走线越长，互感越大。信号跳变的上升时间加快，如果互容增加，阻抗也随着增加，这样就加剧了串扰。为减小串扰常用的设计和布局技术如下：

1）根据功能分类逻辑器件系列，保持总线结构被严格控制。

2）最小化元件间的物理距离。

3）最小化并行布线走线的长度。

4）元件要远离 I/O 互连接口及其他易受数据干扰及耦合影响的区域。

5）对阻抗受控走线或频波能量丰富的走线提供正确的终端。

6）避免互相平行的走线布线，提供走线间足够的间隔以最小化电感耦合。

7）相临层（微带或带状线）上的布线要互相垂直，以防止层间的电容耦合。

8）降低信号到地的参考距离间隔。

9）降低走线阻抗和信号驱动电平。

10）隔离布线层，布线层必须在实心平面结构下按相同轴线布线（典型的是在背板层叠设计）。

11）在 PCB 层叠设计中把高频噪声发射体（时钟、I/O、高速互连等）分割或隔离在不同的布线层上。

串扰存在于 PCB 上的走线之间，包括数据线、地址线、控制线和 I/O 等都会受到串扰的影响。串扰大多数来自于时钟和周期信号，使用 3W 原则（见图 5-20）可以减小这种串扰，但是这种设计方法占用了很多面积，可能使设计者在布线时比较困难，因此不是所有的 PCB 走线都必须遵守 3W 规则，可以只对强干扰信号，例如时钟走线、差分对、视频、音频及复位线或其他关键的系统走线强制使用 3W 规则。

20H 规则规定在线路板的边缘，地线面比电源层和信号层至少外延出 20H（H 为电源和地之间的介质厚度），而且信号线不要太靠近电路板边缘，从而减少串扰。

5.4　PCB 布局的基本规则

5.4.1　PCB 的层叠设计

多层印制板设计要决定选用的多层印制板的层数。PCB 层叠设计是指根据单板电源、地的种类、信号密度、板级工作频率、有特殊布线要求的信号数量，以及单板性能指标要求与成本承受能力，综合考虑，确定单板的层数和层叠顺序。

PCB 的层叠结构主要由电源层、地平面和信号层组成，这些层叠的相对位置以及电源、地平面的分割对单板的 EMC 指标至关重要。

多层印制板的层间安排（见表 5-2）随着电路而变，层叠设计的要点包括：

1）为降低电源平面的阻抗，建议将 PCB 的电源平面与地平面相邻，这样可以利用两金属平板间的电容作电源的平滑电容，为电源层提供很好的高频去耦通道，同时接地平面还对电源平面上分布的辐射电流起到屏蔽作用。

2）对于电源互相交错的电路板，建议采用 2 个或以上的电源平面，同时尽可能减少不同电压电源层的相互重叠；对于多种电源要求的电路板设计，若互不交错，可考虑采取在同一电源层分割。

3）模拟地和数字地以及电源都要分开，不能混用，因为数字信号有很宽的频谱，是产生干扰的主要来源。把数字电路和模拟电路分开，有条件时将数字电路和模拟电路安排在不同层内，如果一定要安排在同层，可采用开沟、加接地线条、分隔等方法补救。

4）布线层建议安排与完整地平面相邻作为参考，保证信号有良好低阻抗回流路径，这样的安排可以产生通量对消作用。

5）对于六层板以上的单板，建议在控制器元器件面（TOP 层或 BOTTOM）层之下（第二层或倒数第二层）安排完整的地平面，为器件和表层走线提供参考平面。

6）高频电路和时钟电路是主要的干扰和辐射源，对于高频、高速、时钟等关键信号层，建议有一个完整的参考地平面，一定要单独安排、远离敏感电路。

7）建议避免两个信号层直接相邻，如果相邻，那么考虑垂直布线，切忌平行布线。

8）有 BGA 封装的芯片时，建议合理的安排出线，避免交叉出线以减少信号层数；同样层数情况下，减少信号层数，可以增加相邻地平面；以保证信号线的低阻抗回流路径。

表 5-2　多层 PCB 的典型布层安排

层数	1	2	3	4	5	6	7	8	9	10	评价
2 层	S1	S2	/	/	/	/	/	/	/	/	
4 层	S1	G	P	S2	/	/	/	/	/	/	
6 层	S1	G	S2	S3	P	S4	/	/	/	/	差
6 层	S1	S2	G	P	S3	S4	/	/	/	/	一般
6 层	S1	G	S2	P	G	S3	/	/	/	/	好
8 层	S1	S2	G	S3	S4	P	S5	S6	/	/	差
8 层	S1	G	S2	S3	G	P	S4	S5	/	/	一般

（续）

层数	1	2	3	4	5	6	7	8	9	10	评价
8层	S1	G	S2	G	P	S3	G	S4	/	/	好
10层	S1	G	S2	S3	G	P	S4	S5	G	S6	

5.4.2 元件布局的基本规则

1）布局中应参考原理框图，根据单板的主信号流向规律安排主要元器件。按电路模块进行布局，实现同一功能的相关电路称为一个模块，电路模块中的元件应采用就近集中原则。

2）遵照"先大后小，先难后易"的布置原则，即重要的单元电路、核心元器件应当优先布局。

3）使数字电路和模拟电路分开，对于模拟信号和数字信号应尽量分块布局布线，不宜交叉或混在一起，对于其模拟地和数字地也应用磁珠或者或电阻进行隔离。

4）布局应尽量使关键信号线最短，总的连线尽可能短。对于 PCB 中的强辐射干扰源，如时钟电路、振荡器、数据线等强干扰信号，在其周围尽量禁空，尤其其底部禁止走线；且应远离板上的电源部分，以防止电源和时钟相互干扰。原则上使这些干扰强的器件靠得尽量近一些。

5）高低压之间隔离要充分。在许多印制线路板上同时有高压电路和低压电路，高压电路部分的元器件与低压部分要分隔开放置，隔离距离与要承受的耐压有关，通常情况下在2000kV 时板上要距离 2mm，在此之上以比例算还要加大，例如若要承受 3000V 的耐压测试，则高低压线路之间的距离应在 3.5mm 以上，许多情况下为避免爬电，还在印制线路板上的高低压之间开槽。

6）按照均匀分布、重心平衡、版面美观的标准优化布局。器件布局栅格的设置，一般IC 器件布局时，栅格应为 50～100mil，小型表面安装器件，如表面贴装元件布局时，栅格设置应不少于 25mil。

7）同类型插装元器件在 X 或 Y 方向上应朝一个方向防止同一种类型的有极性分立元件也要力争在 X 或 Y 方向上保持一致，便于生产和检验。

8）IC 去耦电容的布局要尽量靠近 IC 的电源管脚，并使之与电源和地之间形成的回路最短。

9）元件布局时，应适当考虑使用同一种电源的器件尽量放在一起，以便于将来的电源分割。

10）用于阻抗匹配目的阻容器件的布局，要根据其属性合理布置。串联匹配电阻的布局要靠近该信号的驱动端，距离一般不超过 500mil。匹配电阻、电容的布局一定要分清信号的源端和终端，对于多负载的终端匹配一定要在信号的最远端匹配。

11）表面贴装器件（SMD）相互间距离要大于 0.7mm。

12）表面贴装器件焊盘外侧同相邻插件外形边缘距离要大于 2mm。

13）定位孔、标准孔等非安装孔周围 1.27mm 内不得贴装元、器件，螺钉等安装孔周围3.5mm（对于 M2.5）、4mm（对于 M3）内不得贴装元器件。

14）卧装电阻、电感（插件）、电解电容等元件的下方避免布过孔，以免波峰焊后过孔与元件壳体短路。

15）元器件的外侧距板边的距离为 5mm。

16）BGA 与相邻元件的距离>5mm。有压接件的 PCB，压接的接插件周围 5mm 内不能有插装元器件，在焊接面其周围 5mm 内也不能有贴装元器件。

17）金属壳体元器件和金属件（屏蔽盒等）不能与其他元器件相碰，不能紧贴印制线、焊盘，其间距应大于 2mm。定位孔、紧固件安装孔、椭圆孔及板中其他方孔外侧距板边的尺寸大于 3mm。

18）发热元件不能紧邻导线和热敏元件；高热器件要均衡分布。

19）电源插座要尽量布置在印制板的四周，电源插座与其相连的汇流条接线端应布置在同侧。特别应注意不要把电源插座及其他焊接连接器布置在连接器之间，以利于这些插座、连接器的焊接及电源线缆设计和扎线。电源插座及焊接连接器的布置间距应考虑方便电源插拔。

20）贴片焊盘上不能有通孔，以免焊膏流失造成元件虚焊。重要信号线不准从插座脚间穿过。

21）贴片单边对齐，字符方向一致，封装方向一致。

22）有极性的器件在以同一板上的极性标示方向尽量保持一致。

23）用于阻抗匹配目的阻容器件的布局，要根据其属性合理布置。串联匹配电阻要靠近该信号的驱动端，距离一般不超过 500mil。匹配电阻、电容的布局一定要分清信号的源端与终端，对于多负载的终端匹配一定要在信号的最远端匹配。

24）应尽量使数字电路、时钟电路等远离 I/O 区域尽量对 I/O 区域的电源、信号线进行旁路、去耦等滤波。

25）元器件离板边缘的距离：可能的话所有的元器件均放置在离板的边缘 3mm 以外或至少大于板厚，这是由于在大批量生产的流水线插件和进行波峰焊时，要提供给导轨槽使用，同时也为了防止由于外形加工引起边缘部分的缺损。

26）印制线路板上的元器件放置的通常顺序：放置与结构有紧密配合的固定位置的元器件，如电源插座、指示灯、开关、连接件之类，这些器件放置好后用软件的 LOCK 功能将其锁定，使之以后不会被误移动；放置线路上的特殊元件和大的元器件，如发热元件、变压器、IC 等；放置小器件。

5.5　PCB 布线的基本规则

在 PCB 中，印制导线用来实现电路元件和器件之间的电气连接，是 PCB 中的重要组件。PCB 导线多为铜线，铜自身的物理特性也导致其在导电过程中必然存在一定的阻抗，导线中的电感成分会影响电压信号的传输，而电阻成分则会影响电流信号的传输，在高频线路中电感的影响尤为严重。因此，在 PCB 设计中必须注意和消除印制导线阻抗所带来的影响，另外导线之间由于互感或寄生电容会相互影响，闭合回路还可能会引发较为严重的射频干扰问题。因此 PCB 布线需要考虑众多因素，以避免布线不恰当引起一系列问题，下面对

PCB 布线的一般规则进行详细阐述：

1）画定布线区域距 PCB 板边≤1mm 的区域内，以及安装孔周围 1mm 内，禁止布线。

2）电源线尽可能的宽，不应低于 18mil；信号线宽不应低于 12mil；CPU 入出线不应低于 10mil（或 8mil）；线间距不低于 10mil。

3）正常过孔不低于 30mil。

4）注意电源线与地线应尽可能呈放射状，以及信号线不能出现回环走线。

5）地线回路规则：环路最小规则，即信号线与其回路构成的环面积要尽可能小，环面积越小，对外的辐射越少，接收外界的干扰也越小。

6）串扰控制：串扰是指 PCB 上不同网络之间因较长的平行布线引起的相互干扰，主要是由于平行线间的分布电容和分布电感的作用。克服串扰的主要措施是：①加大平行布线的间距，遵循 3W 规则；②在平行线间插入接地的隔离线。减小布线层与地平面的距离。

7）走线的方向控制规则：相邻层的走线方向成正交结构。避免将不同的信号线在相邻层走成同一方向，以减少不必要的层间串扰。

当由于板结构限制已避免出现该情况，特别是信号速率较高时，应考虑用地平面隔离各布线层，用地信号线隔离各信号线。作为电路的输入及输出用的印制导线应尽量避免相邻平行，以免发生串扰，在这些导线之间最好加接地线。单层板在关键信号线边上布一条地线，这条地线应尽量靠近信号线，减小对外辐射。双层板在线路板的另一面，紧靠近信号线的下面，沿着信号线布一条地线，地线尽量宽些。

在单层板与多层板的布线时，一些敏感的信号线需要进行特别关注。在单层板中，为了增加信号线之间的隔离性能，可以在这些信号线的旁边布局一地线，这样会使得信号线的干扰几乎全部耦合至地线中，而不会发射出去，如图 5-16 所示。

在双层板（见图 5-17）中也是类似的道理，可以在 PCB 另一层信号线的位置布局一地线，使得信号线的干扰耦合至地线中，而不会向外发射，从而加大了信号线之间的隔离，使 PCB 的电磁兼容性能得到一定的改善。

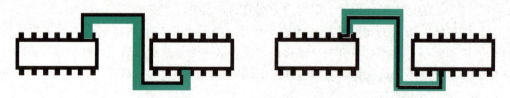

图 5-16　单层 PCB 布线　　　　　图 5-17　双层 PCB 布线

8）走线的开环检查规则：一般不允许出现一端浮空的布线，主要是为了避免产生"天线效应"，减少不必要的干扰辐射和接收，否则可能带来不可预知的结果。

9）阻抗匹配检查规则：同一网络的布线宽度应保持一致。

10）走线闭环检查规则：防止信号线在不同层之间形成自环。

11）走线的分枝长度控制规则：尽量控制分枝的长度，一般的要求是 $T_{delay} \leqslant T_{rise}/20$。

12）走线的谐振规则：主要针对高频信号设计而言，即布线长度不得与其波长成整数倍关系，以免产生谐振现象。

13）走线长度控制规则：即短线规则，在设计时应该尽量让布线长度尽量短，以减少由于走线过长带来的干扰问题，特别是一些重要信号线，如时钟线，务必将其振荡器放在离器件很近的地方。对驱动多个器件的情况，应根据具体情况决定采用何种网络拓扑结构。

14）倒角规则：PCB 设计中应避免产生锐角和直角，产生不必要的辐射，同时工艺性能也不好。

15）器件布局分区/分层规则（见图 5-18）：主要是为了防止不同工作频率的模块之间的互相干扰，同时尽量缩短高频部分的布线长度。通常将高频的部分布设在接口部分以减少布线长度。同时还要考虑到高/低频部分地平面的分割问题，通常采用将二者的地分割，再在接口处单点相接。

对混合电路，也有将模拟与数字电路分布布置在印制板的两面，分别使用不同的层布线，中间用地层隔离的方式。

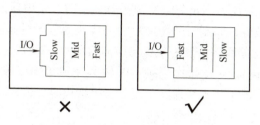

图 5-18　器件布局分区/分层示意图

16）孤立铜区控制规则：孤立铜区的出现，将带来一些不可预知的问题，通常需将孤立铜区接地或删除。

17）电源与地线层的完整性（见图 5-19）规则：对于导通孔密集的区域，要注意避免孔在电源和地层的挖空区域相互连接，形成对平面层的分割，从而破坏平面层的完整性，并进而导致信号线在地层的回路面积增大。

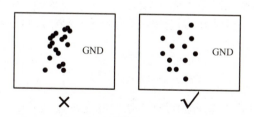

图 5-19　电源与地线层的完整性

18）重叠电源与地线层规划：不同电源层在空间上要避免重叠。

19）3W 规则（见图 5-20）：当两条印制线间距比较小时，两线之间会发生电磁串扰，串音会使有关电路功能失常。为了减少线间串扰，应保证导线间距足够大，当导线中心间距不少于 3 倍线宽（线条间距不小于 2 倍的印制线条宽度，即不小于 2W，W 为印制线路的宽度）

图 5-20　3W 规则示意图

时，则可保持 70% 的电场不互相串扰，如要达到 98% 的电场不互相干扰，可使用 10W 间距。在布线密度较低时，信号线的间距可适当地加大，对高、低电平悬殊的信号线应尽可能地短且加大间距。

20）印制导线的宽度：导线宽度应以能满足电气性能要求而又便于生产为宜，它的最小值以承受的电流大小而定，但最小不宜小于 0.2mm。在高密度、高精度的印制线路中，导线宽度和间距一般可取 0.3mm；导线宽度在大电流情况下还要考虑其温升，单面板实验表明，当铜箔厚度为 50μm、导线宽度 1~1.5mm、通过电流 2A 时，温升很小，因此一般选用 1~1.5mm 宽度导线就可能满足设计要求而不致引起温升；印制导线的公共地线应尽可能地粗，可能的话，使用大于 2~3mm 的线条，这点在带有微处理器的电路中尤为重要，因为当地线过细时，由于流过的电流的变化，地电位变动，微处理器定时信号的电平不稳，会使噪声容限劣化；在 DIP 封装的 IC 脚间走线，可应用 10-10 与 12-12 原则，即当两脚间通过 2 根线时，焊盘直径可设为 50mil、线宽与线距都为 10mil，当两脚间只通过 1 根线时，焊盘直径可设为 64mil、线宽与线距都为 12mil。

21）20H 规则：边缘效应需满足 20H 规则设计。具有一定电压的印制板都会向空间辐射电磁能量，为减小这个效应，印制板的物理尺寸都应该比靠近的接地板的物理尺寸小 20H，其中 H 是两个印制板面的间距。按照一般典型印制板尺寸，20H 一般为 3mm 左右。

22）五-五规则：印制板层数选择规则：时钟频率到 5MHz 或脉冲上升时间小于 5ns 时，一般须采用多层板，出于成本考虑，采用双层板结构时，最好将印制板的一面作为一个完整的地平面。

23）印制导线的屏蔽与接地：印制导线的公共地线，应尽量布置在印制线路板的边缘部分。在印制线路板上应尽可能多地保留铜箔做地线，这样得到的屏蔽效果，比一长条地线要好，传输线特性和屏蔽作用将得到改善，另外起到了减小分布电容的作用。印制导线的公共地线最好形成环路或网状，这是因为当在同一块板上有许多集成电路，特别是有耗电多的元件时，由于图形上的限制产生了接地电位差，从而引起噪声容限的降低，当做成回路时，接地电位差减小。另外，接地和电源的图形尽可能要与数据的流动方向平行，这是抑制噪声能力增强的秘诀；多层印制线路板可采取其中若干层作屏蔽层，电源层、地线层均可视为屏蔽层，一般地线层和电源层设计在多层印制线路板的内层，信号线设计在内层和外层。

5.6　本章小结

本章主要介绍了 PCB 电磁兼容的设计方法。首先，详细分析了 PCB 元件在高频下的非理想特性，这些特性对 PCB 的电磁兼容性能有重要影响，指出数字器件的高速边沿速率是射频干扰的主要原因，同时还探讨了 PCB 引线与电磁兼容的关系。其次，详细介绍了旁路电容和去耦电容在 PCB 设计中的应用及其选取原则。然后，分析了 PCB 中串扰的产生机理，并提出了抑制方法。最后，介绍了 PCB 设计时布局及布线的基本规则，以改善 PCB 的电磁兼容性能。通过对本章的学习，读者可以深入了解 PCB 的电磁兼容问题的产生机理和解决方法，从而更好地对 PCB 进行设计，避免出现 EMC 问题。

习　　题

1. PCB 元件在高频下的特性有哪些不同？请举例说明。
2. 为什么在考虑 EMC 问题时，应该尽可能选用慢速的器件？

3. 集成电路产生的射频干扰耦合到电路中导致电磁干扰时，应采取什么措施？

4. PCB 中的寄生电容如何化简为平板电容器电容？

5. 旁路电容和去耦电容在 PCB 设计中各有什么作用？

6. 并联去耦电容是如何工作以提高去耦效果的？

7. PCB 中的电源层和接地层如何起到去耦作用？一般作用于什么频段？

8. PCB 中串扰是如何产生的？典型类型有哪些？

9. PCB 板的层数与层叠顺序需要考虑哪些因素？多电源的电路板如何设计？

10. 为降低多层印制板电源平面的阻抗，可以采取什么措施？该措施为什么有效？

11. 为改善印制导线的屏蔽效果，其地线该如何布置？

第6章 电力电子装置电磁干扰的滤波技术

电力电子装置电磁干扰的滤波技术主要分为：EMI 滤波器和构造回流路径。本章首先介绍了插入损耗、源阻抗和负载阻抗含义及测试方法，并论述了基于这些信息设计 EMI 滤波器经典流程及优化方法。针对隔离型和非隔离型变换器，论述了回路构造思路的异同和具体的设计方法。实验案例验证了 EMI 滤波器设计和回路构造的有效性。

6.1 EMI 滤波器的重要参数和拓扑选择

6.1.1 EMI 滤波器插入损耗

插入损耗是衡量滤波器抑制特性的核心指标。插入损耗，顾名思义，器件插入后带来的干扰损耗。GB/T 7343—2017《无源 EMC 滤波器件抑制特性的测量方法》，规定了用于电源线、信号线以及其他线路中的无源 EMC 滤波器件抑制特性的测量方法，覆盖了从磁环、电容等单个元件到滤波器整体的全部 EMC 滤波器件。

插入损耗计算的标准测试方法是通过信号发生器模拟干扰输入和测量接收机测量插入滤波器件前后的输出电压来计算。首先是进行参考测量，将信号发生器与测量接收机直通连接，从接收机端的阻抗两端测得电压 V_1，如图 6-1a 所示；之后将待测滤波器接入测试电路中，再对接收机两端测得电压为 V_2，如图 6-1b 所示。则该滤波器的插入损耗 IL 为式（6-1），此即为定义式。

$$IL(\mathrm{dB}) = 20\lg \frac{V_1}{V_2} \qquad (6\text{-}1)$$

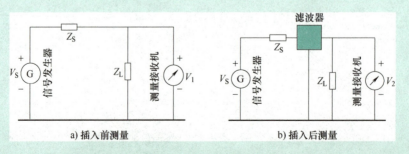

图 6-1　插入损耗标准测试规范

由于标准的测试规范是使用一个校准过的 50Ω 的信号源（$Z_S = 50\Omega$）和一个 50Ω（$Z_L = 50$）的接收机，则

$$V_1 = \frac{1}{2}V_S \tag{6-2}$$

标准测试中插入损耗可进一步计算为

$$IL(\text{dB}) = 20\lg \frac{V_S}{2V_2} \tag{6-3}$$

式中，V_S 为 50Ω 的信号发生器的开路电压。

在标准测试规范下，插入损耗的结果与 S 参数中 S21 幅值结果一致，也可以用网络分析仪测量插入损耗。

应当注意，标准规定的插入损耗均是在 50Ω 信号源和 50Ω 接收机情况下测得，这是为了确保不同产品有一致的测试方法，插入损耗结果可对比。然而当滤波器安装在实际电路中时，信号源（电路的干扰源）源阻抗 Z_S，接收机（受扰设备端口）阻抗 Z_L 都不一定是 50Ω，使得实际的插入损耗性能并不和标准的插入损耗相同。因此插入损耗性能会受到源阻抗和负载阻抗的显著影响，故应该根据这两个阻抗信息选择合适的滤波器拓扑来获取更大的插入损耗。插入损耗值越大，EMI 滤波器的抑制效果越好。

6.1.2　源阻抗和负载阻抗

EMI 滤波器的插入损耗受源阻抗和负载阻抗影响显著。源阻抗和负载阻抗是无源 EMI 滤波器设计的重要参考依据。下面介绍源、负载阻抗的定义。

共模噪声源阻抗是指当把两根直流输入电缆短接时，从短接点和参考地看进去的阻抗。差模噪声源阻抗是指当没有共模电流流过时，即参考地上没有电流流过时，从直流母线正负极间看入的阻抗，如图 6-2 所示。

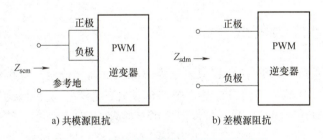

a) 共模源阻抗　　　　　　　b) 差模源阻抗

图 6-2　共模噪声源阻抗和差模噪声源阻抗

共差模负载阻抗的定义与源阻抗相似。对于共模负载阻抗，就是将 LISN 的正负短接后的对地阻抗，固定为两个 50Ω 并联，即 25Ω。对于差模负载阻抗，就是测量 LISN 的正负极阻抗，固定为两个 50Ω 串联，即 100Ω。不同类型变换器的负载阻抗相同，但源阻抗则差异较大，应着重分析后者。

6.1.3　EMI 滤波器的拓扑结构

EMI 滤波器的结构选型是 EMI 滤波器设计最为关键的一步，常见的 EMI 滤波器拓扑结构如图 6-3 所示。

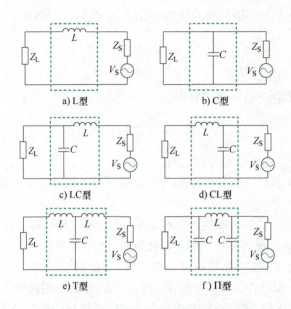

图 6-3　常见的单级 EMI 滤波器拓扑结构

最为常用的滤波器拓扑如图 6-3 所示。这些拓扑的基本原理都是相同的，即串联电感阻抗干扰，并联电容旁路干扰。其中，图 6-3a、b 中的 L 型和 C 型滤波器能够提供 20dB/dec 的插入损耗，图 6-3c、d 中的 LC 型和 CL 型滤波器能够提供 40dB/dec 的插入损耗，图 6-3e、f 中的 T 型和 Π 型滤波器能够提供 60dB/dec 的插入损耗。当需要更大的插入损耗时，可以通过串接多个上述滤波器实现。

EMI 滤波器拓扑的选择，最主要的是确定靠近干扰源侧选择电感还是电容。判断的依据是噪声源阻抗和阻抗失配原则，这将在 6.3.1 中更为详细的介绍。

6.2　噪声源阻抗的获取

由于负载阻抗通常由 LISN 决定，只剩下噪声源阻抗需要确定。噪声源阻抗对 EMI 滤波器，尤其是对共模 EMI 滤波器而言，是一个非常重要的参数，这是因为通常不同变换器的差模源阻抗接近，但是不同装置的共模源阻抗则有显著差别。

现有的源阻抗获取方式大致分为三类，不同方法的比较见表 6-1。

表 6-1　不同源阻抗测量方法比较

序号	方法	所需设备	复杂度	精度	测试状态
1	直接测量法	阻抗分析仪	低	高	离线
2	组合测量法	示波器或 EMI 接收机	中等	低	在线
3	注入信号法	网络分析仪	高	中等	在线/离线

第一类是直接测量法。根据电路理论中的诺顿定理/戴维南定理对源阻抗的定义，对系统单端口的共、差模等效模型干扰源（开关器件）进行置零处理，在逆变器不工作的情况

下对其等效源阻抗进行离线测量。同时，6.1.2 节中介绍源阻抗的定义时，利用已经建立的共差模 EMI 等效电路模型提取源阻抗，也可以归于此类定义法。

第二类是组合测量法，基于不同工况的端口电压电流（亦即变换器外部特性）实测数据，构造多组方程求解未知变量的思想对逆变器源阻抗进行数值计算，如"插入损耗法"。

第三类是注入信号法。向运行中的电路注入信号，再接收信号，分析注入信号强度的变化来计算信号经过的路径阻抗，如果要在线测量，需要信号强度大于设备发出的干扰强度。本节介绍的"双电流探头法"即为本类别。

6.2.1　源阻抗的直接测量方法

诺顿定理指出：含独立源的线性单口网络，就端口特性而言，可以将其等效为一个电流源和阻抗的并联形式。电流源的电流等于单口网络从外部短路时的端口电流；阻抗是单口网络内全部独立源为零值时所得网络的等效阻抗。

通过第 4 章的分析可知，在三相两电平逆变器中，三相下桥臂开关管两端的电压可被视为共模干扰源。所以要想获取行为模型的共模源阻抗，只需在离线状态下将三相下桥臂做短路处理，短路处理后在端口用阻抗分析仪或者网络分析仪测量输入阻抗，该阻抗即为逆变器共模行为模型的源阻抗。测量时，逆变器正、负母线短路，作为测量的正极，地平面作为测量的负极，具体测量操作示意图如图 6-4 所示。也应注意到，共模源阻抗主要由电容组成。

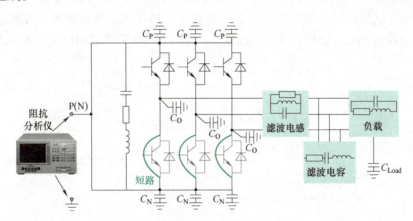

图 6-4　共模源阻抗的离线测量操作示意图

直流差模干扰的干扰源为母排上的差模电流，在获取差模行为模型源阻抗时需将电流源置为零值。由于在离线情况下开关管断开，因此电流源置为零的条件自动成立，所以在离线情况下直接测量逆变器正母线与负母线之间的输入阻抗即为差模源阻抗，操作如图 6-5 所示。此时，差模源阻抗主要由直流支撑电容决定，在 150kHz 及以上频段表现为寄生电感电阻参数。

这种基于实测阻抗的行为模型源阻抗提取方式，操作简单，准确度理论上取决于测量阻抗的仪器精度。由于采用阻抗分析仪实测的方法，因而准确度相较于目前广泛使用的计算方法要高一些。

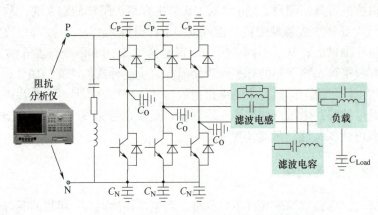

图 6-5 差模源阻抗的离线测量操作示意图

6.2.2 源阻抗的组合测量方法

"插入损耗法"是典型的组合测量方法，指在装置的干扰路径中加入特定的已知滤波器，包括在串联电感或者并联电容，根据滤波器加入前后的实测干扰减少程度（也就是实际插入损耗）和加入的滤波器的阻抗，列写方程，求得噪声源阻抗。通常会设置特殊的滤波器来使得方程求解简化。

测试共模源阻抗的组合工况见图 6-6，当在共模干扰回路中插入共模电感 Z_L 前后，插入损耗可以计算为式（6-4）。如果根据实测干扰获得了插损 IL，则此时可以反解出源阻抗如式（6-5）。要注意的是，此时计算均为线性域，不可将 DB 形式的插损代入表达式。

$$IL = \frac{I_{L1}}{I_{L2}} = \frac{Z_{SCM} + Z_{LISN} + Z_L}{Z_{SCM} + Z_{LISN}} = 1 + \frac{Z_L}{Z_{SCM} + Z_{LISN}} \tag{6-4}$$

$$|Z_{SCM} + Z_{LISN}| = \frac{Z_L}{|IL-1|} \tag{6-5}$$

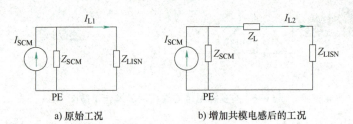

a) 原始工况   b) 增加共模电感后的工况

图 6-6 测试共模源阻抗的组合工况

为了估算共模噪声源阻抗，需要对上式作些简化。一般来说，加入共模电感后，插入损耗的绝对值通常远大于 1，而且在所需频率范围 150kHz~30MHz 内，共模噪声源阻抗比负载阻抗 Z_{LISN} 的 25Ω 要大得多，式（6-5）可以简化为下式（6-6），且电感阻抗 Z_L 越大，IL 越大，近似程度越高：

$$|Z_{SCM}| \approx \frac{Z_L}{|IL|} \tag{6-6}$$

下面介绍了一个案例，插入 0.8mH 的共模电感后，根据实测 LISN 电压变化计算插入损

耗 IL，再在不同的频率点用式（6-6）估算共模噪声源阻抗，其结果见表 6-2，用 MATLAB 对这些数据进行拟合，得到的曲线如图 6-7 所示，从该图可以看出，共模噪声源阻抗随着频率增大而减小，可以近似看作一个容性阻抗，这与 6.2.1 的分析是吻合的。

表 6-2　共模噪声源阻抗拟合曲线图

频率/Hz	300k	400k	500k	600k	700k	800k	1M	2M	3M
插入损耗/dB	5	10	14	16	19	21	24	32	38
电感阻抗/Ω	1507	2010	2512	3014	3517	4019	5024	10048	15072
源阻抗/Ω	848	636	501	478	394	358	317	252	190

差模源阻抗也采用类似的方法进行估计。考虑在直流输入侧并联一个电容，如图 6-8 所示，其差模插入损耗的准确表达式为

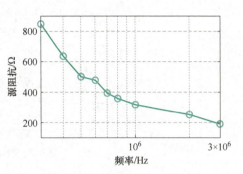

图 6-7　噪声源阻抗拟合曲线图

$$IL = \frac{I_{L1}}{I_{L2}} = \frac{\dfrac{Z_{SDM}}{Z_{SDM}+Z_{LISN}}}{\dfrac{Z_C Z_{SDM}}{Z_C Z_{SDM}+Z_C Z_{LISN}+Z_{LISN} Z_{SDM}}} \quad (6\text{-}7)$$

插入电容测量差模源阻抗还有个前提条件，差模源阻抗 Z_{SDM} 远小于差模 LISN 阻抗 Z_{LISN}。大部分情况是满足的，因为差模 LISN 阻抗为 100Ω，而差模源阻抗则由装置输入电容决定，阻抗很小。可将 Z_{LISN} 相加的 Z_{SDM} 全部略去，因此式（6-7）进一步化简为

$$IL \approx \left| 1 + \frac{Z_{SDM}}{Z_C} \right| \quad (6\text{-}8)$$

当插入损耗远大于 1 时，可进一步近似用式（6-9）估计差模噪声源阻抗。这个条件很容易达到，只需要电容阻抗 Z_C 远小于差模源阻抗 Z_{SDM} 即可。此时的插入损耗和电容的阻抗都是已知的，差模噪声源阻抗就得到了。计算流程与共模源阻抗提取方法类似。

应指出，组合测量法中提到了的并联电容法和串联电感法都可以适用于共差模源阻抗的获取，只是应该注意所插入的元件能够满足近似条件。

$$|Z_{SDM}| \approx |Z_C| \times |IL| \quad (6\text{-}9)$$

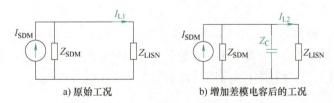

a) 原始工况　　　　　　b) 增加差模电容后的工况

图 6-8　计算差模源阻抗的组合工况

6.2.3　源阻抗的注入测量法

双电流探头法是典型的注入测量法，该方法通过使用一个电流探头经磁耦合向电路注入扫频信号，然后使用另外一个电流探头接收电路中的该信号并使用频谱仪测量电压。注入的

激励源电压只有一部分被频谱仪接收到，另一部分被电路阻抗分担，因此注入和接收的电压比隐藏了电路阻抗信息。注入和接收的过程也可以用同时包含信号源和接收机的网络分析仪一并完成。具体原理如下：双电流探头法所使用的仪器有频谱仪、信号发生器、注入电流探头、接收电流探头，实验原理如图 6-9 所示。有时会需要已知耦合电容来旁路外部未知阻抗对测量的影响，避免所测回路未知量太多。

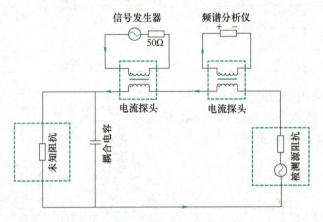

图 6-9　双电流探头法测量原理图

注入电流探头钳在导线上，其等效模型为匝数比为 $N:1$ 的互感器，如图 6-10 所示。其中，Z_S 和 V_S 分别表示信号发生器的输出阻抗和输出电压，L_P 为电流探头的自感，L_W 为导线自感，M 为电流探头与导线之间的互感，I_P 为注入电流，I_W 为感应电流。V_W 为导线接收到的感应电压。对于图 6-10 所示的感应耦合回路可以利用基尔霍夫电压定律列出方程。

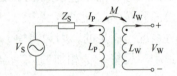

图 6-10　注入电流探头等效电路

$$V_W = \frac{-j\omega M}{Z_S + j\omega L_P} V_S + \left(j\omega L_W + \frac{(\omega M)^2}{Z_S} + j\omega L_P \right) I_W \qquad (6\text{-}10)$$

令

$$V_{M1} = \frac{-j\omega M}{Z_S + j\omega L_P} V_S,\ Z_{M1} = -\left(j\omega L_W + \frac{(\omega M)^2}{Z_S} + j\omega L_P \right) \qquad (6\text{-}11)$$

故：

$$V_W = V_{M1} - Z_{M1} I_W \qquad (6\text{-}12)$$

从方程（3-11）可以看出，注入电流探头可以等效成一个电压源 V_{M1} 和一个内阻抗 Z_{M1} 的串联。同理，接收电流探头钳在导线上，其等效模型为匝数比为 $N:1$ 的互感器，如图 6-11 所示。对于图 6-11 所示的感应耦合回路通过基尔霍夫电压定律可得

$$I_W = \frac{V_R}{Z_R \left(\dfrac{j\omega M}{Z_R + j\omega L_R} \right)} \qquad (6\text{-}13)$$

令

$$Z_{M2} = Z_R \left(\frac{j\omega M}{Z_R + j\omega L_R} \right) \qquad (6\text{-}14)$$

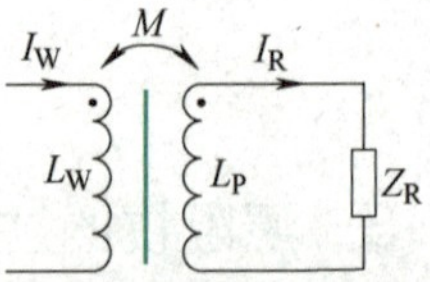

图 6-11　接收电流
探头等效回路

有

$$I_W = \frac{V_R}{Z_{M2}} \tag{6-15}$$

由以上公式，可以将整个测试电路均等效到互感器导线 L_W 一侧，可合并成如图 6-12 所示的等效电路。其中，Z_C 为耦合电容的阻抗。

根据图 6-12 可以求出噪声源阻抗 Z_X 的表达式为

令

$$K = -\frac{j\omega M}{Z_S + j\omega L_P}, Z_{SUM} = Z_{M1} + Z_{M2} + Z_C \tag{6-16}$$

公式可以简化为

$$Z_X = K\frac{V_{M1}}{V_R} - Z_{SUM} \tag{6-17}$$

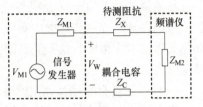

图 6-12　双电流探头法等效电路

当频率保持不变时，公式各项均为常量，其中，V_R 由接收电流探头测量而来。为获取 KV_{M1} 和 Z_{SUM}，就是测量两次已知的 Z_X 和 V_R，此时代入上式可以得到两组二元一次方程，解得两个未知变量。因此，测量未知的 Z_X 时，KV_{M1}、Z_{SUM} 是已知的，V_R 是已测得的，可以使用他们计算 Z_X。

6.3　电力电子装置的电磁干扰滤波器设计方法

为了使电力电子设备发出的电磁干扰在标准的限定值以下，使用电感、电容等滤波器件组成的无源 EMI 滤波器对电磁干扰进行抑制，是目前最有效的方式。本节详细介绍 EMI 滤波器设计理论，并通过一个案例完整论述了共差模滤波器拓扑和参数的计算流程；然后介绍了 EMI 滤波器中电感的体积优化；最后分析了 EMI 滤波器中的关键寄生耦合参数和耦合对消策略。

6.3.1　EMI 滤波器设计理论

EMI 滤波器按照作用对象的不同可以分为共模 EMI 滤波器和差模 EMI 滤波器。两种 EMI 滤波器在实际设计中需要分别独立进行设计并组装为一个整体。共模和差模 EMI 滤波器的设计流程基本相同，其主要设计流程如图 6-13 所示。

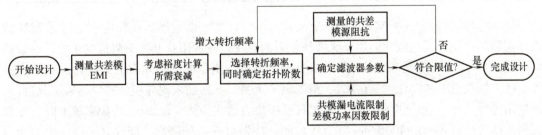

图 6-13　EMI 滤波器设计流程

（1）测量共差模 EMI

按标准测试得到的干扰频谱是同时包含共差模的合成 EMI。但由于共模 EMI 滤波器仅能对共模 EMI 起作用，差模 EMI 滤波器仅能对差模 EMI 起作用，必须将二者分离针对性的设计对应的 EMI 滤波器。通常分离方法为两类：①使用共差模分离器，将 LISN 电压进行硬件电路级的相加或者相减，然后被 EMI 接收机分别测量共差模 EMI；②利用示波器两个通道同时测量 LISN 电压，进行采样后的软件级相加或者相减，获得共差模 EMI。

（2）考虑裕度计算所需衰减

将测量的共差模干扰分别与限值做减法，确定滤波器所需的衰减量，也可称为插入损耗。应当注意，在一些标准中需要通过多个限值，此时要选择最大的衰减量。另外所需衰减还需要考虑一定裕度，这一般是因为实际元件要考虑参数值波动和共差模 EMI 要考虑合成效应。

（3）选择转折频率，确定滤波器阶数

图 6-14 以 n 阶 LC 滤波器为例展示了转折频率的计算过程，n 阶 LC 滤波器理想情况下的插入损耗为 $20n\,\mathrm{dB/dec}$，因此选择一条与所需衰减频谱刚好相切的直线作为 n 阶 LC 滤波器的插入损耗曲线，其与横坐标的交点则为 n 阶 LC 滤波器的转折频率 $f_{c,n}$。如果转折频率过低，则可以增加滤波器阶数。

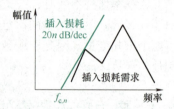

图 6-14　LC 型 EMI 滤波器转折频率示意图

表 6-3 列出了三类最常用的 EMI 滤波器的转折频率。表中首先列出了 EMI 滤波器的拓扑结构，然后列出了满足阻抗失配原则后的滤波器简化拓扑，最后根据简化拓扑可得到转折频率。应注意 CL 滤波器和 LC 滤波器转折频率一致。其中负载阻抗 Z_L 对于差模滤波器设计是 100Ω，对共模滤波器设计是 25Ω。下面推导其解析式，阐明机理，按照类似思路能计算各种拓扑 EMI 滤波器的转折频率。

表 6-3　LC、T、π 三种典型拓扑截止频率

拓扑	LC	T	π
简化电路			
转折频率 f_c	$\dfrac{1}{2\pi}\dfrac{1}{\sqrt{LC}}$	$\dfrac{1}{2\pi}\sqrt[3]{\dfrac{Z_L}{L^2 C}}$	$\dfrac{1}{2\pi}\sqrt[3]{\dfrac{1}{LC^2 Z_L}}$

LC 滤波器的转折频率推导。根据定义式（6-1），滤波器的插入损耗应该是有无 EMI 滤波器前后的电压比或电流比。由于无源滤波器的电压是随源阻抗和负载阻抗变化的，尽管负载阻抗 LISN 不变，但是源阻抗差异较大，因此不适合衡量滤波器固有的滤波特性和转折频率。插入损耗进一步简化为（6-18），与源阻抗无关。下面插入损耗表达式中均采用此近似，故使用等号"="。根据电路理论，可以计算插损表达式为式（6-19），当频率较大时，亦即插损曲线已经进入稳定 40dB/dec 的直线区间，插损可进一步简化，即式（6-19）中的约等于过程。当简化插损为 1 时，即为转折频率定义，此时计算得到 LC 滤波器的插入损耗为

$$IL = \frac{V_{\text{without\_filter}}}{V_{\text{with\_filter}}} \approx \frac{V_S}{V_{\text{out}}} \tag{6-18}$$

$$IL_{LC} = |\,1-\omega^2LC\,| \approx \omega^2LC \tag{6-19}$$

$$IL_{LC} = 1 \Rightarrow f_{c,LC} = \frac{1}{2\pi\sqrt{LC}} \tag{6-20}$$

T 滤波器的转折频率推导。插损的计算及进一步化简为式（6-21）。简化的依据依然是，当插损曲线处于稳定的 60dB/dec 的直线区间，仅保留最高次项，并基于简化后的插损式计算转折频率，如式（6-22）。

$$IL_T = \left|\frac{Z_L+j\omega L-\omega^2LCZ_L-j\omega^3L^2C}{Z_L}\right| \approx \frac{\omega^3L^2C}{Z_L} \tag{6-21}$$

$$IL_T = 1 \Rightarrow f_{c,T} = \frac{1}{2\pi}\sqrt[3]{\frac{Z_L}{L^2C}} \tag{6-22}$$

π 滤波器的转折频率推导类似，不再赘述，推导过程为

$$IL_\pi = \frac{I_{out}}{I_S} = |\,1-j\omega CZ_L-\omega^2LC+j\omega^3LC^2Z_L\,| \approx \omega^3LC^2Z_L \tag{6-23}$$

$$IL_\pi = 1 \Rightarrow f_{c,\pi} = \frac{1}{2\pi}\sqrt[3]{\frac{1}{LC^2Z_L}} \tag{6-24}$$

（4）计算滤波器参数

根据截止频率，此时只需要确定一个滤波器元件参数，即可根据截止频率求出另一个元件参数。如果滤波器是多阶，研究表明当每个电感和电容参数分别相等时，滤波器插入损耗最大，此时仍然仅有两个未知的元件参数。一般基于阻抗失配原则确定滤波器第一阶元件参数。阻抗失配是指 EMI 滤波器的输入阻抗要和电力电子装置源阻抗差别很大，输出阻抗要和 LISN 阻抗差别很大。以源阻抗为例说明，如果源阻抗是高阻抗，则滤波器第一阶选择并联低阻抗电容从而旁路干扰电流。如果源阻抗是低阻抗，则滤波器第一阶串联大阻抗电感以阻隔更多的干扰电压。这里源阻抗和输入阻抗的差别比一般选做十倍。因此，当源阻抗已知时，第一阶元件参数得以确定。其次，基于漏电流和功率因数要求限制电容参数。共模电容的大小受到产品漏电流的限制，漏电流的限制与产品种类和功率大小密切相关，一般而言功率越大，漏电流可以越大，共模电容也可以越大。差模电容的大小受到功率因数的限制。一般并网变换器的额度功率因数应当大于 0.98。

6.3.2　EMI 滤波器设计案例

下面通过一个案例详细介绍 EMI 滤波器设计流程。某型产品的传导电磁干扰测试频谱如图 6-15 所示。根据 6.2 中的源阻抗获取方法得到的共差模源阻抗如图 6-16 所示。

根据测量的准峰值平均值共差模电压计算所需衰减，如下式。考虑到制造时元件参数有波动范围，通常设备要满足 6dB 的限值裕度。再考虑到共差模干扰可能相互累加造成合成的总 EMI 超标，还需要额外增加 6dB 衰减。

$$\begin{cases} A_{QPCM} = U_{QPCM} - U_{QPlim} + 6 + 6 \\ A_{AVGCM} = U_{AVGCM} - U_{AVGlim} + 6 + 6 \\ A_{QPDM} = U_{QPDM} - U_{QPlim} + 6 + 6 \\ A_{AVGDM} = U_{AVGDM} - U_{AVGlim} + 6 + 6 \end{cases} \tag{6-25}$$

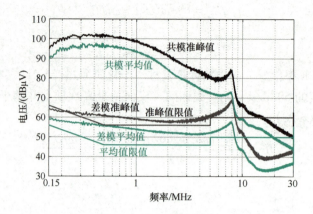

图 6-15　某型产品的传导电磁干扰测试频谱

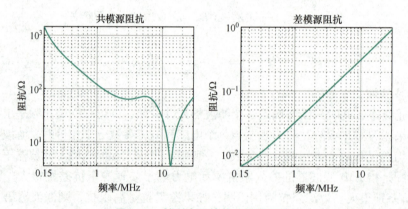

图 6-16　某型产品的共差模源阻抗

　　如图 6-17 所示，将计算得到的共模所需衰减与两级滤波器的 40dB/dec 的直线相切，得到共模 EMI 滤波器的转折频率要求，为 8.5kHz。平均值和准峰值衰减需求应该取较大者。

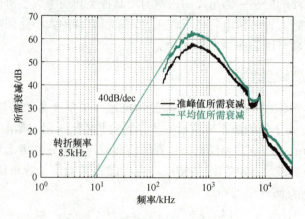

图 6-17　共模滤波器所需的转折频率

　　共模方案 1：若是靠近电力电子装备侧第一级采用共模电感，为满足阻抗失配，电感阻抗应远大于共模源阻抗，即是共模源阻抗的十倍以上。优先满足低频段 150kHz 阻抗失配要求。

$$\begin{cases} L_{\text{CMneed}} = \dfrac{Z_{\text{CM150kHz}}}{2\pi f} \times 10 = 15.\,4\text{mH} \\[3mm] C_{\text{CMneed}} = \dfrac{1}{4\pi^2 f_c^2 L_{\text{CMneed}}} = 22.\,7\text{nF} \end{cases} \tag{6-26}$$

共模方案 2：若是靠近电力电子装备侧采用共模电容，为满足阻抗失配，电容阻抗应该远小于共模源阻抗，即是共模源阻抗的十分之一更小。优先满足低频段 150kHz 阻抗失配要求。

$$\begin{cases} C_{\text{CMneed}} = \dfrac{1}{2\pi f \times Z_{\text{CM150kHz}}} \times 10 = 7.\,3\text{nF} \\[3mm] L_{\text{CMneed}} = \dfrac{1}{4\pi^2 f_c^2 C_{\text{CM}}} = 48\text{mH} \end{cases} \tag{6-27}$$

下面计算漏电流限制决定的最大共模电容。根据 GB 4706.1—2005《家用和类似用途电器的安全 第 1 部分：通用要求》，本产品应参照 I 类便携式器具的 0.75mA 漏电流要求 I_{CMlim}，则 Y 电容限制如下式，这里 U 为单相电网额定电压 220V，频率 f 是电网频率 50Hz，并且标准要求单相器具的漏电流测试电压为额定电压的 1.06 倍。

$$C_{\text{CMlim}} = \dfrac{I_{\text{CMlim}}}{1.\,06U \times 2\pi f} = 10.\,2\text{nF} \tag{6-28}$$

共模方案 1 若需满足漏电流要求，则还需要进一步减小共模电容，并同时增大共模电感感量，保证转折频率满足要求。这里，可选择已满足要求的方案 2，共模电容可选择两个 4.7nF 电容，共模电感选择两个 25mH 锰锌电感串联。应该注意到，由于所选择的共模电容、电感均满足共模源阻抗失配要求，二者可以交换位置。电感电容交换位置后亦即对应改进后的方案 1。

如图 6-18 所示，将计算得到的差模所需衰减与两级滤波器的 40dB/dec 的直线相切，得到差模 EMI 滤波器的转折频率要求，为 60kHz。平均值和准峰值衰减需求应该取较大者，应该注意由于图 6-17 和图 6-18 中纵坐标刻度不同，40dB/dec 斜线的倾角并不相同。

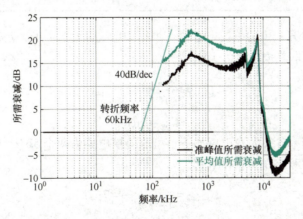

图 6-18　差模所需的转折频率

差模方案 1：若是靠近电力电子装备侧第一级采用差模电感，为满足阻抗失配，电感阻抗应远大于差模源阻抗，即是差模源阻抗的十倍以上。优先满足低频段 150kHz 阻抗失配要求。此处 $f = 150\text{kHz}$，f_c 为 60kHz。

$$\begin{cases} L_{\text{DMneed}} = L_{\text{need}} = \dfrac{Z_{\text{DM150kHz}}}{2\pi f} \times 10 = 68\text{nH} \\ C_{\text{DMneed}} = \dfrac{1}{4\pi^2 f_c^2 L_{\text{DM}}} = 103\,\mu\text{F} \end{cases} \tag{6-29}$$

差模方案 2：若是靠近电力电子装备侧采用差模电容，为满足阻抗失配，电容阻抗应该远小于差模源阻抗，即是差模源阻抗的十分之一更小。优先满足低频段 150kHz 阻抗失配要求。但是可以看到此时源阻抗失配已经相当难满足，因为差模源阻抗实在太小。

$$\begin{cases} C_{\text{DMneed}} = \dfrac{1}{2\pi f \times Z_{\text{DM150kHz}}} \times 10 = 1.65\text{mF} \\ L_{\text{DMneed}} = \dfrac{1}{4\pi^2 f_c^2 C_{\text{DMneed}}} = 4.27\text{nH} \end{cases} \tag{6-30}$$

下面计算两种方案的差模滤波器是否能达到 0.98 功率因数的要求。其中电压有效值为 220V，额定功率为 1kW。因此最大无功只能是 20var。根据下式，计算了两种方案的无功（见表 6-4）。两方案均不满足无功要求，而且大部分的无功都是由电容产生，因此必须对电容容值加以限制。这是因为本产品的额定电流较小，对于额定电流更大的电力电子装置，电感可能产生更大的无功。应注意，差模方案 2 中为满足阻抗失配，差模电容只能更大，这产生更多无功，方案 2 被淘汰。

$$Q_{\text{EMIfilter}} = |Q_C - Q_L| = \left| 2\pi f C_{\text{DM}} U^2 - \left(\frac{P}{U} \right)^2 \times 2\pi f L_{\text{DM}} \right| \tag{6-31}$$

表 6-4　差模滤波器方案的无功计算结果

差模方案	无功类别		
	电容无功	电感无功	滤波器无功
方案 1	−j1565	j4.4e^{-4}	−j1565
方案 2	−j25035	j1.6e^{-4}	−j25035

下面调整差模方案 1 中的差模电容值。根据 20var 的无功要求，差模电容最大需满足下式，即 1.315μF。可取差模电容为 1μF。

$$C_{\text{lim}} = \frac{Q_{\text{lim}}}{2\pi f U^2} = 1.315\,\mu\text{F} \tag{6-32}$$

$$C_{\text{DM}} = 1\,\mu\text{F} \tag{6-33}$$

此时根据转折频率计算差模电感如下，可取差模电感为两个 5μH 串联，总共 10μH。或者可以将共模电感的漏感作为差模电感。

$$L_{\text{DMneed}} = \frac{1}{4\pi^2 f_c^2 C_{\text{DM}}} = 7\,\mu\text{H} \tag{6-34}$$

至此，完成了共差模 EMI 滤波器设计，其参数如图 6-19 所示。产品增加 EMI 滤波器后的测试频谱如图 6-20 所示。

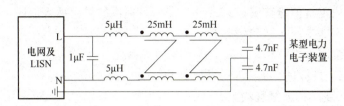

图 6-19 设计的 EMI 滤波器原理图

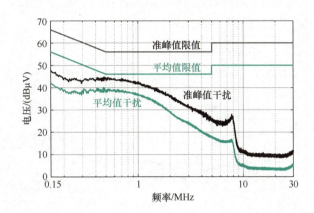

图 6-20 采用设计的 EMI 滤波器后的测试频谱

6.3.3 基于体积目标优化的 EMI 滤波器设计

高功率密度一直都是产品的发展趋势，但 EMI 滤波器通常会在电力电子装置中占用近 25% 的体积，因此需要优化 EMI 滤波器的体积。又由于共模 EMI 通常比差模 EMI 大得多，所需衰减大，共模 EMI 滤波器比差模 EMI 滤波器尺寸更大，因此大功率 EMI 滤波器中体积最大的主要是共模电感，本节讨论共模电感的体积最优设计。开展体积优化的 EMI 滤波器设计案例为三相并网逆变器。环形磁芯既能最大程度地节省电感的空间结构，又能保证三相对称，在三相共模电感的制作中被普遍采用。本节以环形共模电感的空间体积为目标函数，考虑插入损耗、磁饱和及线径尺寸约束，将共模电感的参数设计问题转化为多约束条件下的最优目标函数求解问题，从而对电感的外径 D、内径 d、高度 h 以及绕制匝数 N 等自变量进行最优值求解。

与 6.3.1 和 6.3.2 中基于转折频率的 EMI 滤波器设计流程不同的是，为了考虑电感的体积最小化，此时需要额外考虑磁芯磁导率的频变特性和磁芯的饱和特性。这是因为：①并不是磁导率越高，电感体积越小。磁导率的频变特性导致高磁导率和高频高阻抗之间是矛盾的；②磁芯的饱和与磁芯体积密切相关，磁芯的体积越小越容易饱和。

对于图 6-21 所示的环形磁芯，共模电感体积 V 由其外径和高度决定，该最优问题的目标函数可表示为

$$V = \pi (D/2)^2 h \tag{6-35}$$

该式即为待求解最优问题的目标函数。同时，工程中对三相共模电感的设计还需满足以下要求：

图 6-21 环形磁芯外形图

1）共模电感的阻抗值能够满足 EMI 滤波器所需提供的最小插入损耗。

2）共模电感不能工作在饱和状态下。

3）共模电感绕制的匝数和导线线径满足几何关系。

接下来对这三个指标进行进一步分析和探讨。

1. 考虑阻抗频变的插入损耗约束

（1）获取源阻抗和所需插入损耗

源阻抗的获取在 6.2 节中已有阐述。所需插入损耗 IL_{min} 如图 6-22 所示。其计算方法与 6.3.1 中所述相同。IL_{min} 是实测电压与图示限值相减得到。

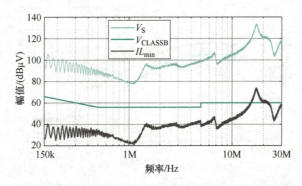

图 6-22 IL_{min} 频谱图

（2）计算共模电感所需最小阻抗

大功率三相逆变器的漏电流限制较大，可以选择含两级电容的 π 型滤波器，此时所需电感的感量比 LC 滤波器小。电路接入 π 型 EMI 滤波器后，等效电路及负载 LISN 的分压表达式如式（6-36）所示，各变量参数如图 6-23 所示。

$$\frac{V_{LISN}}{V_S}=\frac{Z_{LISN}//Z_{C2}}{Z_{LISN}//Z_{C2}+Z_{LCM}}\times\frac{(Z_{LISN}//Z_{C2}+Z_{LCM}CM)//Z_{C1}}{(Z_{LISN}//Z_{C2}+Z_{LCM})//Z_{C1}+Z_S} \tag{6-36}$$

由于逆变器的漏电流限制，Y 电容最大值只能取两组 68nF，则电路中 $Z_C(Z_{C1}、Z_{C1})$ 已经确定。因此根据所需衰减 IL_{min}，即可求解出 Z_{LCM} 在每个频点的最小阻抗值。

（3）联立共模电感的电气参数与结构参数

步骤（2）中对 Z_L 的求解过程基于等效电路中共模电感的分压比，求解的结果是随频率变化的共模电感阻

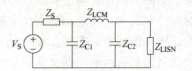

图 6-23 接入 π 型 EMI 滤波器
等效电路图

抗幅值，为电气参数。为得到共模电感体积的最优解，应当构造电感的电气参数 Z_L 与结构参数的函数关系。研究表明，N 匝磁环的阻抗和尺寸满足下式，其中 μ_r''，μ_r' 分别为相对复数磁导率的实部和虚部。

$$Z_L=\omega N^2\frac{\mu_0}{2\pi}h\ln\frac{D}{d}(\mu_r''+j\mu_r') \tag{6-37}$$

因此，联立插入损耗需求 IL_{min}、共模电感阻抗和共模电感尺寸的表达式，可以得到插入损耗和电感尺寸的约束式子：

$$f(N,D,d,h)\geqslant IL_{min} \tag{6-38}$$

2. 共模电感磁饱和约束

电感饱和会增大磁芯的迟滞损耗，使共模电感发热升温，甚至导致共模电感失效。由法拉第电磁感应定律可知，共模电感两端的电压 u_L 与磁通密度 B 之间满足

$$NS_e \frac{\mathrm{d}B}{\mathrm{d}t} = u_L \tag{6-39}$$

式中，N 为电感绕制匝数；S_e 为磁芯的等效横截面积。

对式（6-39）两边进行积分，积分范围对于磁通是从 $-B$ 到 B，对于时间是半个共模电压周期，这是因为磁通在共模电压正半周期中从 $-B$ 增强到了 B，在共模电压负半周期从 B 减小到了 $-B$。

$$\int_{-B}^{B} NS_e \mathrm{d}B = \int_0^{\frac{T}{2}} u_L \mathrm{d}t \tag{6-40}$$

从而可得磁通密度 B 与电感两端共模电压 u_L 的换算关系为

$$B = \frac{\int_0^{\frac{T}{2}} u_L \mathrm{d}t}{2NS_e} \tag{6-41}$$

式（6-41）表明，共模电感磁芯的磁通密度 B 与两端共模电压 u_L 在半个共模信号周期内的积分成正比，与匝数 N、等效横截面积 S_e 成反比。共模电压幅值越大、在半个周期内的脉宽占比越大，则磁芯越容易饱和。

共模电感两端电压 u_L 的时域积分比较复杂，采取简化。当系统接入 π 型共模 EMI 滤波器时，无论元件 C_1、C_2、L_{CM} 如何取值，Z_{LCM} 两端的电压幅值总是小于 Z_{C1} 两端的电压幅值，因此将电容组 C_1 上的共模电压积分作为磁芯饱和的判断依据：

$$\int_0^{\frac{T}{2}} u_L \mathrm{d}t \leqslant \int_0^{\frac{T}{2}} u_{C1} \mathrm{d}t \tag{6-42}$$

利用示波器实测 C_1 上的共模电压，在半个工频周期内对所测数据进行积分计算，即可得到正半周期电感阻抗 Z_L 上的伏秒积数值，假设材料磁滞曲线的非线性裕量为 0.9，磁芯最大的磁通密度为 B_{max}，则共模电感的磁饱和约束可以表示为

$$B = \frac{\int_0^{\frac{T}{2}} u_L \mathrm{d}t}{2NS_e} \leqslant \frac{\int_0^{\frac{T}{2}} u_{C1} \mathrm{d}t}{2NS_e} \leqslant 0.9 B_{max} \tag{6-43}$$

3. 线径与尺寸约束

三相共模电感通常采用图 6-16 的对称绕制模式，A、B、C 三相每一相绕组分别占据磁芯的 120° 扇形区域，绕组匝数沿磁芯均匀分布。假设共模电流流过三相线路的分量大小、方向均相同，则产生的磁通在磁芯内相互叠加，呈现高阻抗状态，对共模干扰起抑制作用。

对于本文研究系统，交流侧最大额定输出功率为 $P_e = 40\mathrm{kW}$，取电网功率因数 $\cos\varphi = 0.9$，则每相的额定电流为

$$I_e = 40\mathrm{kW}/3/220\mathrm{V}/0.9 \approx 67.34\mathrm{A} \tag{6-44}$$

因此本文取一定裕量，采用三股 $2.5\mathrm{mm}^2$ 的漆包线并绕的方式进行绕制。经过实际测量，三股漆包线及其绝缘层的总直径约为 6mm。

此外，线径 r 与磁环的内径 d 还应满足实际物理结构的约束。如图 6-24 所示，假设每一相的绕组匝数为 N，则 N 与绕组线径、磁环内径 d 必须满足尺寸约束式

$$3Nr < \pi d \tag{6-45}$$

常见磁环各尺寸参数的取值范围如式（6-46）所示。考虑磁环结构的稳定性，外径 D、内径 d、高度 h 还应满足一定的大小关系。

$$\begin{cases} 4\text{mm} \leqslant D \leqslant 160\text{mm} \\ 1.6\text{mm} \leqslant d \leqslant 25\text{mm} \\ 1.5\text{mm} \leqslant h \leqslant 25\text{mm} \\ D-d \geqslant h/2 \end{cases} \tag{6-46}$$

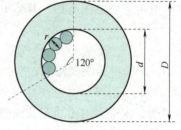

图 6-24　导线线径与磁环
尺寸示意图

将插入损耗约束、磁饱和约束、线径与尺寸约束整理为式（6-47），结合式（4-7）列写的目标函数，即为非线性约束多变量最优值问题的输入。

$$\begin{cases} f(N,D,d,h) \geqslant IL_{\min} \\ \dfrac{\int_0^{\frac{T}{2}} u_{\mathrm{L}} \mathrm{d}t}{2NS_e} \leqslant 0.9B_{\max} \\ 3Nr < \pi d \\ 4\text{mm} \leqslant D \leqslant 160\text{mm} \\ 1.6\text{mm} \leqslant d \leqslant 133\text{mm} \\ 1.5\text{mm} \leqslant h \leqslant 50\text{mm} \\ N \geqslant 1 \end{cases} \tag{6-47}$$

本设计利用 MATLAB 中的 fmincon 函数对该最小值问题进行求解。计算时，选取两种锰锌材料、一种镍锌材料，对 π 型拓扑的共模电感最小体积分别求解，得到表 6-5 所示的结果。

观察锰锌材料与镍锌材料的计算结果可以发现，采用初始磁导率较大的 ZN100，求解出的共模电感尺寸非常大。这是由于镍锌材料初始磁导率数值过小，在低频段无法满足插入损耗要求。再观察两种锰锌材料，本文挑选的两种锰锌材料型号分别为 Z5K（$\mu_{\text{initial}} = 5000$）、Z7K（$\mu_{\text{initial}} = 7000$）。选用 Z5K 的最优电感体积大于 Z7K 的最优体积。这是由于当选用 Z5K 绕制电感时，其初始磁导率的数值虽然比镍锌材料大，但仍小于 Z7K，对低频干扰的抑制能力没有 Z7K 强，因而只能通过增大磁芯体积来达到和 Z7K 相同的衰减效果。因此本文选用锰锌材料 Z7K 进行共模电感的绕制。

表 6-5　不同材料的电感体积最优值求解结果

材料	D/mm	d/mm	h/mm	N	V/mm³
Z5K	57.6	34.9	25.6	5.2	66778
Z7K	54.8	33.0	19.4	4.9	45890
ZN100	82.1	49.8	31.8	10.4	168186

为使共模电感的设计满足衰减要求，本文综合计算结果与市面上可获取的磁环规格，最终选用 π 型拓扑，共模电感的磁芯选用型号为 Z7K 的锰锌磁环，每相绕制匝数 $N=5$，各个自变量及共模电感最终体积见表 6-6。

表 6-6　最终选取的最优电感参数

D/mm	d/mm	h/mm	N	V/mm^3
60	36	20	5	56520

6.3.4　EMI 滤波器中的耦合效应分析与优化

按照规范流程设计的 EMI 滤波器可能 MHz 级性能不如预期。例如，使用网络分析仪测量 EMI 滤波器的实际插入损耗，仿真的预期插入损耗和实测出现了较大差距，如图 6-25 所示。可以看出，在低频段，仿真结果和实测较为接近，但在高频段，整体仿真结果与实测相差甚远。导致差异的原因正是滤波器各器件之间的近场耦合效应。因此有必要对这种耦合效应进行削弱以优化 EMI 滤波器性能。一般地，低阶 LC 或者 CL 滤波器的插入损耗受耦合效应影响较弱，π 型等多阶滤波器的插损受影响严重，下面以 π 型滤波器为例进行分析。

图 6-26 中展示了考虑各类耦合参数的 π 型滤波器模型，其中 ESL_1、ESL_2 为电容 C_1、C_2 自身的寄生电感，ESR_1、ESR_2 为电容 C_1、C_2 的寄生电阻，M_1、M_2 为共模电感与走线之间的互感，M_3、M_4 为共模电感与 ESL_1、ESL_2 之间的互感，M_5 为电容 C_1、C_2 之间的互感，M_6 为走线 L_{S1}、L_{S2} 之间的互感。

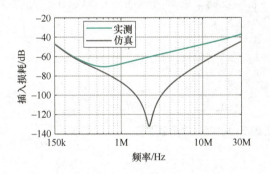

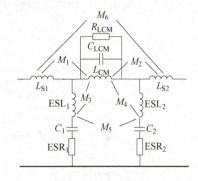

图 6-25　π 型 EMI 滤波器仿真与实测插入损耗曲线图　　图 6-26　π 型 EMI 滤波器耦合参数示意图

这些寄生耦合参数中影响最为明显的是 M_6 和 M_5。这是因为这两者直接连接了滤波器输出和输出端口，绕过了共模电感，滤波器的性能将显著恶化，因此下文主要开展 M_5 和 M_6 的分析与抑制研究。

6.3.4.1　关键耦合分析

根据耦合电感的去耦合等效原理，将 M_6 和 M_5 解耦，可以得到如图的去耦简化电路。从图 6-27 中可以看出，互感 M_7 为高频干扰提供了一条低阻抗的对地流通路径，使干扰电流绕过共模电感，从电容支路直接流向 Z_{LISN}。因此此时进一步简化为，M_7 对滤波器插入损耗的影响最大，需要进一步探究 M_7 的产生原因及减小方法。

M_7 由 M_5 和 M_6 的作用效果叠加而成，观察图 6-28 所示的两个电容模型，在进行结构布局时，通常另两个电容的接地端就近连接到同一块地平面中。当电流 i_1 从电容 C_1 流入地侧时，产生的磁通 Φ_1 有一部分穿过电容 C_2；同理，流经 C_2 的电流 i_2 所产生磁通 Φ_2 也有一部分穿过 C_1。此时两个电容产生的磁通相互加强，电容 C_1、C_2 之间的耦合电感同名端应为电流同时流入或流出的端子，M_5 前的符号为正。

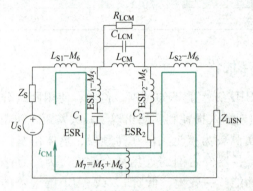

图 6-27　互感 M_7 对干扰的影响

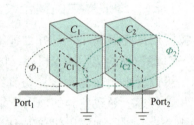

图 6-28　C_1、C_2 耦合原理示意图

接下来分析 M_6 的作用效果，当共模电感等效为开路时，PCB 走线 L_S 由两部分组成：一部分是与共模电感串联的交流三相线路 PCB 走线电感；还有一部分是连接共模电感端口与共模电容的 PCB 走线。当电流同向流经两条平行的 PCB 走线时，两者产生的磁场相互增强，PCB 走线间的耦合为正向耦合，同名端在同侧，因此可以将其解耦成图 6-29 的形式。若两条 PCB 走线的接地端不在同一侧，如图 6-29 所示，则 i_{C1}、i_{C2} 流入 PE 时，两者产生的磁通在空间上呈现相互抵消的状态，同名端反向，解耦过程如图 6-30 所示，互感 M_6 前为负号。

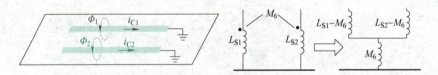

图 6-29　PCB 走线正向耦合解耦示意图

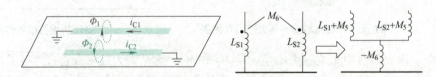

图 6-30　PCB 走线反向耦合解耦示意图

6.3.4.2　基于引线互感的耦合效应对消方法

本书采用引线互感对消法来减小电容之间的耦合效应。引线互感对消法指的是，合理设计 PCB 布局，利用 PCB 走线之间的互感 M_6 的来抵消电容之间的互感 M_5。当互感 M_6 为负值，M_5 与 M_6 数值相等时，M_7 的数值为零，滤波器的性能可以得到很大程度的改善。在实际应用引线互感对消法时，对于单相 π 型网络，电容的布局和走线由图 6-31a 的形式改为

图 6-31b 的形式，其中 Port1 和 Port2 为输入端和输出端。假设 PCB 走线的宽度固定，则 M_5 的大小由图中的 d_5 决定，M_5 随 d_5 的增大而减小。M_6 的大小由图 d_6 决定，M_6 随 d_6 的增大而减小。当调整距离参数 d_5 和 d_6 的大小，使三个耦合电感满足式（6-48）时，M_7 最小，耦合效应最弱。

$$M_5 = M_6 \tag{6-48}$$

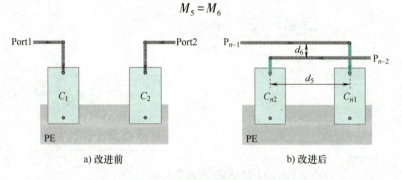

a) 改进前　　　　　　　　　b) 改进后

图 6-31　单相 π 型滤波器引线互感对消法示意图

与单相 π 型 EMI 滤波器的结构不同，三相线路中，出于节约 EMI 滤波器的占板面积和就近接地的目的，设计者一般将 Y 电容放置在同一区域内，通过 PCB 引线与主功率电路连接，如图 6-32 所示，其中 Port_{n1} 和 Port_{n2} 分别为三相共模电感的输入端引线和输出端引线，电容的另一端共同接地。

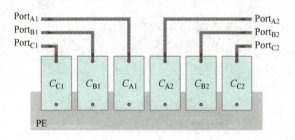

图 6-32　三相 π 型 EMI 滤波器电容一般布局示意图

采用引线互感对消的方法，将三相 π 型 EMI 滤波器的电容和 PCB 走线设计为图 6-33a 所示的形式。从图中可以看出，电容之间的距离 d_5 已达到最小，因此电容之间的互感 M_5 数值固定，M_5 的实际数值可根据图 6-33b 进行提取，按 $M_5 = \dfrac{100S_{21}}{j\omega(1-S_{11})(1-S_{22})-S_{12}S_{21}}$ 计算。此时仅需调整 d_6 的大小来满足 $M_5 = M_6$ 的关系即可。

6.3.4.3　引线互感的仿真分析

CST 仿真软件的 3D 工作室中所提供的 *RLC* 求解器提供宽频带的阻抗提取功能。在 Altium Designer 软件中绘制图 6-34 示意的 PCB 电路，将装配文件导入到 CST 工作区中，利用"Bond Wire"导线结构将三相进行合并，设置结点对，即可求取图 6-35 所示 PCB 走线阻抗的宽频带结果。其中 L_{11}、L_{22} 为两组走线电感的自感值，L_{12}、L_{21} 即为两组走线电感之间的互感 M_6，两者数值相等，且在传导频段内数值较为稳定，可认为固定不变。通过读数可知，此时 $M_6 = -3.65\text{nH}$。

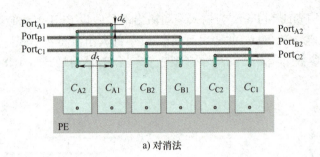

a) 对消法

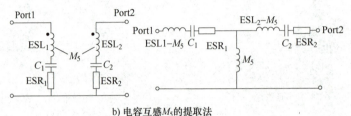

b) 电容互感M_5的提取法

图 6-33 三相 π 型 EMI 滤波器电容引线互感对消法示意图和 M_5 提取方法

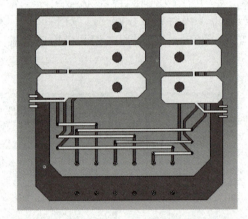

图 6-34 仿真中提取 PCB 走线电感示意图

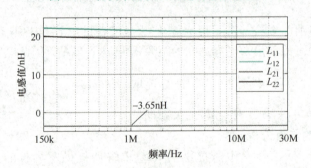

图 6-35 PCB 走线阻抗的宽频带结果

表 6-7 展示了调整 d_6 大小，在 CST 仿真中提取的 M_6 数值。从测试数据中可以看出，在传导频段内互感的电感值较为稳定，可认为固定不变。值得注意的是，当 $2\text{mm} < d_6 < 10\text{mm}$ 时，M_6 始终为负值，这说明此时 d_6 的距离较小，图 6-33 所示的横向走线之间的反向耦合作用大于竖向走线之间的正向耦合作用。当 d_6 不断增大时，M_6 绝对值不断减小，横向走线

的反向耦合作用不断减弱，竖向走线的正向耦合作用不断增强，当 d_6 增大到 11mm 时，M_6 反而翻转为正值，说明此时走线电感对消法对电容的耦合 M_5 没有任何抑制作用，反而增强了电容之间的耦合。

表 6-7　不同 d_6 下 M_6 数值

d_6/mm	2	3	4	5	6	7	8	9	10	11
M_6/nH	-3.65	-2.96	-2.39	-1.88	-1.40	-1.31	-0.65	-0.21	-0.04	0.20

6.3.4.4　耦合效应抑制方案实验验证

接下来验证所设计的三相 π 型 EMI 滤波器耦合效应减小方法的有效性。在改进前，PCB 走线的间隔较大，因此可认为 M_7 的作用效果基本由 M_5 决定，根据引线互感的提取方法检查结果，本设计的布局方式下电容 C_1 与 C_2 之间的互感 $M_5 \approx M_7 = 1.7\text{nH}$。即再结合表 6-4 中的仿真结果，$d_6$ 的最优取值应该为 $5\text{mm}<d_6<6\text{mm}$。当 d_6 落在这个最优范围之内时，互感 M_5 能得到最大程度的抵消，选择 $d_6 = 5\text{mm}$ 进行 PCB 设计，验证所提方案的正确性。

利用网络分析仪测量图 6-26 所示滤波器的整体插损，并将其整体两端口模型代入仿真中进行端口干扰预测，结果为图 6-37 V_{LISN} 考虑耦合曲线所示。由于滤波器件之间的耦合参数的负面影响，此时高频段的干扰电压无法满足 V_{CLASSB} 的限值要求。采用第 4.2 节中所提出减小耦合参数的方法对 PCB 走线进行改进，改进后的滤波器实物如图 6-36 所示。类似地，利用网络分析仪实测改进后的整体滤波器的两端口模型，并代入仿真，对 LISN 的干扰电压进行预测，得到图 6-37 中粉色曲线的结果。可以看出，此时的 LISN 的干扰电压相对于改进前在高频段增加了 20dB 左右的衰减，验证了所提的电容间耦合效应抑制方案的有效性。

图 6-36　采用引线互感对消法前后的 π 型 EMI 滤波器

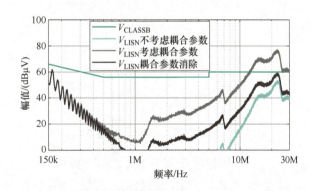

图 6-37　采用引线互感对消法前后 V_{LISN} 频谱

值得注意的是，在采用上文提出的减小耦合参数的方法之后，LISN 上的干扰电压降到了标准限值以下，这是由于选取的电感尺寸有所裕量，使得最终的设计结果刚好通过 V_{CLASSB} 限值。但是，与不考虑耦合参数的情况相比，滤波器的整体衰减性能还是有所削弱。因此，在实际设计过程中，若采用该方案削弱电容间的耦合效应后，LISN 的干扰电压依然无法通过标准限值，则应该计算不考虑耦合参数 V_{LISN} 曲线与耦合参数消除 V_{LISN} 曲线的差值 ΔIL，再将 ΔIL 补偿到插入损耗约束 $IL_{\min}$ 中，重新对共模电感的最优解进行计算，得到满足要求的最优设计方案。

6.4　基于回路构造的电力电子装置共模电磁干扰滤波

电磁干扰的滤波技术除了在路径上增加滤波器来进行阻抗和旁路，还可以在干扰源两侧，也就是跳变点和电位静点之间，构造新的回流路径，使得干扰从干扰源跳变点发出后，更多的直接回到干扰源静点，这样流出电力电子装置的干扰显著减小。这类方法可以称为回路构造。当构造的回路阻抗特定时，装备的干扰发射将趋于最小值，这时可称为平衡状态。但在实际应用时，由于元件值的离散性和寄生效应的影响，通常难以达到平衡状态。好在只要回路阻抗处于一定范围，都可以起到抑制作用。

隔离型和非隔离型变换器都可以采用回路构造的思路抑制共模电磁干扰，由于二者的电磁干扰等效电路不同，回路实现方式差异较大，下面分开介绍。

6.4.1　桥式非隔离型电力电子装置的共模电磁干扰滤波

常用的非隔离型变换器通常都是采用桥式电路，桥式电路的共模 EMI 等效电路大多可以按照第四章中的方法，基于叠加定理和替代定理，化简为如图 6-38 所示的最简电路。电路中的 N 点对应直流电容中点，P_1 对应桥臂中点，P_2 对应 LISN 连接点，PE 对应测试参考地。这类电路大多可以进一步采用连接 P_2 和 N 两点构造回路来进行滤波。引入中线后的电路如图 6-39 所示，L_N 为中线电感。

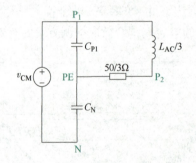

图 6-38　桥式电路共模 EMI 电路简化图

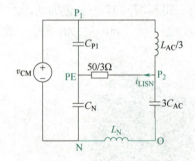

图 6-39　引入中线后电路图

用 $Z_1 \sim Z_4$ 代替图 6-39 中四个支路的阻抗，装置的共模等效电路可转换为图 6-40a 的形式。以点 P_2 和 PE 为端口做戴维南等效，电路转换为图 6-40b 的形式。

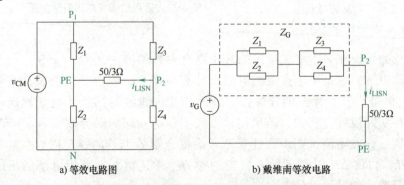

a) 等效电路图　　　　　　　　　　　　b) 戴维南等效电路

图 6-40　运用平衡电桥法后简化电路图

此时系统的等效干扰源 $V_G(s)$、等效源阻抗 $Z_G(s)$ 和 LISN 上的电压 $V_{LISN}(s)$ 可表示为

$$V_G(s) = \left(\frac{Z_4}{Z_3+Z_4} - \frac{Z_2}{Z_1+Z_2} \right) \times V_{CM}(s) \tag{6-49}$$

$$Z_G(s) = Z_1 // Z_2 + Z_3 // Z_4 \tag{6-50}$$

$$V_{LISN}(s) = \frac{Z_{LISN}}{Z_{LISN}+Z_G(s)} \times V_G(s) = q(s) \times V_{CM}(s) \tag{6-51}$$

观察 $V_G(s)$ 的表达式，由惠斯通电桥原理可知，当四个支路阻抗满足式（6-51）时，点 P_2 与 PE 之间的开路电压 $V_G(s)$ 电压为零，从而交流侧的共模干扰电流也为零。但在实际工程中，各个阻抗的变化范围有限。Z_1 由 IGBT 模块的参数 C_{P1} 组成，其数值大小与功率模块的制造工艺有关，难以调整；Z_3 为并网滤波电感 L_{AC} 的阻抗，在设计初期也已确定；Z_4 为并网电容 C_{AC} 的阻抗和中线 L_N 串联组成，导线的电感值也不宜过大。综上所述，选择调整桥臂 Z_2 的阻抗来满足电桥平衡。

$$\frac{Z_1}{Z_2} = \frac{Z_3}{Z_4} \tag{6-52}$$

Z_2 为直流侧中点 N 与 PE 之间的等效阻抗 Z_{CN}。N 点与 PE 之间并联 Y 电容，从而减小 Z_2。当 $C_{BUS} = 100nF$ 时，分压比 $q(s)$ 在传导频段内随频率的变化曲线如图 6-41 所示。可以看出，在接入 C_{BUS} 前，Z_2 阻抗值较大，桥式电路处于不平衡状态，点 PE 对 N 点电压大于点 P_2 对 N 点电压，交流侧干扰电流的方向与图 6-40a 所示的参考方向相反。而在接入 C_{BUS} 后，LISN 上的共模干扰电压幅值在全频段都明显下降，说明此时电桥的滤波状态优于系统的初始状态。

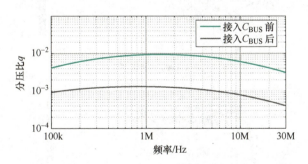

图 6-41　接入 C_{BUS} 前后 q 变化趋势图

接下来分析 C_{BUS} 的容值对分压比 $q(s)$ 的影响。当阻抗 Z_1、Z_2、Z_4 取实测值，C_{BUS} 的容值在 0~500nF 等间隔变化时，分压比 $q(s)$ 在传导频段内随频率的变化曲线如图 6-42 所示。可以看出，加入 C_{BUS} 之后，随着 C_{BUS} 数值的增大，点 PE 与 P_2 之间的电压差越来越小，流过 LISN 的干扰幅值也越来越小，电路渐渐达到平衡状态。然而在 C_{BUS} 从 200nF 增大到 300nF 时，点 PE 对 N 点电压反而小于点 P_2 对 N 点电压，干扰电流方向发生反转，幅值反而增大。图 6-42 所示的结果表明，对于直流母线电容 C_{BUS}，存在一个最优的取值区间使电桥处于最佳平衡状态，从而使交流侧共模干扰达到最小值。

6.4.1.1　非隔离变换器构造回路的原理

构造平衡状态回路的关键，在于调整四个桥臂支路的阻抗参数，使之在宽频带范围内满足式（6-51）。定义低频段电桥的平衡度 k 为

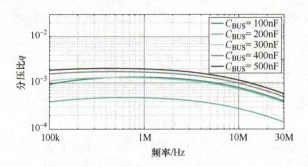

图 6-42　改变 C_{BUS} 容值 q 变化趋势图

$$k=\frac{L_{\mathrm{N}}}{L_{\mathrm{AC}}+L_{\mathrm{N}}}-\frac{C_{\mathrm{P1}}}{C_{\mathrm{P1}}+C_{\mathrm{N}}+C_{\mathrm{BUS}}} \tag{6-53}$$

图 6-43 展示了 C_{BUS} 取值在 $1\sim3\mu\mathrm{F}$ 之间、L_{N} 取值在 $0.1\sim1\mu\mathrm{H}$ 之间变化时，平衡度 k 的 3D 曲面图及其 (x,z) 坐标下的正视图。从曲面图可以看出，随着 C_{BUS} 的增大，k 逐渐从负值转变为正值。

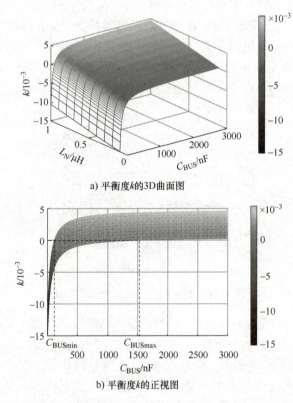

a) 平衡度 k 的3D曲面图

b) 平衡度 k 的正视图

图 6-43　平衡度 k 的 3D 曲面图及其正视图

在正视图中作直线 $k=0$ 与曲面相交，交点分别为 C_{BUSmin}（111nF）和 C_{BUSmax}（1542nF）。当 $C_{\mathrm{BUS}}<C_{\mathrm{BUSmin}}$ 或 $C_{\mathrm{BUS}}>C_{\mathrm{BUSmax}}$ 时，无论 L_{N} 的阻抗为多大，k 恒小于 0 或恒大于 0。这两种情况下，电路均无法达到平衡状态。因此在应用平衡电桥原理时，为使电路尽量达到理想平衡状态，应确保 $C_{\mathrm{BUSmin}}<C_{\mathrm{BUS}}<C_{\mathrm{BUSmax}}$。需要注意的是，$C_{\mathrm{BUSmin}}$ 与 C_{BUSmax} 的数值与功率模块的寄生

参数、逆变电感、逆变电容的数值相关，因此在实际工程中，不同装置的 C_{BUS} 取值区间会有略微差异。对于本文研究装置，C_{BUS} 的最优取值范围为：$111nF<C_{BUS}<1542nF$。

令 $k=0$，则 C_{BUS} 的容值为

$$C_{BUS}=\frac{C_{P1}L_{AC}/3}{L_N}-C_N \tag{6-54}$$

L_N 的实测阻抗在传导频段呈现较为单一的电感特性，经过测量与拟合可得电感量约为 $L_N=150nH$。再结合 $C_{P1}=479.1pF$，$L_{AC}=165.61\mu H$，$C_N=1.4219nF$，可计算电桥达到理想平衡状态时 C_{BUS} 的电容值 $C_{BUS}\approx174.9nF$。若接入容值恰好为 174.9nF 的 Y 电容，则桥臂阻抗在低频段正好满足平衡条件，此时流向交流侧的共模电流为零。

实际上，安规电容作为非定制器件，厂家生产出的都为一系列满足标准规范的固定型号。表 6-8 列举了常用的几种安规 Y 电容的标称容值及其实际容值，可以发现，标称值为 220nF 的电容实际容值与计算值最为接近。因此在实验验证时选择该电容接入点 N 与点 PE 之间。

表 6-8　测量的某型安规 Y 电容标称容值及其实际容值

标称容值/nF	33	68	100	220
实际容值/nF	28	59	91	180

当频率较高时，各个桥臂的阻抗受到寄生参数的影响，电桥的平衡状态有可能被破坏。结合 Z_{CN} 等效模型可知，接入平衡电容 C_{BUS} 之后，N 点的对地阻抗 Z_2 可以等效为图 6-44 所示的形式。此时，Z_2 等效为三组 RLC 串联电路的并联。

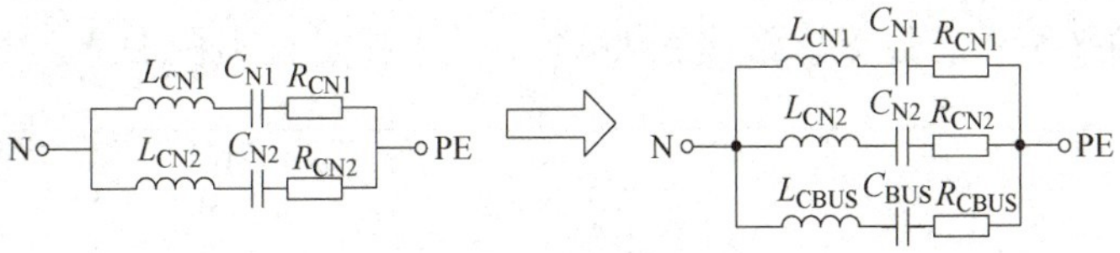

图 6-44　接入 C_{BUS} 后 Z_2 高频等效模型

将 Z_1、Z_3、Z_4 的在传导频段的宽频带阻抗值代入式（6-52）进行计算，得到图 6-45 中 Z_2 计算值所示的理想平衡阻抗 Z_{2ideal} 结果。在低频段，Z_{2ideal} 的阻抗幅值随频率的增大而减小，在高频段，阻抗曲线呈现电感特性，随频率的增大而增大。因此可利用 RLC 串联模型对 Z_{2ideal} 的阻抗进行拟合，得到 Z_{2ideal} 的寄生电感 $C_{ideal}=215nF$，$L_{ideal}=80nH$，$R_{ideal}=0.06\Omega$。

接入 C_{BUS} 后，Z_2 的实测整体阻抗 Z_{2test} 的曲线如图 6-45 Z_2 实际值曲线所示。Z_{2test} 的阻抗曲线有三个极小值谐振点 f_1、f_2 和 f_3。当 $f<f_1$ 时，Z_{2test} 的阻抗由电容 C_{BUS}、C_{N1}、C_{N2} 的并联容值共同决定，由于 C_{BUS} 容值较大，其与自身的寄生电感先发生串联谐振，谐振频率为 f_1，此后 C_{BUS} 所在支路的阻抗由容性转变为感性，阻抗值由 L_{CBUS} 主导。同理可知 f_2、f_3 分别为 C_{N1} 所在支路和 C_{N2} 所在支路的串联谐振频率。而当 $f>f_3$ 时，三条支路的阻抗均呈现感性，Z_{2test} 的阻抗值由三条支路寄生电感并联后的等效电感决定，等效电感为

$$L_p=L_{CBUS}//L_{CN1}//L_{CN2} \tag{6-55}$$

从图 6-45 中的对比结果可知，在高频段，Z_{2test} 与 Z_{2ideal} 的阻抗值相差较大，这就是由于实际接入的 C_{BUS} 自身的寄生电感 L_{CBUS} 数值过小（$L_{CBUS1}=20nH$）导致。因此在实际应用平衡电桥原理时，需要对寄生电感 L_{CBUS} 进行补偿，使补偿之后 Z_{2test} 曲线的谐振点与 Z_{2ideal} 重合。

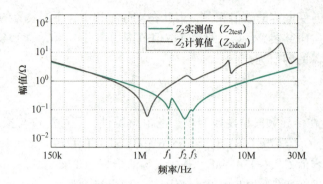

图 6-45　Z_2 计算值与实测值对比图

当寄生电感的补偿量 ΔL_{CBUS} 恰好为理论计算值，此时 Z_{2test} 在全频段与 Z_{2ideal} 重合；而当加入的 ΔL_{CBUS} 数值过大，电桥则会在某些频段处于不平衡状态。最优情况下需要补偿的 C_{BUS} 寄生电感量为

$$\Delta L_{CBUS} = L_{ideal} - L_{CBUS1} = 60nH \tag{6-56}$$

图 6-46 展示了两种情况下 Z_{2test} 与 Z_{2ideal} 阻抗曲线的对比。从图中的对比结果可以看出，当 $\Delta L_{CBUS} = 60nH$（曲线 1）时，Z_{2test} 与 Z_{2ideal} 的第一个极小值谐振点较为接近，阻抗幅值在低频段几乎完全重合，电桥平衡情况较为理想。而当寄生电感 $\Delta L_{CBUS} = 300nH$ 时（曲线 2），C_{BUS} 支路的串联谐振频点低于 Z_{2ideal}，在谐振点 $f = f_4$ 处，Z_{2test} 与 Z_{2ideal} 的阻抗幅值之间有较大的差值。此后 Z_{2test} 阻抗转变为感性，与电容 C_N 在 f_5 处发生并联谐振，阻抗呈现极大值，此时与 Z_{2ideal} 的阻抗幅值之间也有较大的差值。这两个频点 Z_{2test} 与 Z_{2ideal} 的差异较大，将导致电桥在这两个频点的平衡状态较差，最终在 LISN 上的干扰呈现出极大值。

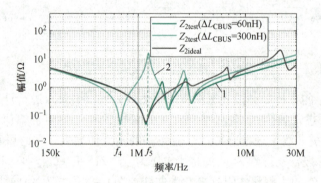

图 6-46　ΔL_{CBUS} 不同取值 Z_2 阻抗曲线对比图

6.4.1.2　非隔离型电力电子装置的回路构造案例验证

选取不同标称值的电容连接在系统的 N 点和就近的 PE 点之间，使用接收机测量系统交流侧并网端口的共模干扰电流。

实验结果如图 6-47 所示。由于电容 C_{BUS} 的容值主要影响低频段的电桥平衡情况，因此重点分析频段 150kHz ~ 1MHz 的干扰频谱。图例中表示的均为所选电容组的实际值，四种电容组合分别为：

1）不额外接入电容（$C_{BUS} = 0nF$）。

2）两个标称值 33nF 并联（实际容值：56nF）。

3）一个 220nF（实际容值：180nF）。

4）两个 220nF 并联（实际容值：360nF）。

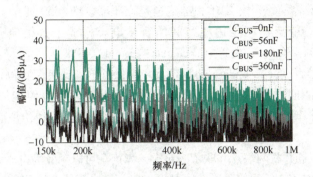

图 6-47　C_{BUS} 取不同组合时共模干扰电流实测频谱

从实际装置交流侧干扰电流的测试结果可以看出，当外加电容 C_{BUS} 的容值不断增大时，低频段的干扰幅值不断降低，当 C_{BUS} 取第 3）种组合时，在第一个 ANPC 开关倍频点 $f = 163.2kHz$ 处，相对于设备的初始状态可以多造成近 25dB 的衰减。然而，当 C_{BUS} 继续增大，取第四种组合时，干扰电压的幅值不但没有继续减小，反而增大至与第 2）种组合相近，证明了实验结果和理论分析的一致性。

图 6-48　增大 L_{CBUS} 后的
直流母线电容

上节中介绍了 C_{BUS} 寄生参数 L_{CBUS} 对平衡电桥法的影响，本节对补偿前、补偿后、过补偿三种情况进行实验验证。在实际进行实验操作时，利用图 6-48 所示的直径为 0.8mm 的漆包线等长地焊接在 C_{BUS} 两端做验证。$L_{CBUS} = 60nH$ 对应的漆包线总长度约为 9.3cm，$L_{CBUS} = 300nH$ 对应的漆包线总长度约为 23.5cm。

图 6-49 比较了补偿前、$L_{CBUS} = 60nH$ 以及 $L_{CBUS} = 300nH$ 三种情况下流经 LISN 的共模 EMI 电流。对比补偿前和 $L_{CBUS} = 60nH$ 两种工况可以发现，补偿前后低频段的干扰区别不大，但是高频段的共模干扰电流在补偿后整体下降 4dB 左右。再对比补偿前和过补偿两种工况，过补偿工况下干扰电流频谱在 $f = 700kHz$ 及 $f = 1.5MHz$ 左右分别有两个幅值较大的谐振峰，与前文的分析一致。

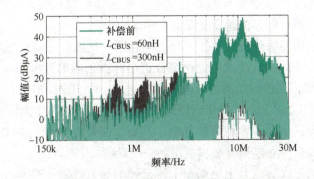

图 6-49　L_{CBUS} 补偿前后共模电流实测频谱

6.4.2　单级隔离型电力电子装置的共模电磁干扰滤波

隔离型电力电子装置的共模 EMI 关键路径是变压器。图 6-50 展示了最简的变压器结构并标注了节点名称。变压器原副边绕组间的寄生电容构成了共模流通路径。PG 为一次地（primary ground），SG 为二次地（secondary ground），PN 为一次噪声点（primary noise node），SN 为二次噪声点（secondary node）。PE 为保护地，或者又称测试参考地。

由于变压器的电压比规定了一二次电压的关系，相当于给电路增加了一个已知限制条件，因此上图中五个节点的电路只用已知四个节点的电位，即可得出所有电路节点电位。因此可以去掉节点 SN。

通常一次的变压器并联两端点并联了噪声源，噪声源可以等效为电压源，电压源两端的阻抗可以忽略，因此 PN 和 PG 间的励磁电感可以忽略。又由于一二次之间的绕组耦合主要是电容耦合，可以得到如图 6-51 所示变压器电路的黑盒等效模型。应当指出，该模型仅适用于一次地是电位静点的隔离型变换器，例如反激变换器的 PG 连接着 BUS-，是静点。如果是 DC/AC/DC 这类多级隔离型变换器，PN 和 PG 都连接到跳变点时，等效不再适用。

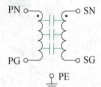

图 6-50　变压器电路　　　　图 6-51　隔离型变换器的共模 EMI 最简等效模型

6.4.2.1　隔离型变换器回路构造原理

回路构造的核心思路是将干扰引流回来。在上图中，共模干扰的传播方向是从 PN→SG→PG。PN 发出的干扰留到 SG 后，一部分流回 PG，另一部分则流向 PE 向外发射，因此若能构造一条回路，使得干扰从副边侧流向原边侧，就可以显著抑制干扰向外发射。又由于干扰总是从高电位流向低电位，因此，SN→PG 是必然选择。由于变压器的电压比关系，SN 是干扰高电位，PG 是低电位，可以产生所需的从二次流向一次的电流。于是，在 SN 和 PG 间增加一个 Y 电容是合适的回路构造方法。由于该回路对原始原副边的共模电流起到了对消作用，又称对消 Y 电容。那么该如何选择合适的 Y 电容值？这依赖于变压器共模等效电路的准确建模。本文采用插入电容法建立变压器共模等效电路。

为了演示如何利用网络分析仪基于"插入电容法"提取变压器集总电容 C_1 和 C_2，测试的原理图见图 6-52。在此测试设置中，网络分析仪的激励端等效电路由一个扫频信号源 v_{ac} 与 50Ω 电阻串联而成，而接收端的等效输入阻抗是由一个 10MΩ 电阻与一个 47pF 的探头电容 C_{probe} 并联构成的。在进行传导 EMI 频段的测试时，由于 10MΩ 的阻抗值远大于 47pF 探头电容的阻抗，其对测试结果的影响可被忽略。然而，探头电容 C_{probe} 的数值与待测变压器的集总电容相近，因此在建立模型时必须考虑到它的影响。

通过在变压器的一次绕组 P 上施加一个特定频率的扫频信号源 v_{BA}，可以建立变压器各绕组之间的电位分布，并产生位移电流。利用网络分析仪，可以在 150kHz～10MHz 的频率范围内测量接收侧到激励侧的幅频和相频特性曲线。

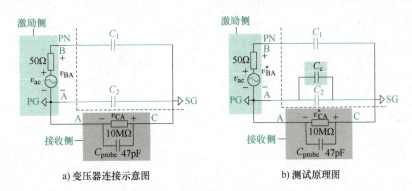

a) 变压器连接示意图　　　　　　b) 测试原理图

图 6-52　基于"插入电容法"提取变压器集总电容 C_1，C_2 原理图

利用"插入电容法"提取变压器的集总电容 C_1 和 C_2 涉及一系列精确的步骤：

1）配置测试环境：首先，激励信号 v_{BA} 连接至待测变压器的一次绕组端口 BA，而接收侧的 CA 端口则连接至二次地 SG 及一次地 PG。这一配置的具体测试原理图参考图 6-52a。通过网络分析仪，可以测量从 v_{BA} 到 v_{CA} 的传递函数 $G_1(s)$。

2）并联已知容值电容：基于图 6-52a 的配置，接下来在接收端并联一个具有已知容量的电容 C_c，相应的测试原理图见图 6-52b。此时，需再次测定 v_{BA} 至 v_{CA} 的传递函数 $G_2(s)$。

3）计算集总电容值：有了传递函数 $G_1(s)$ 和 $G_2(s)$ 后，可依据式（6-56）和式（6-57）来计算集总电容 C_1 和 C_2。在这两个公式中，C_{probe} 代表网络分析仪探头电容，并联在集总电容 C_2 上，而 C_c 是接收端并联的已知电容值。C_{probe} 的值可以通过阻抗分析仪进行测量。

通过这一系列的步骤，基于传递函数 $G_1(s)$ 和 $G_2(s)$ 的测量结果，结合式（6-57）和式（6-58），就可以精确计算出变压器的集总电容 C_1 和 C_2。

$$G_1(s) = \frac{v_{CA}(s)}{v_{BA}(s)} = \frac{C_1}{C_1 + C_2 + C_{probe}} \tag{6-57}$$

$$G_2(s) = \frac{v_{CA}^*(s)}{v_{BA}^*(s)} = \frac{C_1}{C_1 + C_2 + C_{probe} + C_C} \tag{6-58}$$

这种方法的优势在于它的普适性和简便性，能够通过标准化的测试过程快速获取关键的电容参数。采用此方法，只需通过简单的外部接线和适当的电容并联，即可完成对变压器集总电容的精确提取。

在准确测取变压器等效电容后，下面分析增加回路之后的等效电路。图 6-53 展示了利用对消电容 C_{can} 抑制共模噪声电流 i_{CM1} 的等效原理图。根据 C_{can} 抑制共模噪声的工作原理，选取一个最优的 C_{can} 值是至关重要的，其目标是使共模噪声电流 i_{CM1} 尽可能趋近于零。具体来说，通过流过 C_{can} 的反向提取电流 i_{can}，可以完全中抵消共模噪声位移电流 i_{C1}，实现 $i_{C1} + i_{can} = 0$ 的条件。根据电路理论计算有

$$C_1 \cdot \frac{\mathrm{d}(0 + V_Q)}{\mathrm{d}t} + C_{can} \cdot \frac{\mathrm{d}\left(0 - \frac{V_Q}{n}\right)}{\mathrm{d}t} = 0 \tag{6-59}$$

对消电容 C_{can} 的值可以计算为

$$C_{can} = nC_1 \tag{6-60}$$

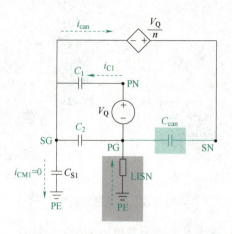

图 6-53　共模噪声对消电容等效原理图

6.4.2.2　隔离变换器回路构造的案例验证

使用插入电容法测取某隔离变换器一二次等效电容，结果如下：

$$G_1(s) = \frac{C_1}{C_1 + C_2 + C_{probe}} = 0.395 \tag{6-61}$$

$$G_2(s) = \frac{C_1}{C_1 + C_2 + C_{probe} + 470pF} = 0.227 \tag{6-62}$$

基于式（6-60）和式（6-61），通过联立在不同配置下测量得到的传递函数 $G_1(s)$ 和 $G_2(s)$，准确地计算出集总电容 C_1 和 C_2 的电容值，见表6-9。

表 6-9　两电容模型集总电容参数

集总电容	C_1	C_2
电容值/pF	188.35	242.49

再通过应用式（6-59），计算确定了对消电容 C_{can} 的值为1256pF。图 6-54 展示了在加装对消电容 C_{can} 前后，共模噪声频谱的变化。实验结果表明，在 150kHz~10MHz 的频段内，引入对消电容 C_{can} 后，共模噪声的频谱幅值降低了大约 12~13dB。证明了基于回路构造的滤波技术的有效性。

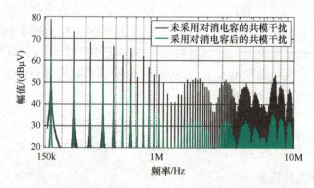

图 6-54　添加对消电容 C_{can} 前后的共模噪声比较

6.5　本章小结

电力电子装置的电磁干扰滤波技术主要有两种：EMI 滤波器和构造干扰回路。前者通过在干扰传播路径上阻抗（电感）和旁路（电容）来抑制干扰向装备外传播，可以适用于共模和差模电磁干扰滤波。后者通过构造新的干扰回流路径，属于旁路方法的发展，实现较好的滤波效果的同时只占用较小的体积，但只能用于共模干扰滤波。

评价 EMI 滤波器性能好坏的指标是插入损耗。本文介绍了插入损耗的定义和测试方法。滤波器安装到电路后的实际插入损耗与标准 50 欧姆插入损耗不同，还受到源阻抗和负载阻抗的影响。在传导干扰测试中，负载阻抗是确定的 LISN 阻抗，而源阻抗与具体变换器类别有关，因此本文还介绍了源阻抗的提取方法。

EMI 滤波器的经典设计方法包含几个步骤：基于分离的共差模干扰确定 EMI 滤波器所需插入损耗；基于所需的插入损耗确定转折频率；共模 EMI 根据漏电流限制，差模 EMI 根据功率因数要求，确定共差模滤波电容的最大要求；根据转折频率和阻抗失配原则计算滤波器参数并选择合适的阶数。本文提供了完整的应用案例。

为了减小 EMI 滤波器的尺寸，本文介绍了基于体积目标优化的共模电感磁材和尺寸选型方法。EMI 滤波器内的寄生效应还会显著影响滤波器的高频性能，本文定位到 π 型滤波器中的电容互感是关键耦合，并开发了构造 PCB 走线互感来对消该电容互感的负面影响，提升了滤波器 10MHz 级的高频性能。

本文以桥式非隔离型和单级隔离型电力电子装置滤波为例，介绍了回路构造的原理。前者通常是连接桥两侧中点，后者是连接变压器二次电位动点和一次侧电位静点，都能构造新的干扰回流路径，从而减小干扰向外发射，并且具有较小的体积。实验结果验证了基于构造回路的滤波技术的显著效果。

习　　题

1. 简述插入损耗的定义，列写标准测试中插入损耗的公式，阐明为何实际电路中滤波器的性能与测试不同。

2. 什么是源阻抗、什么是负载阻抗？

3. 请画出常见的 EMI 滤波器电路 LC、CL、T 和 Π 型电路结构，并给出其大致插入损耗。

4. 请介绍源阻抗有哪些获取方法及其大致原理。

5. 请介绍在 EMI 滤波器设计中的阻抗失配原则。

6. 请介绍 EMI 滤波器设计基本流程。

7. 要求在 150kHz 和 800kHz 时所需衰减分别为 50dB 和 70dB（已经考虑衰减裕度），试计算 LC 滤波器的转折频率。

8. 解释在 EMI 滤波器设计中，为何需要进行体积优化，并讨论实现体积优化的方法。

9. 在 π 型 EMI 滤波器中，有哪些可能的耦合效应，哪种耦合效应对滤波器的插入损耗性能影响最大？

10. 简述隔离型和非隔离型电力电子装置使用回路构造法抑制共模电磁干扰的主要

思路。

11. 已知电力电子变换器桥臂中点到地电容为 611pF，交流端电感为 200μH，中线电感值为 140nH，中线电容为 120nF，根据平衡电桥法，计算加在直流母线中点和参考地之间的电容值大小。

12. 已知某隔离变换器的变压器原副边匝比为 7，采用插入电容法测取变压器原副边等效共模电容。在插入 470pF 电容前后，分别测量了从原边激励源源到原副边参考地响应的传递函数值，其结果分别为 0.52 和 0.347。测试中网络分析仪接收端的等效输入阻抗是由一个 10MΩ 电阻与一个 47pF 的探头电容 C_{probe} 并联构成的。请计算所需的对消电容容值。

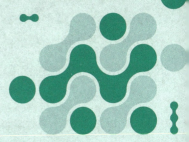

第7章　电力电子装置电磁干扰的通用防护方法

随着电力电子技术的快速发展，电磁干扰问题日益凸显，对电力电子装置的稳定性和可靠性构成了严重威胁。除了通过装设滤波器提高电力电子装置的电磁兼容性以外，还有许多已经被应用于工程实践当中的电磁干扰通用防护方法，了解这些防护方法的工作原理，掌握有效的防护技术是十分必要的。本章介绍了屏蔽、接地、隔离、布线等电磁干扰防护方法的原理及应用，旨在帮助读者掌握多维度的电磁干扰抑制方法，提高电力电子装置运行的稳定性和可靠性。

7.1　屏蔽设计

屏蔽就是对两个空间区域之间进行金属的隔离，以控制电场、磁场和电磁波由一个区域对另一个区域的感应和辐射。具体讲，就是用屏蔽体将元部件、电路、组合件、电缆或整个系统的干扰源包围起来，防止干扰电磁场向外扩散；用屏蔽体将接收电路、设备或系统包围起来，防止它们受到外界电磁场的影响。

因为屏蔽体对来自导线、电缆、元部件、电路或系统等外部的干扰电磁波和内部电磁波均起着吸收能量（涡流损耗）、反射能量（电磁波在屏蔽体上的界面反射）和抵消能量（电磁感应在屏蔽层上产生反向电磁场，可抵消部分干扰电磁波）的作用，所以屏蔽体具有减弱干扰的功能。

在屏蔽壳体设计方面，往往需要在屏蔽壳体上开孔或者缝隙来保证电路板的通风散热等要求，这些孔缝将破坏屏蔽壳体的整体性，造成其内部辐射的泄漏。因此对于屏蔽壳体大小以及其上的孔缝位置、形状、数量以及孔缝阵列的排列方式都成为影响其屏蔽效能的重要因素。根据以上的因素，目前国内外专家已经对大部分因素进行了一系列分析，分析的一些结论性建议如下：

1）随着板厚的变化，箱体的屏蔽效能也发生变化，每增加 2mm，屏蔽效能提升 1dB 左右，屏蔽效能随板厚增加而提升的趋势明显。

2）金属材料的变化对箱体的屏蔽效能影响较小，因此在一般情况下，电磁屏蔽最重要的是保证箱体导电的连续性，而金属材质并不是影响屏蔽效能的关键因素。但是在屏蔽机柜及其屏蔽盒的设计中，电磁波在箱体内部发生谐振，会导致机箱内部噪声幅值被抬高，对屏蔽效能有着较大的影响。针对矩形金属箱体，可根据下面的公式算出谐振频率 $f(m,n,p)$。

$$f(m,n,p) = \frac{1}{2\sqrt{\mu\varepsilon}} \sqrt{\left(\frac{m}{a}\right)^2 + \left(\frac{n}{b}\right)^2 + \left(\frac{p}{c}\right)^2} \tag{7-1}$$

式中，a，b，c 分别为矩形箱体的长、宽和高；m、n、p 分别是矩形腔体沿 X、Y、Z 三个方向上的半驻波数（也称为模式数），它们是正整数，表示电磁波在对应方向上的驻波周期数；ε 为介电常数；μ 为磁导率。

3）针对电磁兼容性要求较高的场合，单层屏蔽往往难以满足要求，可以考虑采用双层箱体提高屏蔽性能。

4）在单孔缝情况下，屏蔽壳体上缝隙形状对屏蔽效能有一定的影响，当缝隙面积相同时，长宽比越大，屏蔽壳体的屏蔽效果越差，在缝隙为正方形孔时，屏蔽效能最好。

5）对于孔阵的矩形金属屏蔽腔体的屏蔽效能，在相同开孔面积下开孔数量越多，且孔的交错夹角越大，其屏蔽效能越好。

6）孔缝的位置对壳体的屏蔽效能也有一定的影响，孔缝与屏蔽壳体的表面中心的距离越小，屏蔽效能越差。非中心开孔的屏蔽壳体会得到更好的电磁屏蔽效果。

另外，屏蔽体材料选择的原则是：

1）当干扰电磁场的频率较高时，可采用低电阻率（高电导率）金属材料。其金属内部的自由电子会在电磁场的作用下发生定向移动，形成显著的涡流。这些涡流会产生一个与外来电磁场方向相反的磁场，从而抵消部分或全部的外来电磁场，达到屏蔽的效果。

2）当干扰电磁波的频率较低时，要采用高导磁率的材料，从而使磁力线限制在屏蔽体内部，防止扩散到屏蔽的空间去。

3）在某些场合下，如果要求对高频和低频电磁场都具有良好的屏蔽效果时，往往采用不同的金属材料组成多层屏蔽体。

7.2 接地设计

7.2.1 接地的基本要求

1）接地面应是零电位，它作为设备或系统中各种电路任何位置所有电信号的公共电位参考点。

2）接地线、接地面应采用低阻抗材料制成，并且有足够的宽度和厚度，接地线应短而粗、接地面的面积应尽可能地大，以保证在所有的频率，尤其是在高频部分其两边之间均呈现低阻抗。

3）良好的接地要求尽量地降低多电路公共接地阻抗上所产生的干扰电压，同时还要尽量地避免形成不必要的地回路。

4）数字信号地与模拟信号地应分开设计，大电流信号地与逻辑小信号地也应分开设计。

7.2.2 接地的方式及种类

接地有单点接地、多点接地、混合接地和浮地等方式。以下将针对各种不同的接地方式进行详细的介绍。

7.2.2.1　单点接地

单点接地分两种方式：串联式单点接地和并联式单点接地。

串联式单点接地如图 7-1a 所示，从 EMC 的角度考虑，这种接地方式是最不适用的，但由于该电路比较简单，使用场合仍然较多。当各个电路的电平相差不大时可以使用，若各个电路的电平相差很大，则不能使用，因为高电平电路将产生很大的地电流，形成大的地电位差并干扰到低电平电路。使用该接地方式时，要把低电平电路放在距接地点最近的地方。

并联式单点接地如图 7-1b 所示，其优点是各个电路的地电位只与本电路的地电流和地线阻抗有关，不受其他电路的影响，可以实现电路去耦。该接地方式的缺点为：

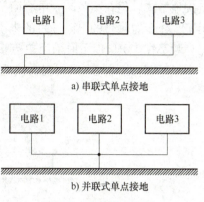

a) 串联式单点接地

b) 并联式单点接地

图 7-1　单点接地方式

1）为了实现单点接地，需要多根地线。由于分别接地，势必会增加地线的长度，增加地线阻抗，也会造成各地线相互之间的耦合，并且随着频率的增加，地线阻抗、地线间的电感和电容耦合都会增大。

2）只适用于低频，不适用于高频。如果系统的工作频率很高，以致工作波长（$\lambda = c/f$）缩小到可与系统接地平面的尺寸或接地引线的长度相比拟时，就不能再用这种接地方式了。因为当地线的长度接近于 $\lambda/4$ 时，它就像一根终端短路的传输线，此时不仅起不到接地作用，而且地线将有很强的天线效应向外辐射干扰信号，所以一般要求地线长度不应超过信号波长的 1/20。

7.2.2.2　多点接地

多点指地是指电子设备（或系统）的各个接地点都直接连接到距离它最近的接地平面上，以使接地引线的长度最短，如图 7-2 所示。多点接地克服了单点接地的缺点，可以使系统结构紧凑，降低了天线效应，但其容易产生地回路干扰，对设备内较低频率会产生不良影响，因而其比较适用于高频电路。

低频电路，应采用单点接地；高频电路，应采用多点接地。这里就需要对任何给定的系统，判断它是否是低频还是高频进行区分，通常以线路的长度和信号波长的关系来判断：L 是所需最长连接线的长度，λ 是信号的波长（$\lambda = 300/f_{\text{MHz}}$，单位为 m），当 $L > \lambda/20$ 时，为高频电路，反之为低频电路。也可采用经验法来判断：当频率低于 1MHz 时，采用单点接地；当频率高于 10MHz 时，采用多点接地；当频率在 1~10MHz 之间时，只要 $L < \lambda/20$，则可采用单点接地方案以避免公共阻抗耦合。

这种接地方式的优点是接地线较短，适用于高频情况，其缺点是会形成各种地线回路，造成地环路干扰，这对设备内同时使用的具有较低频率的电路会产生不良影响。

图 7-2　多点接地

7.2.2.3 混合接地

如果电路的工作频带很宽，在低频情况需采用单点接地，而在高频时又需采用多点接地，此时，可采用混合接地方式，如图 7-3 所示。在低频时，电容的阻抗较大，故电路为单点接地方式，但在高频时，电容阻抗较低，故电路成为两点接地方式，因此这种接地方式适用于工作于宽频带的电路。总的来说，单点接地适用于低频，多点接地适用于高频。一般情况，频率在 1MHz 以下时采用单点接地方式；频率高于 10MHz 时采用多点接地方式；频率在 1~10MHz 之间时，采用混合接地，如采用单点接地，其地线长度不得超过 0.05λ。

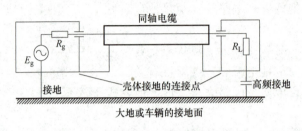

图 7-3　混合接地

7.2.2.4 浮地

浮地是指电子设备的地线系统在电气上与壳体构件的接大地系统相互绝缘，如图 7-4 所示。采用浮地技术可以使接地系统上的电磁干扰不会传导到设备，在有些电子设备中，为了防止机箱上的干扰电流直接耦合到信号电路，有意使电路单元的信号线与设备机箱绝缘，采用浮地的设备、单元容易受空间耦合干扰，应采用电磁屏蔽技术。

但是，对于大型的电子设备，很难做到良好的对地悬浮。发生雷击时，系统地和机壳之间可能形成很高的电位差，引起放电。故浮地适用于低频小型的电子设备接地。

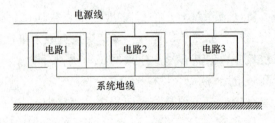

图 7-4　浮地

以下是关于浮地技术的说明：

（1）交流电源地与直流电源地分开

一般交流电源的零线是接地的。但由于存在接地电阻和其上流过的电流，导致电源的零线电位并非为大地的零电位，另外交流电源的零线上往往存在很多干扰，如果交流电源地与直流电源地不分开，将对直流电源和后续的直流电路正常工作产生影响，因此，采用把交流电源地与直流电源地分开的浮地技术，可以隔离来自交流电源地线的干扰。

（2）放大器的浮地技术

对于放大器而言，特别是微小输入信号和高增益的放大器，在输入端的任何微小的干扰信号都可能导致工作异常。因此，采用放大器的浮地技术，可以阻断干扰信号的进入，提高放大器的电磁兼容能力。

（3）浮地技术的注意事项

1）尽量提高浮地系统的对地绝缘电阻，从而有利于降低进入浮地系统之中的共模干扰电流。

2）注意浮地系统对地存在的寄生电容，高频干扰信号通过寄生电容仍然可能耦合到浮地系统之中。

3）浮地技术必须与屏蔽、隔离等电磁兼容性技术相互结合应用，才能收到更好的预期效果。

4）采用浮地技术时，应当注意静电和电压反击。

7.2.3　搭接技术

搭接是将设备、组件、元件的金属外壳或构架用机械手段连接在一起，形成一个电气上连续的整体。这样可以避免在不同金属外壳（或架构）之间出现电位差，而这电位差往往是电磁干扰的诱发原因之一。搭接可用于设备的金属机箱之间、设备机箱到接地平面、信号回线到地线、电缆屏蔽层到地线之间；也可用于接地平面与连接大地的地网或地桩之间。搭接对设备的雷电防护、静电泄放、人员安全保护必不可少的措施。

1. 搭接的类型和搭接方法

直接搭接无需用中间过渡导体而直接把两个需要搭接的金属构件连接在一起。搭接方法可以利用螺栓等紧固装置将一些经机加工的表面或带有导电衬垫的表面进行固定，也可以利用铆接、熔焊、钎焊等工艺将搭接对象连接。按标准规定，自攻螺丝不能用于搭接连接。

间接搭接是借助于过渡导体（搭接条或片）把两金属构件在电气上连接在一起，性能不如直接搭接好。搭接片的固定方法有：螺栓连接、铆钉、熔焊或钎焊。

2. 搭接条（片）的形式和选材

搭接条最好用导电性能好的扁平薄板料制造。为了减小搭接条的射频阻抗，推荐长宽比不超过 5：1。

搭接条材料通常采用铜或铝。由于非同种金属间会产生电化学腐蚀作用，所以搭接条材料的电极电位应与被搭接金属的电极电位相近。当两者电极电位相差很大时，可对搭接条镀以合适的电镀层，或在搭接过程中加进日后可以更换的中介垫圈等辅料予以弥补。

3. 搭接面的处理

无论是直接搭接还是间接搭接，对搭接表面都必须进行处理：接触面上的油漆、氧化层、阳极氧化膜或灰尘油污等均应仔细清除；清除面积比实际接触面周界大 3mm。

搭接后还需检查一下新刷的薄油漆是否会渗入垫片边缘下面而影响搭接质量。

对那些必须进行表面处理的可移动部件，应该覆盖一层导电层。比较适宜的导电层有镀银或镀金等。

阳极氧化膜这类耐磨层一般是不导电的，因此在搭接前必须清除。铝表面还要有防止腐蚀的保护层。

4. 搭接技术的一般原则

1）搭接良好的关键在确保金属表面之间紧密接触。

2）对有较大相对运动的对象，搭接条要有一定的抗振性能和较好的柔性，以延长其工作寿命。

3）要确保搭接条或搭接片能够承受可能出现的最大电流，以免搭接条过载熔断造成更大危害。

4）搭接条和被搭接金属间应考虑防止电化学腐蚀。

5）搭接条应尽量短、宽（粗）、直，以满足搭接的低电阻和小电感要求。

5. 搭接的测试

为了检查搭接的性能是否符合设计要求，在安装完成后要测量搭接的直流电阻。

测量时应使用量程低至 0.001Ω 的电桥，而且连接线的电阻要小于 0.001Ω。连接线一般是使用具有大负荷能力弹簧夹子的编织线，以保证与被测搭接之间是面接触。

直流电阻的测量能够说明金属表面之间的机械结合是否良好，但它测量不出影响搭接射频性能的物理结构因子。

搭接的射频测量可以用扫频与并联 T 型网络插入损耗测量法进行，这种方法可以在经常出现搭接性能恶化的频率范围内确定搭接阻抗的大小。

7.3 隔离设计

7.3.1 电磁隔离技术

变压器主要由绕在共同铁芯上的两个或多个绕组组成。当在一个绕组上加上交变电压时，由于电磁感应而在其他绕组上感生交变电压。因此变压器的几个绕组之间是通过交变磁场互相联系的，在电路上是互相隔离的。其隔离的介电强度取决于几个绕组之间以及它们对地的绝缘强度。

实际使用的变压器与理想的变压器特性并不完全相同。由于实际变压器铁芯的磁导率并非无穷大，所以变压器在空载时就存在励磁电流。如果铁芯材料的性能不好，励磁电流占变压器一次输入电流的比例将增大，变压器二次输出电流将降低。由于实际变压器铁芯的磁导率并非常数，因此将导致输出波形的畸变，特别是当铁芯饱和时，铁芯的磁导率会极大地降低，引起励磁电流急速增加，这样可能导致变压器烧毁。并且由于实际变压器铁芯存在涡流损耗和磁滞损耗，这些损耗不仅导致变压器的效率降低，而且引起铁芯发热，甚至可能导致绝缘损坏。由于铁芯的涡流损耗和磁滞损耗都与电压和频率有关，所以对不同的电压和频率，应当选择不同的铁芯材料。

除此上述描述的特性之外，变压器的一二次间存在寄生电容，进入电源变压器一次侧的高频干扰能通过寄生电容耦合到二次侧。而在变压器一二次间增加静电屏蔽后，该屏蔽与绕组间形成新的分布电容，当将屏蔽层接地后，可以将高频干扰通过这一新的分布电容引回地，而起到抗电磁干扰的作用。

由于普通变压器绕组间的寄生电容较大（未加屏蔽层为 nF 级，加屏蔽为 pF 级）。为了提高对高频干扰的隔离效果，可以在普通变压器绕组间增加一层屏蔽，并将该层屏蔽接地（接地线的长度应尽量短，否则因接地线的阻抗分压而使干扰的衰减变差）而成为隔离变压器。

隔离性变压器在实际系统中有很多的应用，例如：

1）在电力电子设备中，脉冲变压器多用于晶闸管触发电路、间歇振荡器和脉冲放大器的级间耦合。脉冲变压器的主要参数为有效脉冲磁导率、起始磁导率、漏感、分布电容以及匝比等。

2）一般测量用的变压器是指电压互感器和电流互感器。电压互感器或电流互感器将强电的电压或电流隔离并转换为弱电的电压或电流，其主要参数为绝缘电压、电压（或电流）的转换比及其精度等。

3）霍尔传感器是利用霍尔效应进行电磁测量的器件，由于电磁场的介入而实现电的隔离。霍尔传感器具有精度高、线性度好、动态性能好、频率响应宽和寿命长等优点。

7.3.2　光电隔离技术

1. 光电隔离器

光电隔离采用光电耦合器（见图 7-5）来实现，即通过半导体发光二极管（LED）的光发射和光敏半导体（光敏电阻、光敏二极管、光敏三极管、光敏晶等）的光接收，来实现信号的传递。由于发光二极管和光敏体是互相绝缘的，从而实现了电路的隔离。

当给发光二极管加以正向电压时，由于空间电荷区势垒下降。P 区空穴注入 N 区，产生电子与空穴的复合、复合时放出大部分为光形式的能量。给发光二极管加的正向电压越高，复合时放出的光量越大。当然，施加在发光二极管上的正向电压不宜过大，需要考虑其最大允许电流的限制，在实际应用中，可以串联一个限流电阻来减小电流，使发光二极管工作在允许的电流范围内。

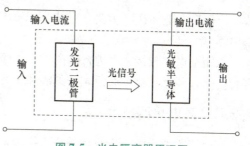

图 7-5　光电隔离器原理图

当光敏半导体比如光敏二极管，受到光照射时，在 PN 结附近产生的光生电子-空穴对在 PN 结的内电场作用下形成光电流，光的照度越强，光电流就越大。当光敏半导体没受到光射时，只有很小的暗电流。

2. 光电耦合器的特性

光电耦合器的特性是用发光二极管的输入电流和光敏半导体的输出电流的函数关系来表示的，如图 7-6 所示。

从光电耦合器的特性曲线可以看出，光电合器的线性度较差. 可以利用反馈技术进行校正。

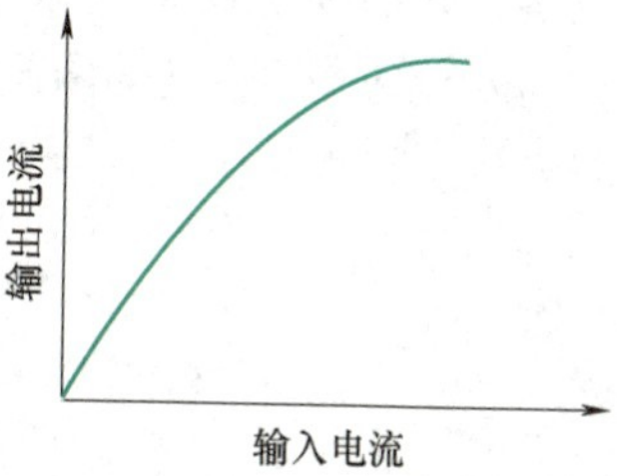

3. 光电耦合器的应用

由于光电耦合器的输入阻抗与一般干扰源的阻抗相比较

图 7-6　光电耦合器特性

小，因此分压在光电耦合器的输入端的干扰电压较小、它所能提供的电流并不大，不易使半导体二极管发光；由于光电耦合器的外壳是密封的，它不受外部光的影响；光电耦合器的隔离电阻很大（约 $10^{12}\Omega$）、隔离电容很小（约几个 pF），所以能阻止电路耦合产生的电磁干扰。但是要注意光电耦合的隔离阻抗随着频率的提高而降低，抗干扰效果也将降低。

7.3.3　机电隔离技术

本节所述的机电隔离技术指的是使用机械方法实现电气系统的隔离，通过机械触点将输入电路和输出电路隔离开来，减小电路中的电磁干扰，提高系统的抗干扰能力和安全性。

应用有触点电磁继电器时，有一些注意事项需要进行说明。机械触点的电磁干扰在机械点分断信号电流的过程中，由于电路电感的存在将会在触点间感生过电压，这个过电压可能会导致触点间隙击穿而产生电弧；当触点间隙加大时，电弧熄火，触点间电压又升高，电弧又重燃；如此重复，直到触电间距足够大、电流中断时为止。

上述过程中，产生的电弧和峰值大、频率高的电压脉冲串将通过辐射和传导对其他电路和器件形成强烈的干扰。因此触点电磁继电器在使用时一般由电阻 R 和电容 C 串联组成。其原理是用电容转换触点分断时负载电感 L 上的能量，从而避免在触点上产生过电压和电弧造成的电磁干扰，最终由于电阻吸收这部分能量。

电路的参数计算如下：

$$R > 2(L/C)^{1/2}$$
$$C_1 = 4L/R^2 \tag{7-2}$$
$$C_2 = (I_m/300)^2 L$$

式中，R 为电阻（Ω）；L 为负载电感（μH）；I_m 为负载电感中的最大电流（A）；C 取 C_1、C_2 中大者。

采用继电器或接触器进行隔离时，由于其线圈工作频率较低，不适用于工作频率较高的场合，另外还存在触点通断时的弹跳和火花干扰以及接触电阻等缺点。

7.3.4　声电隔离技术

声电隔离技术的工作原理是输入换能器将电信号变成声信号，沿晶体表面传播，输出换能器再将接收到的声信号变成电信号输出，实现声电隔离。声电隔离技术以声表面波滤波器（见图 7-7）为代表，它是在一块具有压电效应的材料基片上蒸发一层金属膜，然后经光刻，在两端各形成一对叉指形电极。在发射端，给发射换能器加上信号电压后，就在输入叉指电极间形成一个电场，使压电材料发生机械振动，形成超声波，该超声波向两边传播。在接收端，接收换能器将机械振动再转化为电信号，由叉指形电极输出。在声表面波滤波器中，信号经过电-声-电的两次转换，由于基片的压电效应，叉指换能器具有选频特性。

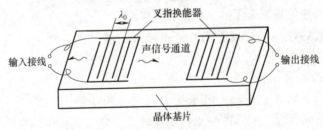

图 7-7　声表面波器件结构

7.4　设备内部的布线

在设备内部，布线不当是造成干扰的首要原因，大多数的干扰是发生在同一线束的电缆与电缆之间。所以正确的布线是设备可靠运行的基本保证之一。

7.4.1 线间的电磁耦合抑制方法

对磁场耦合：

1）减小干扰源和敏感电路的环路面积的办法是使用双绞线和屏蔽线，让信号线与接地线（或载流回路）扭绞在一起，以便使信号与接地线（或载流回路）之间的距离近。

2）增大线间的距离，使得干扰源与受感应的线路之间的互感尽可能地小。

3）如有可能，使得干扰源的线路与受感应的线路呈直角（或接近直角）布线，这样可大大降低两线路间的耦合。

对电容耦合：

1）增大线路间的距离是减小电容耦合的办法。

2）采用屏蔽层，屏蔽层要接地。

3）降低敏感线路的输入阻抗。这对 CMOS 电路比较有效，这是因为 CMOS 电路的输入阻抗很高，与静电容分压后，干扰信号加到 CMOS 电路输入端子上成分很高。如有可能，在 CMOS 电路的入口端对地并联一个电容或一个阻值较低的电阻，这可以降低线路的输入阻抗，从而降低因静电容而引入的干扰。

4）如有可能，敏感电路采用平衡线路作输入，平衡线路不接地。这样干扰源对平衡线路入口所施加的是共模干扰，利用平衡线路固有的共模抑制能力，克服干扰源对敏感线路的干扰。

7.4.2 一般的布线方法

在正式布线之前，首要的一点是将线路分类。主要的分类方法是按功率电平来进行，以每 30dB 功率电平分成若干组，见表 7-1。

表 7-1　按功率电平分类的布线方法

分类	功率范围	特点
A	>40dBm	高功率直流、交流和射频源（EMI 源）
B	10~40dBm	低功率直流、交流和射频源（EMI 源）
C	−20~10dBm	脉冲和数字源、视频输出电路（音频视频源）
D	−50~20dBm	音频和传感器敏感电路、视频输入电路（视频敏感电路）
E	−80~50dBm	射频、中频输出电路、安全保护电路（射频敏感电路）
F	<−80dBm	天线和射频电路

这种分类使同类导线的功率电平相差不超过 30dB。不同类的导线由于功率电平相差很大，应分别捆扎，分开敷设，敷设线束间的距离是 50~75mm；对于相邻类的导线，如果无法达到上述距离，在采取屏蔽或扭绞等措施后也可在一起敷设。

7.5　本章小结

本章介绍了电力电子装置在运行过程中可能产生的电磁干扰问题及其防护策略。对于设备产生的电磁波干扰问题，探讨了设备的屏蔽设计方法。对于不同的设备及干扰频率，介绍了几种不同的接地方式，并且采用搭接技术来避免金属外壳的电位差造成的电磁干扰。介绍了隔离设计的几种方法，以保障人员和设备的安全及提高电路的抗干扰能力。最后，介绍了设备线间电磁耦合抑制及布线的方法，以减少设备线间的电磁干扰。本章内容为电力电子装置的设计人员提供了全面的指导和参考，以确保装置的安全稳定运行和电磁兼容性。

习　　题

1. 什么叫屏蔽，屏蔽的目的是什么？
2. 试述屏蔽箱上孔缝对屏蔽作用的影响？
3. 试述屏蔽体材料选择的原则？
4. 接地设计的基本要求是什么？
5. 单点接地与多点接地分别适用于什么频率范围的电路？
6. 浮地技术主要适用于哪些场合？有哪些潜在风险？
7. 什么叫搭接，试分析不良搭接对电路的危害。
8. 在变压器中，为什么需要增加静电屏蔽，并简述其抗电磁干扰的原理？
9. 光电隔离的基本原理是什么？
10. 线间电磁耦合的类型有哪些？针对敏感电路有哪些措施？
11. 为什么在布线前需要对线路进行分类？

第8章 电力电子装置辐射电磁
干扰的诊断和抑制技术

电力电子设备发射的电磁干扰，除了沿元件和导线传播的传导干扰，还存在以电磁波形式向空间传播的辐射干扰。这类干扰频段更高、影响的空间范围更大、传播的路和场更加复杂，造成辐射干扰分析、管控和成功通过认证的难度更大。加之辐射干扰的测试所需设备和时间成本要求更高，如何诊断和抑制这些辐射干扰，已经成为电力电子设备亟待解决的焦点问题。

本章介绍电力电子设备辐射电磁干扰的诊断和抑制技术。首先，从天线辐射理论出发，分析和建立电力电子设备辐射电磁干扰机理，形成设备辐射电场的估算方法。其次，针对设备内多种变换器辐射干扰相互耦合，无法定位主导干扰源的问题，提出基于包络解调的主导干扰源快速诊断方法和基于时频矩阵的多源干扰解耦诊断。再次，为解决辐射路径复杂难辨的问题，在解决辐射电压和电流高保真测量的基础上，提出了辐射路径辨识技术，有效解决辐射干扰堵不住，辐射滤波器失效等问题。最后，系统性阐述和比较了辐射干扰源和干扰路径的抑制技术。本章为辐射干扰的管控和成功认证提供估计-诊断-抑制的成套技术方案。

8.1 电力电子装备辐射电磁干扰机理

本节讨论辐射电磁干扰如何被电力电子设备产生，并传播到 EMC 检测设备。进而导出辐射电场的估算方法。

8.1.1 天线基本辐射理论

8.1.1.1 天线辐射机理

首先需要介绍一些辐射基本理论。图 8-1 展示天线发射机理。图中蓝色箭头是电场线。当两个导体平行时，电场线垂直导线，此时电磁能量集中于平行导体内，能量无法发射，也就是常见的电容物理模型，如图 8-1a 所示。当电容的极板张开后，电场线开始弯曲，如图 8-1b 所示。当电容的极板完全展开后，部分电场线闭合，并因电磁感应产生电磁波，向外发射电磁能量，如图 8-1c 所示。亦即，天线是电磁开放结构。从电流的观点看，天线上的传导电流转化成了由天线附近的纵向场与天线以外的环形场组成的空间位移电流，因此仍满足电流的连续性。

电力电子设备的开关器件会产生跳变的脉冲波形，这一干扰源激励在天线两端进而产生辐射 EMI。

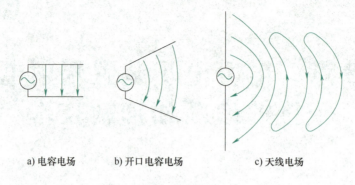

a) 电容电场　　　b) 开口电容电场　　　　　c) 天线电场

图 8-1　天线发射机理

8.1.1.2　天线的极化、方向性和输入阻抗

天线的极化描述天线所辐射的电场的矢量特性。天线极化是指天线辐射时形成的电场强度矢量方向，是描述天线辐射电磁波矢量空间指向的参数。由于电场与磁场有恒定的关系，故一般都以电场矢量的空间指向作为天线辐射电磁波的极化方向。瞬态电场矢量的尖端随时间变化描绘出的图，决定着电磁波的极化。直导线天线辐射出的波，具有平行于导线的线极化。

天线的极化主要分为线极化、圆极化和椭圆极化。EMC 法规要求的垂直和水平极化即均属于线极化。图 8-2 展示了水平和垂直极化电场矢量末端组成的轨迹，轨迹投影到垂直水平平面上，始终为一条线段，即为线极化。

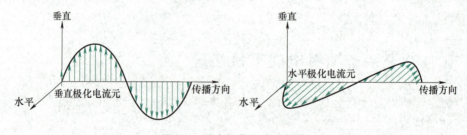

图 8-2　垂直极化和水平极化

天线的极化既适用于发射，也适用于接收。天线的极化状态决定了其电磁辐射和接收的性能。EMC 测试过程既存在天线的发射又存在接收。电力电子装备中的天线产生辐射电磁干扰，复合对数周期形式的 EMC 测量天线将接收辐射电磁干扰。水平极化的天线只会有选择性的接收水平极化的电磁场，垂直极化同理。也就是说，电力电子设备中天线的极化方向，决定了 EMC 测试天线处于何种极化方向时，所测 EMI 频谱幅值最大。

天线的方向性表征了天线辐射电磁波在不同方向的集中程度。一个天线是一个空间发射器，会向全空间辐射电磁波，但是有些方向辐射电磁波强，有些方向弱。方向性通常用方向图表示，即将电磁波发射强度随三维空间的分布画出来，这可以通过 CST 等电磁仿真软件实现。在 EMC 测试中，与方向性最相关的是转台的角度。辐射 EMC 测试需要测量被测物在旋转一周时的最大辐射电场强度。更专业地说，就是方向性最强时的辐射发射。

EMC 中的高频和低频辐射通常以 30MHz 为界，低于 30MHz 的干扰为低频辐射，高于 30MHz 的干扰为高频辐射。低频辐射测量仅在电场天线垂直极化状态进行，而高频辐射测量应分别在垂直极化和水平极化状态进行。

对于军用标准，极低频（25Hz~100kHz）需要测量磁场辐射，测试距离仅为 7cm；电场辐射则包含从 10kHz~1GHz，测试距离为 1m；军标 RE101 RE102 的 RBW 选择依据可参照表 2-3。对于车用 EMI 标准，低于 150kHz 的辐射 EMI 不做限制要求。对于 150kHz~30MHz 的辐射 EMI，应在一个 3m 半电波暗室中，使用单极天线进行距离被测设备（EUT）1m 处的辐射 EMI 测量。对于 30MHz 以上的频率，应使用双锥天线和对数周期性天线进行距离 1m 处的测量。而对于非车船类的民用标准，低于 30MHz 的辐射 EMI 不做限制要求。在 30MHz 以上的频率范围内，使用双锥天线和对数周期性天线进行 3m 或者 10m 距离处的辐射 EMI 测量。这些不同标准的测试距离要求源于设备使用场景，因为车船用设备距离密集，故测试距离为 1m 小于非车船用设备的 3m/10m 测试距离；因为车船存在很多低于 30MHz 频段的广播设备，所以需要限制低频辐射。这些区别总结见表 8-1，在本书中着重关注民用标准类别，属于 30MHz~1GHz 范畴。

表 8-1　不同辐射标准的区别

辐射类别	军用标准 GJB151B RE101 和 RE102		车用标准 GB/T 18655—2018	非车船类民用标准 GB 4824—2019
	RE 101	RE 102	电场辐射 150kHz~30MHz RBW 9kHz 测试距离 1m	不做限制
低频辐射 <30MHz	磁场辐射， 25Hz~100kHz RBW 0.01 或 0.1 或 1kHz 测试距离 7cm	电场辐射， 10kHz~30MHz， RBW 1 或 10kHz 测试距离 1m		
高频辐射 ≥30MHz	RE 102 电场辐射 30MHz~1GHz RBW 100kHz 测试距离 1m		电场辐射， 30MHz~1GHz， RBW 120kHz 测试距离 1m	电场辐射， 30MHz~1GHz， RBW 120kHz 测试距离 3m/10m

8.1.1.3　面向电力电子装备的天线近场和远场划分

近远场的基本概念在 1.3.2.3 中有介绍，下面进一步定量分析电力电子装备辐射的远近场。天线的发射场根据距离 r 和波长 λ 的关系，分为感应近场，辐射近场和远场。三种辐射分区具有不同的电磁场简化表达式。辐射场的分区如图 8-3 所示，k 为波数，r 为电磁波传播距离。当 kr 远小于 1 时，该距离 r 对于该频率属于感应近场，能量不会向外发射，通常以集总元件等效感应近场效果。当 $kr \gg 1$ 时（通常按大于 10 倍作远大于计），该距离 r 对于该频率属于辐射远场，此时电场分析可以做远场简化。当 kr 不满足远大于 1 时，属于辐射远场和感应近场的中间场区，称之为辐射近场。在这个场区仅一部分电磁场会向外发射。这里远场简化是指，远场辐射电磁场的场矢量方向和电磁波传播方向相互垂直，符合右手螺旋定则；电场仅有法向分量；电场幅值与距离 r 成反比。

对 EMC 标准规定的 3m 和 10m 两种辐射测量距离，有必要讨论辐射场分区，这对于理解电力电子装置辐射机理、采用正确的分析理论、预估辐射场强具有重要意义。

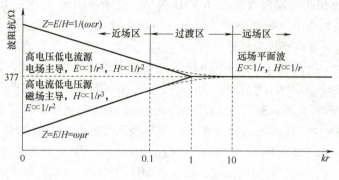

图 8-3　辐射场的分区

国内和国际产品辐射发射测量的频率范围，从 150kHz 到超过 1GHz 超宽频带。较低频率，150kHz 信号的波长是 2000m，30MHz 信号的波长为 10m，而 1GHz 频率的一个波长为 30cm。因此，被测产品在测量频率的低端处于天线的近场区中，而在测量频率范围的高端处于远场区。在下一节辐射中发现，发射器的近场发射场要比远场复杂得多。虽然某些在远场情况的有效简化被频繁使用，但它们并不适用于近场情况。举个例子来说，与距离成反比的规则经常用于将在某个测试距离上的辐射发射测试结果转化成另一个距离上的结果。这就假设场会随着测试距离的减小（增加）而线性地增加（减小），这仅在远场情况下是正确的。由于 150k-30MHz-1GHz 的频段太宽，一部分频段处于近场一部分频段处于远场，这使得 EMI 的分析更加复杂。

尽管 EMC 法规 EN55022 和 CISPR32 等系列标准规范了辐射干扰在 30MHz～1GHz 的发射，但是电力电子设备的辐射并不需要关注如此宽频段。电力电子设备的辐射电磁干扰主要集中于（30～200）MHz 区间。在开关损耗和散热能力等限制下，电力电子设备的开关频率通常最大为 100kHz 级，甚至对于大功率设备，开关频率仅有十几 kHz。这与微波电磁兼容研究中 MHz 级甚至 GHz 级的时钟信号有显著差别。较低的开关频率使得电力电子装置的辐射干扰出现频段较低。

根据图 8-3，表 8-2 计算了 3m 和 10m 测试距离时，不同频率辐射分区。可见对于 10m 测试，大于 47.7MHz 大部分频率区间都属于辐射远场，可采取远场简化。而对于 3m 测试，小于 159MHz 的频率区间都属于辐射近场，不能采取远场简化。

表 8-2　辐射 EMC 测试不同频率不同距离分区

$f/$（MHz）	kr（3m）	3m 测试分区	$f/$（MHz）	kr（10m）	10m 测试分区
30	1.844	辐射近场	30	6.28	辐射近场
47.7	3	辐射近场	47.7	10	**临界区**
159	10	**临界区**	159	33.24	辐射远场
200	12.56	辐射远场	200	41.88	辐射远场

8.1.2　辐射场分析

8.1.2.1　电偶极子辐射

电偶极子又称电流元、电基本振子。它是指一段高频电流真导线，其线全长 $dl \ll \lambda$，其

半径 $a \ll dl$，线上电流处处等幅同相。用这样的电基本振子可以组成实际的复杂天线，所以电基本振子辐射特性是研究复杂天线辐射特性的基础。

根据电流连续性原理，在电基本振子两端将同时积存大小相等、符号相反的时变电荷，这是为什么叫作电偶极子的原因。将电偶极子的中心置于球坐标系的坐标原点，并使 dl 沿 z 轴方向，并绘制电场磁场分量，如图 8-4 所示。式（8-1）~式（8-5）展示了电偶极子辐射电场磁场的通用表达式。当满足 $kr>1$ 时，可以将公式中的部分和 $1/(jkr)$、$1/(kr)^2$ 有关的项省略，得到计算辐射近场的简化表达式，如式（8-6）。

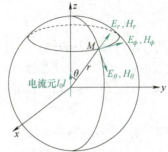

图 8-4　电基本振子的辐射场

$$H_r = H_0 = 0 \tag{8-1}$$

$$H_\phi = j\,\frac{kI_0 l\sin\theta}{4\pi r}\left[1+\frac{1}{jkr}\right]e^{-jkr} \tag{8-2}$$

$$E_r = \eta\,\frac{I_0 l\cos\theta}{2\pi r^2}\left[1+\frac{1}{jkr}\right]e^{-jkr} \tag{8-3}$$

$$E_\theta = j\eta\,\frac{kI_0 l\sin\theta}{4\pi r}\left[1+\frac{1}{jkr}-\frac{1}{(kr)^2}\right]e^{-jkr} \tag{8-4}$$

$$E_\phi = 0 \tag{8-5}$$

$$\left.\begin{array}{l}
E_r \simeq \underbrace{\dfrac{\eta I_0 l}{2\pi}}_{\text{constant}}\ \underbrace{\dfrac{\cos\theta}{r^2}}_{\text{magnitude item}}\ \underbrace{e^{-jkr}}_{\text{phase item}} \\[3mm]
E_\theta \simeq \underbrace{\dfrac{\eta I_0 l}{2\pi}}_{\text{constant}}\ \underbrace{\dfrac{k\sin\theta}{2r}}_{\text{magnitude item}}\ \underbrace{je^{-jkr}}_{\text{phase item}} \\[3mm]
E_\phi = E_r = H_\theta = 0 \\[2mm]
H_\phi \simeq j\,\dfrac{kI_0 le^{-jkr}}{4\pi r}\sin\theta
\end{array}\right\} \quad kr>1 \tag{8-6}$$

8.1.2.2　磁偶极子辐射

一种重要的辐射干扰源就是磁流元辐射器，或称磁偶极子。虽然磁流元在自然界中并不存在，但是有一些形状的辐射器所产生的场与假想的磁流元所产生的场完全一致。例如，一个直径远小于波长的载流圆环所产生的场和一个短的磁偶极子的场等效。此载流圆环在任意距离处的场如式（8-7）所示。公式所用的坐标系与图 8-4 相同，只是将电流元替换成磁流元，场量的标识相同。dm 定义为磁偶极子的微分磁矩。一个直径很小的圆环的磁矩就等于通过此圆环的电流 I 与圆环的面积 A 的乘积。

$$\begin{cases}
E_\varphi = 30k^2 dm\left[\dfrac{1}{kr}-\dfrac{j}{(kr)^2}\right]\sin\theta e^{-jkr} \\[3mm]
H_r = \dfrac{k^2}{2\pi}dm\left[\dfrac{j}{(kr)^2}+\dfrac{1}{(kr)^3}\right]\cos\theta e^{-jkr} \\[3mm]
H_\theta = -\dfrac{k^2}{4\pi}dm\left[\dfrac{1}{kr}-\dfrac{j}{(kr)^2}-\dfrac{1}{(kr)^3}\right]\sin\theta e^{-jkr} \\[3mm]
E_r = E_0 = H_\varphi = 0
\end{cases} \tag{8-7}$$

对于以磁流元作为干扰源的近区场，当 $r \ll \lambda/2\pi$ 时，由式（8-7）可得到其波阻抗为

$$Z_H = -\frac{E_\varphi}{H_\theta} = j120\pi kr = j\frac{2\pi r}{\lambda}\eta \tag{8-8}$$

对于近区场，$2\pi r \ll \lambda$，因此有 $|Z_H| < \eta = 120\pi$，故又将磁流元的近区场称为低阻抗场。由式（8-8）可知，频率越低或距离磁流元越近，则磁流元的近区场波阻抗越小。对于 r 远大于波长的远区场来说，各场的分量可简化为

$$E_\varphi = \frac{30k^2 dm}{r}\sin\theta e^{-jkr} \tag{8-9}$$

$$H_\theta = -\frac{k^2 dm}{4\pi r}\sin\theta e^{-jkr} = -E_\varphi / 120\pi \tag{8-10}$$

注意磁流元的场强表达式几乎与电流元的场强表达式完全相似，其不同点仅仅是把电与磁的量互换而已。短的磁偶极子或小直径圆环的方向图和电偶极子方向图一样。小圆环的方向图在圆环的平面是一个圆，而通过圆环的轴的平面上则是一个 8 字形，各个方向的幅值则与 $\sin\theta$ 成正比。当圆环的直径小于 1/10 波长时，所给出的表达式是相当精确的。

8.1.2.3 辐射耦合方式

辐射干扰通常可分为以下 4 种耦合途径：

（1）天线与天线间的辐射耦合

这是指某天线产生的电磁场在另一天线上产生的电磁感应。对于有意辐射的电磁场，接收天线上产生的感应电流经馈线流入接收机，从而完成信号接收。在实际工程中，电子设备的输入、输出线（例如信号线、控制线等）存在天线效应，将会接收到电磁干扰，这是无意辐射耦合。

（2）电磁场对导线的感应耦合

电子设备的连接线（包括信号线、电源线、控制线等）暴露在机箱外面的部分，在干扰电磁场的作用下而产生感应电压或感应电流，引入设备而形成辐射干扰。

（3）电磁场对闭合电路的耦合

当回路的最大长度大于干扰电磁场的 1/4 波长时，辐射干扰电磁场将与闭合回路产生电磁耦合。

（4）电磁场对孔缝的耦合

干扰电磁场通过机箱上的孔洞、缝隙进入机箱内部，形成对内部设备的干扰。

8.1.3 电力电子装置辐射电场的估算方法

估计辐射电场是分析辐射机理的目的之一。采用特定的公式模型或者算法，预估电力电子装置辐射电场的主要方式。下面列举了三种估算方法。

8.1.3.1 公式估计法

实测电流是预估辐射的有效方式。电力电子装置的主要辐射源是输入输出线缆，线缆的辐射模型即为电偶极子。EMC 测试中线缆长度通常是 0.8m，远小于 EMI 波长，线缆天线为电小尺寸天线，可以认为线缆上辐射电流处处相等，线缆辐射可以当作电偶极子处理。将式（8-6）（电场远场简化表达式）中常数变量带入化简，可以得到辐射电场估算式（8-11）。式中 $E =$ 电场（V/m），f 为频率（Hz），l_c 为电缆长度（m），r 为电缆到天线的距离，I_{rad} 为

CM 辐射电流（A）。应该注意，这里的电缆长度 l_c 与式（8-6）中天线长度 l 含义区别应该被强调。天线的长度包含天线的两极长度之和，例如以输入输出线缆组成一副天线时，天线长度为两倍的线缆长度，亦即式（8-11）。直接化简式（8-6）时，所得到的公式常数系数为 $2\pi\times10^{-7}$，最终预测公式中为 $2\pi\times10^{-7}$ 系数，就是因为天线长度 l 替换成了 2 倍的线缆长度 l_c。

$$\begin{cases} E = \dfrac{4\pi\times10^{-7}f_{pk}l_cI_{rad}}{r} \\ l = 2l_c \end{cases} \tag{8-11}$$

8.1.3.2　实测天线系数估计法

通常一类产品的线缆天线模型是保持不变的，可以实测出表征天线发射特性的系数（见图 8-5），用于产品迭代升级中的电场预测，这就是实测天线系数估计法。在电波暗室中，用射频信号发生器替代电力电子装置激励线缆天线，其他保持不变。为了产生宽频激励，信号发生器通常采用 10MHz 方波信号，其谐波分量可以覆盖电力电子装置产生的 30~200MHz 辐射 EMI 频带。还应注意，由于天线为对称结构，而信号发生器的激励端是单端结构，二者直接连接会影响方法测量结果准确性，因此需要插入单端转对称的隔离变压器（也称巴伦）。

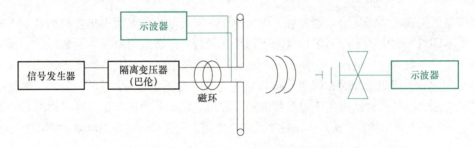

图 8-5　实测天线系数估计法测量图

天线系数可根据式（8-12）计算，电压 V_A 也可以替换为天线电流 I_A，下面以电压为例阐述。一方面，用示波器探头测量天线输入端的电压，并计算其频谱幅值 V_A。另一方面，按照测试规范在 3m/10m 远处用 EMC 天线捕获辐射电场，并用示波器测量计算电场频谱幅值 E_A。电场和电压的测量可以不是同时进行。根据式（8-12）可计算天线系数 G_{VA}。下一次进行电场预测时，可以仅测量天线两端电压，便可根据已知的天线系数 G_{VA} 估算发射电场。

$$G_{VA} = \frac{E_{max}}{|V_A|} \tag{8-12}$$

8.1.3.3　3D 仿真估计法

3D 仿真估计法是借助 CST、ANSYS 等电磁仿真软件，构建电磁设备的三维模型，不采取任何简化计算公式，通过对 3D 模型划分为数量和质量合适的网格后，对每个网格求解麦克斯韦方程组，获得天线电流及周围电磁场结果。一般，基于 3D 仿真的辐射电场预测包含以下几个步骤。

1）建立模型：根据电磁设备的实际参数和工作环境，创建精确的三维模型。这包括设备的几何形状、材料属性以及周围的电磁环境等。

2）设置边界条件：为仿真设定合适的边界条件，如吸收边界条件、完美电导体边界条件等，以模拟真实的电磁环境。

3）设置激励源：激励源可以是将实测的电压或者电流频谱导入到仿真中。

4）运行仿真：通过数值计算方法，如有限元分析法（FEM）或有限差分法（FDM），模拟电磁场的分布和变化。

5）结果可视化：固定观测点的电场值等一维结果可以直接通过曲线图分析。而一个空间或者面的电磁场仿真结果则可以通过三维图像或动画的形式呈现出来，便于直观分析和理解。与标准一致的电场预测可以通过在 3m 远处设置电场探针捕获实现。

3D 仿真估计法能够帮助工程师在设计早期就充分考虑到潜在的电磁兼容风险，避免后续昂贵的修改和测试成本，可以对设备的布局进行优化，以降低电磁干扰并提高设备的兼容性，从而提高产品的质量和可靠性。

然而，目前 3D 仿真技术未能在电力电子装置的电磁兼容分析中得到广泛的应用，因为该方法主要受限于：未知的材料和结构参数，过于复杂的电磁结构体，长期的时间投入但准确度不可靠，而且 3D 仿真技术非常依赖于工程师的仿真经验。

8.2　电力电子装置辐射电磁干扰源的诊断技术

随着电能变换的需求向多功能发展，电力电子装置开始集成多类多组变换拓扑。不同拓扑电路产生不同特性的电磁干扰，多种电磁干扰相互耦合，形成电力电子装置整机的多源电磁干扰，造成主导干扰源未知的问题，如图 8-6 所示。尽管现在已经有较多关于 EMI 抑制技术的研究，但是当主导干扰源未知时，抑制策略的部署是盲目的，如图 8-7 所示。因此，多源电磁干扰需要被诊断，以更精确地服务于建模和抑制。辐射电磁干扰源诊断是指针对辐射 EMI 频谱的每个频点，定位主导干扰源，确定隐藏在多源混合电磁干扰频谱下的单源电磁干扰真实贡献。

图 8-6　辐射干扰源诊断技术要解决的问题

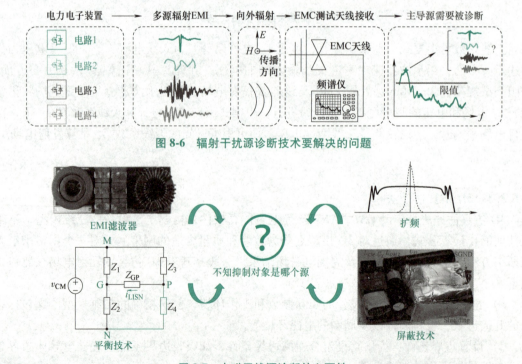

图 8-7　电磁干扰源诊断的必要性

逆变器是一个典型的多变换器电力电子系统，包含三电平有源钳位逆变器（Neutral Point Clamp Converter，NPC）、Boost 变换器、交直流反激式辅助电源等四种变换器，同时囊括了直/交、直/直电能变换类型。逆变器将作为本节的研究案例，借此介绍提出的多源诊断技术。

8.2.1　电力电子装置发射的多源电磁干扰

图 8-8 显示了带有交流和直流 LISN 的 30kW 逆变器的原理图。逆变器由四种类型的电力电子变流器组成：三相三电平中性点箝位逆变器、用于最大功率点跟踪的并联升压变流器、直流辅助电源（DC Auxiliary Power Supply，DCAUX）和交流辅助电源（AC Auxiliary Power Supply，ACAUX）两种反激电源。表 8-3 显示了每个变换器的调制策略。控制回路在各种工作情况下都需要这两个辅助电源。升压转换器提高来自直流源的直流电压。NPC 将直流电压逆变为三相交流电并馈入电网。交流 LISN 安装在逆变器和电网之间。直流 LISN 安装在逆变器和直流源之间。通过 LISN 测得的 EMI 应符合中行业 EMC 规范限值。在辐射测量时 LISN 被替换成共模退耦钳（Common Mode Absorber Device，CMAD）。

表 8-3　逆变器中四种变换器的调制策略

变换器类别	调制策略
NPC	20kHz 的不连续 PWM（Discontinuous PWM，DPWM）
Boost	18kHz 的固定占空比 PWM
交流辅助电源	频率在 80kHz 附近波动的准谐振零电压开通 PWM
直流辅助电源	频率在 90kHz 附近波动的准谐振零电压开通 PWM

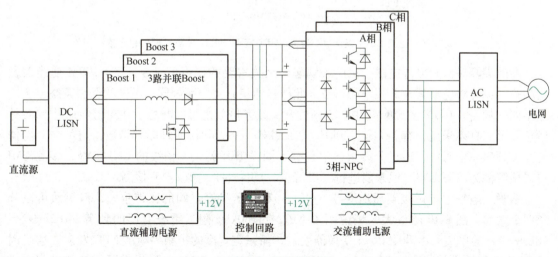

图 8-8　逆变器结构

每类转换器中的每个开关器件都会产生电压和电流脉冲。因此，多种宽带 EMI 会在开关瞬态中产生。每个转换器产生的 EMI 会传播到逆变器的每个部分。因此，EMI 相互耦合，形成多源 EMI。每个单源 EMI 的贡献都隐藏在耦合的多源 EMI 中。因此，很难确定主要的

EMI 源，进一步将造成电磁干扰建模和抑制有盲目性。为了预测和有针对性地抑制电磁干扰，迫切需要对多源电磁干扰进行解耦诊断。

8.2.2　低频传导 EMI 解耦诊断方法及其不足

8.2.2.1　基于离散频谱的低频传导 EMI 解耦方法

EMC 测试标准中规定的分辨率带宽（RBW）为传导发射（CE）的 9kHz 和辐射发射（RE）的 120kHz。该设置考虑了频谱分辨率精度和测量速度之间的权衡。RBW 越大，测量速度越快，但频谱分辨率越差。

标准中规定的 RBW 不能提供足够的频谱细节来解耦多源 EMI。图 8-9 还比较了由电磁干扰（EMI）接收机测量的标准 RBW 的频谱和示波器测量的 50Hz RBW 的频谱。这两种电磁干扰均由 AC LISN 检测。由于电磁干扰接收机的步进扫描原理，精细的 50Hz RBW 测量设置导致时间过长。在示波器上进行了基于快速傅里叶变换（FFT）的时域测量。测量时间为 20ms，即 RBW 为 50Hz。采样频率为 500MHz。图 8-9 显示，在 50Hz RBW 下获得了更多的频谱细节，允许分离不同的 EMI 尖峰，从而解耦 LF 型多源 EMI。

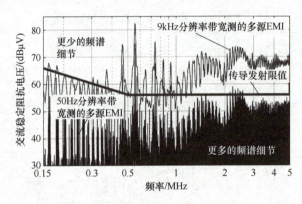

图 8-9　交流 LISN 频谱 9KHz 标准 RBW 和 50Hz 较窄 RBW 的比较

离散尖峰对低频多源电磁干扰的去耦起着至关重要的作用。研究证实，PWM 变换器发射的频谱尖峰对应于其开关频率的倍数。此外，即使开关频率相同，不同的调制策略也会产生不同的频谱。在 LF 多源 EMI 中，不同的开关频率倍数是可诊断的，并在图 8-10 中以各种颜色表示。具体来说，有 18kHz、20kHz、81.2kHz、92.6kHz 四种频率倍数，与不同变换器的开关频率完全对应。通过分离频谱中具有不同类型开关频率倍数的 EMI 尖峰，多源 EMI 可以预解耦为单源 EMI，但未能进行（准峰值）QP/（平均值）AV 检测。

尽管三电平中点钳位电压逆变器（NPC）和升压尖峰之间的频带重叠，但仍然可以分离两个频谱。图 8-10 的放大区域说明了 NPC 在 160kHz 附近重叠升压的频谱。162kHz(＝18kHz×9) 的单尖峰由升压 Boost 变换器发射，而一定宽度的扩频尖峰由 NPC 发射。这是因为 NPC 采用带边带谐波的 DPWM 正弦调制。因此，50Hz RBW 频谱提供了足够的细节来区分由不同调制的转换器产生的 EMI。

然而，标准中规定的 QP/AV 检测结果需要唯一的 RBW 和检测器充放电因子。未经 QP/AV 检测的预解耦频谱结果不能直接与标准限值进行比较。因此，对低频电磁干扰进行解耦还需要进一步的处理。分离的单源电磁干扰频谱需要转换回时域波形，该波形可以输入

第四章中提出的模拟 EMI 接收机的 QP 和 AV 检测算法。以 DCAUX 频谱为例，图 8-11 显示了预解耦 DCAUX 低频电磁干扰的频域和时域波形。不属于 DCAUX 发射的其他 EMI 频谱分量被置零。然后通过 IFFT 将其余频谱转换回时域单源 EMI 波形，只有在此之后才能送入 EMI 接收机检测程序，得到 QP 和 AV 结果的单源 EMI。

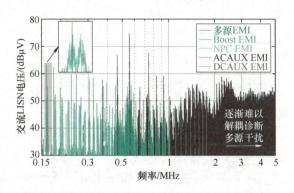

图 8-10　无 QP/AV 检测的预解耦 LF 多源 EMI

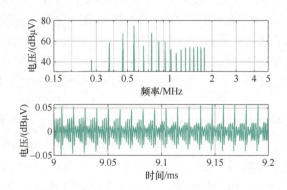

图 8-11　预解耦 DCAUX 电磁干扰的频域和时域波形

　　这些检测结果可以直接与认证的标准限值进行比较，从而避免了在没有 QP/AV 检测的情况下对主导 EMI 源的误判。例如，在图 8-10 的放大区域中，Boost 具有比 NPC 更高的未准峰值检测的 EMI 频谱。然而，NPC 具有比升压更大的尖峰宽度。NPC 的边带谐波在 QP/AV 检测频谱中相互积累，产生比 Boost 更高的 EMI。最终解耦和检测到的低频 EMI QP 结果显示在 8.2.4 部分的图 8-30。因此，NPC 是该频段真正的主导 EMI 源，这意味着未检测到的频谱可能导致错误的主导源。

　　图 8-12 总结了低频电磁干扰如何解耦的过程。多源 EMI 由 LISN 在标准测试配置中测量。然后用示波器对时域 EMI 进行采样，采样频率设为 500MHz，采样时间为 20ms。将采样的时域电磁干扰导入 MATLAB 中，计算 50Hz RBW 下的 FFT 频谱。在约 5MHz 以内的低频电磁干扰频谱中，对不同类别的单源尖峰进行了区分。多源电磁干扰被分离成不同的单源频谱。接下来，对单源 EMI 进行 IFFT 运算，以获得预解耦的单源时域 EMI。这些时域 EMI 被输入到仿真 EMI 接收机的 MATLAB 程序中，以计算 QP 和 AV 结果。最后，将检测到的不同单源电磁干扰频谱拼接在一起，形成解耦的低频电磁干扰输出。

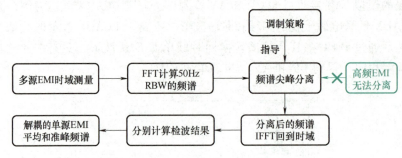

图 8-12　低频电磁干扰解耦方法及其不足

8.2.2.2　高频传导及辐射多源 EMI 诊断面临的困难

由于 PWM 调制，低频电磁干扰具有离散频谱。固定或接近固定的开关频率导致频谱中的离散尖峰。但是，大约 5MHz 以上的高频电磁干扰与低频电磁干扰具有不同的连续频谱，这是由于开关频率的波动。实际的数字控制器不能完全保证理想的完美的固定开关频率，这意味着开关频率必然存在波动。频率波动导致具有一定宽度的扩频尖峰。频率越高的谱峰宽度越大，使得谱峰相互连接，形成连续谱。以升压电磁干扰为例，即使 18kHz 开关频率的频率波动仅为 1‰（18Hz），在 5MHz 以上的高频电磁干扰下，频率波动将扩大到 278 倍（5kHz）。频谱尖峰的宽度扩展得很大。因此，频谱尖峰变得难以区分。其他调制策略，如 DPWM 和变频 PWM 甚至具有更大的尖峰宽度，这导致更难以区分的频谱。在电磁干扰源耦合后，多源高频电磁干扰是完全连续的，没有离散尖峰，无法采用低频传导 EMI 解耦方法。

因此，针对高频传导及辐射干扰源的诊断技术是亟须的。本文提出了两种诊断技术：基于包络解调的主导源诊断和基于时频矩阵的多源 EMI 解耦诊断。这两种技术的比较见表 8-4，包络解调可在测试现场实时实现低复杂度快速诊断主导干扰源，时频矩阵法需要一定的诊断分析时间，需在测试后进行处理，但解耦后的单源 EMI 幅值考虑了检波效应。

表 8-4　两种诊断技术的比较

技术	复杂度	准确度	是否可以得到每个干扰源发射的干扰幅值	能否考虑检波效应	成本	应用场景
包络解调法	低	高	否	否，仅平均值	相同	测试现场实时诊断
时频矩阵法	高	高	是	适用任何检波器		测试后诊断

8.2.3　基于包络解调的辐射干扰主导源辨识技术

8.2.3.1　辨识方法的原理说明

基于包络解调的辐射干扰主导源辨识技术的核心思路是：将辐射 EMI 与幅度调制波（Amplitude Modulated Wave，AMW）类比，分析其相似性，并借用处理幅度调制波 AM 的方法，即包络解调，来处理辐射 EMI。

表 8-5 从载波、调制波和解调方法等角度，比较了辐射 EMI 和幅度调制波。AM 和辐射 EMI 具有相似的波形，都表现为高频振荡。辐射 EMI 和 AM 具有相似的载波。对于 AM，载波是固定频率的正弦波，而对于辐射 EMI 载波是多种频率混合的正弦波，与 AM 载波略有

不同，但可以通过带通实现仅有固定频率的正弦波载波。AM 的调制波是任意波形，而对于辐射 EMI，调制波是调制策略，二者均满足调制波频率远小于载波频率。AM 的解调结果是恢复的传输信号，而辐射 EMI 的解调结果调制策略的脉冲时间。因此，AM 和辐射 EMI 具有高度的相似性。将包络解调方法借用到辐射 EMI 的处理中。

表 8-5　幅度调制波与辐射 EMI 比较

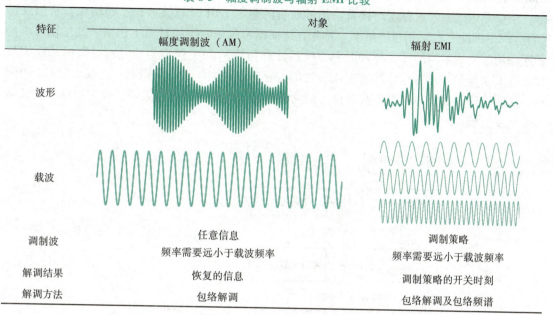

特征	对象	
	幅度调制波（AM）	辐射 EMI
波形		
载波		
调制波	任意信息 频率需要远小于载波频率	调制策略 频率需要远小于载波频率
解调结果	恢复的信息	调制策略的开关时刻
解调方法	包络解调	包络解调及包络频谱

图 8-13 展示了幅度调制信号调制和解调的原理。低频调制波乘以高频载波得到 AM 波。AM 波经过包络检波后恢复原始要传递的调制波信息。因此 AM 波能够被有效处理的一个重要特点是，载波的频率是固定的。

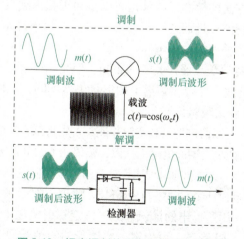

图 8-13　幅度调制信号调制和解调的原理

图 8-14 给出了所提出的多源辨识方法。首先按照标准测试流程测量辐射 EMI，但测试设备选择高带宽示波器而不是 EMI 接收机。这是因为主导干扰源辨识需要时域信息，而仅仅是频谱信息。然后首先基于 FFT 计算 EMI 频谱，确定峰值频点 f_{PK}。将时域 EMI 在峰值

频率 f_{PK} 处带通，带通宽度可选择当前频点的 1/10，即带通范围为 $[0.95f_{PK}, 1.05f_{PK}]$。带通宽度不建议与标准规定的分辨率带宽 RBW 相同。这是因为，标准规定的 RBW 在高频相对较小，带通后的包络趋于平稳，对于时域尖峰的辨识性能下降，具体表现为可区分的最高开关频率下降。考虑到主导干扰源类别的变化不是逐个频点突变的，而是渐变的。在相对较宽的频谱范围如 $0.1f_{PK}$，EMI 的主导干扰源是同一类别，但带通后包络的时域尖峰辨识性能更好，应该采用这一带通宽度。接着，预带通后的辐射 EMI 时域波形，已经转化为了幅度调制波 AM，因此可以采用包络解调。首先直接根据希尔伯特变换计算上包络，此过程可以揭示所采用的调制策略的开关脉冲时刻。然后计算包络的 FFT 频谱，此过程可以揭示开关频率。而 FFT 全局平均效应也决定了本方法的主导辨识是主导平均值辨识，这在 8.2.3.1 中两种方法相互验证部分也有进一步讨论。最后根据已知的变换器调制策略，确定主导干扰源属于哪个变换器。

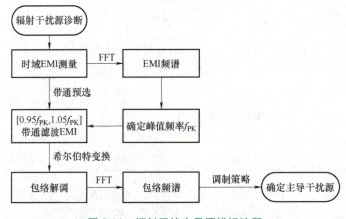

图 8-14　辐射干扰主导源辨识流程

因此，所提出的辨识方法的核心思路就是将以多频正弦为载波的辐射 EMI，经过带通预选处理后，转化为幅度调制波，进而通过包络解调和包络频谱确定主导干扰源的开关频率，最终确定主导干扰源来自哪种电力电子电路。

需要指出的是，即使两类变换器开关频率相同，但是由于正弦调制的 PWM 相较于固定占空比的 PWM 具有边带谐波，二者在频谱上的形状仍然不同，可以被区分。

8.2.3.2　辨识方法的仿真和实验验证

多源 EMI 定位的正确性可以通过仿真和实验验证。首先将该方法应用于仿真的多源辐射电磁干扰。图 8-15 显示了仿真的两种类型的电磁干扰源，幅值为 1 的 10kHz 不连续 PWM（Discontinuous PWM，DPWM）和幅值为 10 的 300kHz 固定占空比脉宽调制（Fixed Duty PWM，FDPWM），它们混合在一起产生多源电磁干扰。然后在 30MHz 频率下对多源电磁干扰进行高通处理，产生仿真的辐射电磁干扰。用所提出的辨识方法，确定辐射电磁干扰的主导干扰源。

图 8-16 为仿真的辐射 EMI 频谱，可确定需要诊断的峰值频段为 30MHz。此外，由于仿真的电磁干扰源的理想固定开关频率，不会有实验中非理想固定开关频率 PWM 产生的 EMI 的高频扩频效应，EMI 频谱呈现离散频谱。从频谱尖峰也可以确定主导电磁干扰源为 300kHz FDPWM。该结果可用于验证所提出的诊断方法。值得注意的是，在实验测量频谱中，辐射 EMI 由于其非理想特性而不表现为离散频谱，必定是连续频谱。

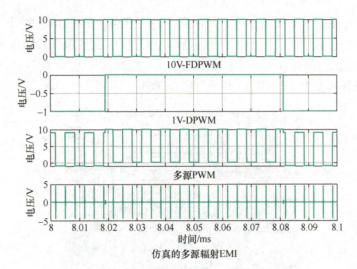

图 8-15　仿真的多源辐射电磁干扰

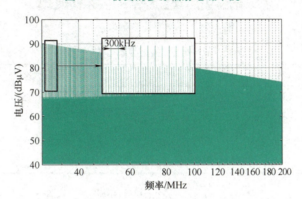

图 8-16　模拟辐射电磁干扰频谱

图 8-17a 显示了 30MHz 时的带通辐射 EMI。图 8-17b 所示为模拟多源电磁干扰的包络频谱。带有边带谐波的 10kHz 尖峰和没有边带谐波的 300kHz 尖峰在图 8-17b 中清晰可见，后者的幅值远大于前者，这表明 300kHz FDPWM 是主要的电磁干扰源，验证了诊断方法的正确性。此外，在一些研究中，例如调制频率分析法，无法同时实现 10kHz 的精细频率分辨率和 300kHz 的最高分析频率，该方法难以解决本问题。相比之下，所提出方法具有 50Hz 的精细分辨率和 500MHz 级的最高分析频率的优势。

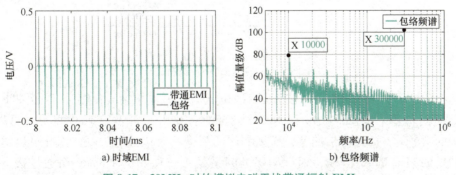

a) 时域EMI　　　　　　　　　　b) 包络频谱

图 8-17　30MHz 时的模拟电磁干扰带通辐射 EMI

　　图 8-18 为三电平逆变器实验平台，所研究的逆变器参数见表 8-6。逆变器发射的电磁干扰以电磁场的形式传播，被 EMC 测试天线接收。接收到的电场被转换成电压，由示波器或接收器测量。所提出的诊断方法需要时域电磁干扰，因此选用 R&S RTE 1024 示波器。测量时间为 20ms，采样频率为 500MHz，测点个数为 10M。

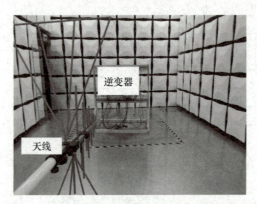

图 8-18　三电平逆变器实验平台

表 8-6　实验逆变器参数

参　数	数　值
直流输入电压/V	540
直流母线电压/V	700
交流网侧电压/频率	380V/50Hz
额定功率/kW	30

　　图 8-19 显示了测量的辐射电场的频谱，在图中可以看到一个 42MHz 的尖峰，然后选择这个频率来诊断主要的 EMI 源。频谱呈现连续格式，而不是离散格式，因此开关频率不容易分辨。

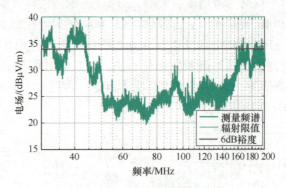

图 8-19　辐射 EMI 实测频谱

　　图 8-20a 显示了在 42MHz 下中频滤波后的电磁干扰及其包络线，然后对图 8-20b 所示的包络频谱进行计算。在 20.4kHz 和 18kHz 的频率尖峰和倍频程在图中可见。可以看出，20.4kHz 的频谱具有扩频边带谐波，而 18kHz 的频谱具有单独的尖峰，因此可以清楚地看出，18kHz 的频谱是 FDPWM，而 20kHz 的频谱是正弦调制的 PWM。而通过表 8-3 可知 20kHz 最靠近 NPC 开关频率。因此，NPC 是 42MHz 辐射 EMI 的主要来源。

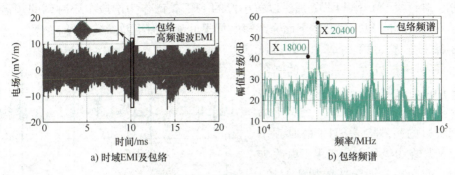

a) 时域EMI及包络　　　　　　　b) 包络频谱

图 8-20　42MHz 时的实测电磁干扰带通辐射 EMI

为了进一步验证所提出方法的正确性，确定了 DCAUX 变压器附近磁场的主要电磁干扰源。近场 H 探头测量如图 8-21a 提前知道主导 EMI 源为直流辅助电源，用于验证诊断结果是否一致。图 8-21b 频谱，从图中可以看出，占主导地位的电磁干扰源是具有 90kHz 开关频率的直流辅助电源 DCAUX。这些实验结果充分证实了所提方法的准确性。

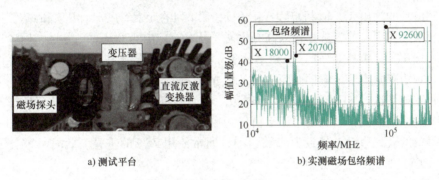

a) 测试平台　　　　　　　　b) 实测磁场包络频谱

图 8-21　DCAUX 变压器附近磁场主要电磁干扰的测试平台和结果

本节提出了一种诊断主导辐射电磁干扰源的新方法。该方法将辐射的电磁干扰抽象为通信中的调幅波，在带通滤波子带中进行分析，并通过包络解调揭示了嵌入在辐射 EMI 中的电路 PWM 调制信息。通过 30kW 逆变器的仿真计算和实验验证了该方法的准确性。该方法不仅可以应用于逆变器，还有望应用于各种类型的电力电子变流器，对有针对性地抑制电磁干扰源提供指导。

8.2.4　基于时频矩阵的电磁干扰多源解耦技术

尽管上述基于包络解调的方法实现了主导干扰源的快速辨识，但是仍然面临两点问题：各种干扰源的确切频谱幅值并未得到；主导源的辨识未考虑准峰值/平均值检波的影响。因此基于时频矩阵的辐射干扰多源解耦技术被提出。由于高频传导 EMI 和辐射 EMI 频率较为接近，具有类似的特性，在本方法中一起被解耦，证明方法的通用性。

8.2.4.1　解耦方法的原理说明

对于 5MHz 以上的高频段传导及辐射多源 EMI 完全解耦，可需要通过综合时域和频域信息，即时频分析的手段处理。本方法采用著名的短时傅里叶变换（Short Time Fourier Transform，STFT）算法处理。该算法原理概述为：将整个时域 EMI 分成若干段，并且段之间有重叠部分，对每段 EMI 作 FFT 处理。以每小段的 FFT 频谱作为本段中心时刻的频谱，此时便获得了不同时刻的 EMI 频谱。下面介绍短时傅里叶变换原理及参数选择。

图 8-22 显示了 STFT 的基本原理。长度为 M 的分析窗口以 R 个采样点的间隔在时域采样信号上滑动，每个窗口数据的 FFT 表示窗口中心时间的频谱。计算出的不同时间窗口的频谱构成 STFT 的时频矩阵。窗口函数在边缘处逐渐变小，以改善时域截断，避免频谱泄漏造成的假振铃。STFT 的具体表达式如式（8-13）所示。

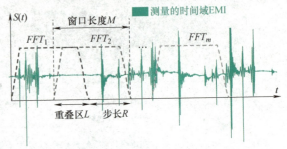

图 8-22　短时傅里叶变换的原理

$$X_t^f = \sum_{n=1}^{N} x(n)g(n-t\times R)\,e^{-j2\pi n(f-1)FR} \tag{8-13}$$

式中，X_t^f 是时间 t 和频率 f 处的信号频谱分量；g 是窗函数；FR 是频率分辨率；N 是输入时域信号的总点数。

式（8-13）的输出 X_t^f 是时频矩阵在第 f 行，第 t 列的元素。$g(n-t\times R)$ 和 $e^{-j2\pi n(f-1)FR}$ 可视为时间和频率选择项。前者选择输入高频电磁干扰 $x(n)$ 中的 $t\times R$ 时刻分量，后者选择输入高频电磁干扰 $x(n)$ 中的 $(f-1)FR$ 频率分量。通过计算不同 f 和 t 组合的 X_t^f，可以得到时频矩阵。时频矩阵是本节中解耦高频多源 EMI 的最重要工具。

下面介绍如何选择 STFT 算法的关键参数。首先确定窗函数。汉宁窗具有良好的频率分辨率和较少的频谱泄漏，因此使用汉宁窗作为窗函数。为了避免当窗口在时间轴上滑动时，尖峰落在窗口的衰减边缘，导致尖峰被遗漏，通常使用 75% 的重叠。此时，重叠区 L 和时间分辨率（TR）如式（8-14）所示。

$$\begin{cases} L = 0.75M \\ TR = \dfrac{R}{f_s} = \dfrac{0.25M}{f_s} \end{cases} \tag{8-14}$$

然后，选择窗口宽度 M 并决定 TR。M 既不能太大，以至于无法区分不同的尖峰，也不能太小，以至于 STFT 窗口无法包含一个尖峰的所有振荡。图 8-23 显示了待解耦信号的时域波形，不同形状的尖峰振荡来自不同的 EMI 源，振荡持续时间如图 8-23 所示。可以看出，1000ns 足以确保 STFT 窗口包含整个尖峰波形。当采样频率为 500MHz 时，1000ns 相当于窗口大小 $M = 500$。现在 $TR = 250$ns。图 8-23 中的尖峰间隔大于 250ns，可以实现不同尖峰的分离。

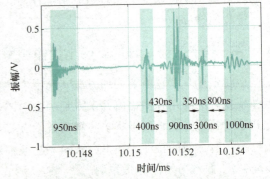

图 8-23　确定短时傅里叶变换的窗大小的方法

最后，确定频率分辨率（FR），通常称为分辨率带宽（RBW）。TR 和 FR 满足式（8-15）。TR 确定为 250ns 后，固有频率分辨率（FR'）被锁定为 1MHz，但它不能提供 5MHz 的足够频谱细节。在窗口末端添加零点有助于提高频率分辨率 FR。在窗口函数内 500 点时域数据的末端再添加 500 个零点，即

Zeros = 500，将产生 0.5MHz 的 FR，这将使频谱更加平滑。选定的参数见表 8-7。

$$FR' = \frac{f_s}{M} = \frac{500\text{MHz}}{500} = 1\text{MHz}$$

$$\Rightarrow FR = \frac{f_s}{M+\text{Zeros}} = \frac{500\text{MHz}}{500+500} = 0.5\text{MHz}$$

(8-15)

表 8-7　选定的 STFT 参数

f_s	FR	TR	M	L	R
500MHz	0.5MHz	250ns	500pts	375pts	125pts

时域 EMI 波形的采样时间为 20ms，采样频率为 500MHz，根据上述参数进行短时傅里叶变换。图 8-24 显示了得到的 501×79997 时频矩阵。矩阵的每一行元素具有相同的频率和不同的时间，每一列元素具有相同的时间和不同的频率。由于窗口宽度为 1μs，因此第一个时间点位于窗口中心的 0.5μs，同样，最后一个时间点为 1999.5μs。窗口之间的时间间隔为 0.25μs。矩阵元素的值是行对应的频率和列对应的时间的 STFT 复数。本节不使用相位角，只使用幅值。对于传导和辐射测试案例，每个案例都会生成一个时频矩阵。图 8-24 中标记的列向量将用于多源 EMI 的解耦。

以上利用短时傅里叶变换求得了时频矩阵。下面运用时频矩阵解耦不同高频 EMI。多个 EMI 源去耦的本质是将时域尖峰（即列向量）分组。同一组只包含特定 EMI 源开关产生的时域尖峰。此时，对每组时域尖峰进行准峰值/平均值检测，即可得出每个源的全频段 EMI 幅值，并可与 EMC 标准进行比较。

注意这里由于传播路径和 EMI 源本身的幅值不同，测试得到的不同 EMI 源产生的 EMI 时域尖峰具有独特的频谱特征。这一特征被嵌入时频矩阵的列向量中。

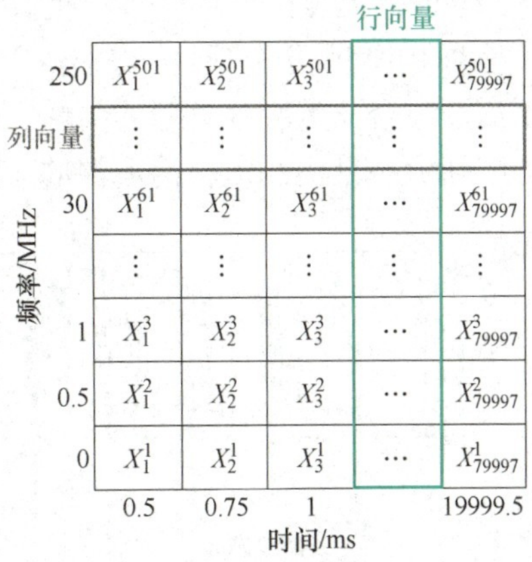

图 8-24　基于短时傅里叶变换的时频矩阵

对于 Boost 和 AC/DC 辅助电源，同一干扰源在不同时刻产生的 EMI 相似，但不同源产生的 EMI 不相似。这里相似既指时域波形相似，又对应频谱接近。由于不同的 EMI 源传播路径是线性时不变的，且彼此不同，因此三个转换器发出的 EMI 时域尖峰具有时间不变性，且彼此互不相同。对于 NPC 转换器的 DPWM 调制，开关脉冲的上升和下降时间会因输出正弦电流而改变。EMI 源产生的时域尖峰具有时变特性，不同时刻具有不同的频谱特性，很难进行分组。但是以逆变器为代表的新能源并网变流器通常只有一个逆变器或整流器。将其他 EMI 源去耦后，剩下的就是整流器或逆变器。

时频矩阵的列向量表示该列对应时间的电磁干扰尖峰频谱，具有相似列向量的尖峰被归为一组。两个向量之间的相似度可以通过欧氏距离来确定，式（8-16）显示的是高频电磁干扰列向量的分组判别函数。时频矩阵的第 n 行从 11~61 表示频率从 5~30MHz 的范围，求解每个列向量 $\boldsymbol{X}_i^n$ 与时频矩阵中参考列向量 $\boldsymbol{X}_j^n$ 之间的欧氏距离 d_{ij}。辐射电磁干扰与此形式一致，为 d 设置一定的阈值，可使时域 EMI 尖峰分组与参考矢量相似。需要注意的是，由于开关脉冲的上升和下降时间不同，同一个 EMI 源会被分为上升和下降两组尖峰。这两组尖峰叠加起来就是一个完整的单源 EMI。

$$d_{ij} = \sqrt{\sum_{n=11}^{61} \left(\text{abs}(X_i^n) - \text{abs}(X_j^n) \right)^2} \tag{8-16}$$

参考向量根据时域尖峰的位置选择。选择图 8-23 中 10.1507ms 的 EMI 峰值进行解耦。该时间对应于时频矩阵的第 40602 列。图 8-25 显示了各列向量与第 40602 列参考向量的欧氏距离结果。同一电磁干扰源发出的列向量欧氏距离较小，相似度较高，但并不完全相同，这是因为 STFT 的窗函数在滑动时并不总是与时域电磁干扰尖峰完全一致，有些尖峰会受到窗函数边缘衰减的影响。然而，同一组列向量的欧氏距离与其他源列向量的欧氏距离仍有很大差异。

欧氏距离阈值为参考矢量和无电磁干扰列矢量之间距离的一半，因此阈值选择为 19.2，如图 8-25 所示。当每个列向量的欧氏距离小于该阈值时，就认为它们与参考向量来自同一 EMI 源。此外，约 0.0125ms（80kHz）的间隔表示行矢量组属于 ACAUX。通过保留符合阈值的列矢量时间并清除其他时间的 EMI 尖峰，可以实现 ACAUX EMI 的解耦。尖峰保留范围可根据所选尖峰的宽度来确定，以提高分辨率精度。10.1507ms 时的尖峰宽度约为 400ns，可选择 500ns 的尖峰保留宽度，对应 250 个采样点，将图 8-26 所示的去耦时间矢量与原始时域 EMI 信号相乘即可实现这一过程。图 8-27 所示的去耦 EMI 时域尖峰就产生了。请注意，EMI 信号源会产生两种类型的尖峰，即上升尖峰和下降尖峰，这两种尖峰需要分别解耦，图中的解耦尖峰是由交流辅助电源的下降沿产生的。

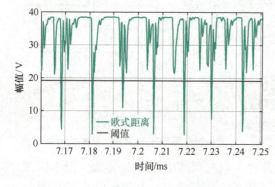

图 8-25　用于分离不同干扰源的欧氏距离

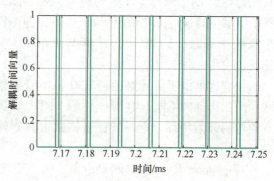

图 8-26　解耦时间向量

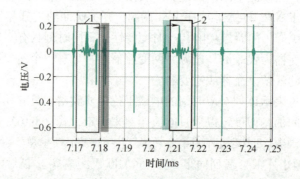

图 8-27　交流辅助电源的解耦时域 EMI 峰值（下降沿）

在图 8-27 中框 1 所示的区间内有两个 EMI 峰值。这是由于两个 EMI 源的开关时刻几乎相同，而尖峰的时域间隔小于时频矩阵的 TR，因此无法分开。请注意，交流和直流辅助源都是 80kHz/90kHz 变频准谐振转换器，与固定 18kHz 频率 Boost 的相同开关切换的周期很长。这种解耦失败的尖峰出现得非常少，对解耦 EMI 的频谱结果影响很小。

对 3 种 DC/DC EMI 源的 6 组不同参考列矢量重复上述过程，即可实现所有 EMI 源的上升沿和下降沿的分组去耦。图 8-28 总结了基于时频矩阵列矢量的多源解耦流程图。

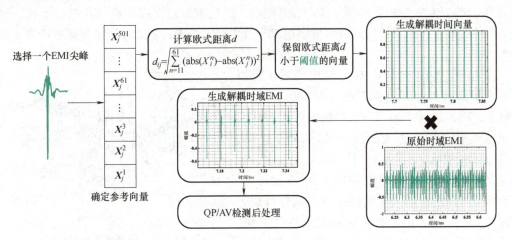

图 8-28　基于时频矩阵列矢量的多源解耦流程图

8. 2. 4. 2　解耦及辨识诊断方法的相互验证

1. 实验平台

多源电磁干扰测试平台如图 8-29 所示。本节首先验证低频传导 EMI 解耦方法，并进一步展示其不足，最后验证高频传导及辐射 EMI 解耦诊断方法。所研究的逆变器参数如表 8-6 所示。通过线性阻抗网络（LISN）和天线检测传导（Conducted Emission，CE）和辐射（Radiated Emission，RE）电磁干扰。然后用 R&S RTE 1024 示波器测量转换后的电磁干扰电压。本节分析了整个逆变器交流端口 CE 电磁干扰与 RE 电磁干扰的去耦问题。设置示波器的采样频率为 500MHz，采样点数为 10M。受示波器带宽的限制，仅对 200MHz 的辐射电磁干扰进行分析。

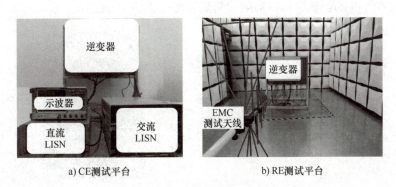

a) CE测试平台　　　　　　　　　　　　b) RE测试平台

图 8-29　30kW 逆变器电磁干扰测试平台

后续实验和相当多文献的结果也表明，超过标准限值的 EMI 集中在 200MHz 之前。这是因为由于开关损耗和散热问题，大功率变换器的开关频率低。对于所研究的 30kW 逆变器，所有变流器的开关频率都小于 100kHz。一些逆变器的研究案例也指出，开关频率为 100kHz，辐射 EMI 集中在 140MHz 之前。低开关频率使得 200MHz 以上的高频辐射频段几乎没有辐射电磁干扰。

2. 低频多源电磁干扰解耦的验证

图 8-30 所示为基于离散谱的低频电磁干扰解耦结果。低频多源和去耦的单源 EMI 都被检测为准峰值检波（QP）结果。AV 结果相似，因此未显示。基于解耦的电磁干扰，确定了主要的电磁干扰源。然后，针对低频电磁干扰进行了精确抑制，验证了低频解耦方法的准确性。

首先，图 8-10 和图 8-30 的对比说明了模拟电磁干扰接收机处理的重要性。在 160kHz 左右的频段，图 8-10 中 50Hz RBW 频谱的升压 EMI 大于三电平中点钳位逆变器（NPC）EMI。然而，在考虑 EMI 接收机检测的 9kHz RBW 频谱中，升压电路和 NPC 的 EMI 幅值如图 8-30 所示相当，这证明了所提出解耦方法的优越性。充分考虑了不同 RBW 下主导电磁干扰源可能发生的变化。主导源诊断时应采用标准中规定的 9kHz RBW。

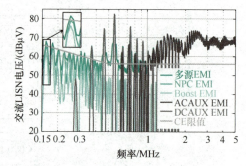

图 8-30 低频多源电磁干扰与去耦单源电磁干扰的 QP 频谱比较

然后，在解耦电磁干扰的基础上，对低频主导电磁干扰源进行了分析。如图 8-30 所示。低频电磁干扰峰值频率为 560kHz。在这个频率上，直流辅助电源（DCAUX）是低频电磁干扰的主要来源，具有最高的幅度，应该有针对性地采取抑制措施。DCAUX 的主要传播路径是通过直流 BUS 总线，然后通过 N 线或 NPC 电路输出到如图 8-8 所示的交流 LISN。测量的多源电磁干扰以共模（CM）电磁干扰为主。因此，有针对性的抑制策略专门针对 DCAUX 发射的共模 EMI。

图 8-31 显示了 DCAUX 的针对抑制策略。DCAUX 的输入电缆上安装了一个小磁环，典型的抑制策略要求将磁环安装在逆变器的交流输出处，其中电缆需要承受 150A 的高电流。耐受大电流的磁环尺寸要大得多，图 8-31 还比较了小磁环的精确抑制和大磁环的典型抑制策略体积及成本，可以明显看出，精确抑制显著提高了功率密度。

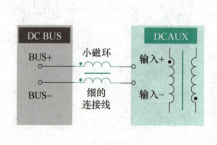

a) 原理图   b) 精确抑制与常规抑制的大小比较

图 8-31 低频多源电磁干扰的精确抑制策略

图 8-32 为精确抑制前后的低频多源电磁干扰。在 400kHz~1MHz 频段，DCAUX 的目标抑制策略实现了 18dB 的最大抑制，此外非 DCAUX 主导的其他频段几乎没有变化。结果验证了低频电磁干扰解耦是正确的。

3. 高频多源电磁干扰解耦的验证

从两个方面验证高频多源电磁干扰解耦。首先，将基于包络解调的辨识结果与基于时频矩阵的解耦结果进行比较，相互验证主导干扰源诊断的正确性。其次，对高频电磁干扰实施了针对性的抑制策略，以进一步验证诊断正确性。

首先是两种诊断方法的相互验证。对几个关键频率，采用基于包络解调辨识主导电磁干扰源。表 8-8 展示了诊断结果，辨识流程和图 8-14 相同。

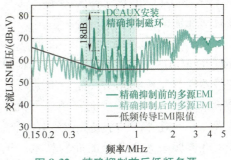

图 8-32　精确抑制前后低频多源
电磁干扰的准峰值谱比较

表 8-8　主导电磁干扰源的诊断结果

频率/MHz	6.5	13	25	35	80
主导源	ACAUX	ACAUX	ACAUX	NPC	ACAUX

图 8-33 给出了高频传导 EMI 和基于时频矩阵去耦的单源 EMI 的时域波形。辐射 EMI 去耦后的结果是相似的，解耦的时域电磁干扰也可以通过模拟的电磁干扰接收机程序检测 QP 结果。高频 CE 和 RE QP 频谱结果合并在图 8-34 中，由于 CE 和 RE 曲线的单位不同，在 30MHz 时曲线不是连续的。

通过分析解耦后 QP 电磁干扰的大小，可以看出表 8-8 和图 8-34 中的结果相互验证。例如表 8-7 在 35MHz 处确定的主要 EMI 源是 NPC，图 8-34 中 35MHz 处幅值最高的曲线也是 NPC。其他的单源干扰主导频率也相互验证。结果验证了高频电磁干扰解耦的正确性。

要注意的是当两个源的 EMI 具有相近的 QP 值时，基于包络解调的诊断方法优先考虑把 DC/DC 变换器作为主导的 EMI 源类别。这是因为，包络解调法确定

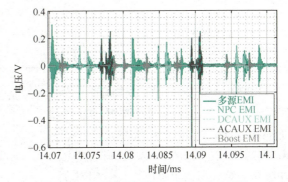

图 8-33　高频传导多源电磁干扰与去耦的
单源电磁干扰的时域波形比较

主导源的开关频率时，采用的是具有全局平均效应的 FFT 算法，这意味着主导判据是平均值大小。而 NPC 的时域尖峰随功率正弦电流的大小而变化，并且与 DC/DC 变换器的平滑时域尖峰相比具有更大的峰值。那么当两者准峰值相近时（也就是共同主导），DC/DC 变换器的 EMI 平均值更大，在包络解调法中被突出为主导源。在图 8-34 中 13MHz 和 25MHz 处解耦的 NPC 的 QP 值约等于 ACAUX 的 QP 值，表 8-7 中辨识的主导 EMI 源是 ACAUX。这也表明基于包络解调的主导 EMI 源诊断的本质仅是平均值（Average，AVG）诊断，虽然它比较简单。基于时频矩阵的多源电磁干扰解耦方法同时具有 QP/AVG 后处理能力的优点。

下面通过主导源的针对性抑制，验证诊断结果的正确性。如图 8-34 所示，高频传导的峰值 EMI 频率为 6MHz，辐射为 35MHz。ACAUX 和 NPC 是相应的主导源，需要被有针对性地抑制。

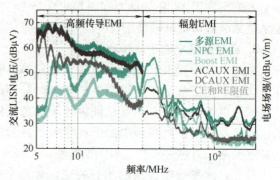

图 8-34　高频多源电磁干扰与解耦的单源电磁干扰的 QP 频谱比较

对于高频 CE 电磁干扰，不能像 DCAUX 那样在 ACAUX 的输入端安装磁环。因为变换器没有互连电缆，只有 PCB 走线。在这种情况下，增加 Y 型电容是一个很好的选择。除此之外，对于高频 RE 电磁干扰，少有在该频段效果良好的抑制技术。选择缓冲电路作为辐射干扰的针对性抑制手段是较好的选择。

图 8-35 显示了 ACAUX 和 NPC 的精确抑制策略。在 ACAUX 中，Y 电容安装在一次侧 ACGND 和二次侧 FGND 之间，以抑制高频 CE 电磁干扰。还增加了阻尼电阻以避免谐振。ACAUX 的 FGND 是驱动电路的参考地，电流大，绕组匝数多，容易产生较大的共模电流。因此安装 Y 电容来抑制来自 FGND 的电磁干扰。Y 电容和阻尼电阻的值分别为 4.7nF 和 1Ω，见表 8-9。

表 8-9　精确抑制策略参数

抑制目标	元件	详细参数
LF DCAUX	小磁环	磁导率 7000；体积 25mm×15mm×10mm
HF ACAUX	Y 型电容	4.7nF
HF ACAUX	阻尼电阻	1Ω
HF NPC	缓冲电容	1.5nF

NPC 中每个 IGBT 的工作频率均为 20kHz，且二极管上的跳变电压电流本质上由 IGBT 产生，因此在 NPC 中，IGBT 器件是主要的电磁干扰源，将缓冲电路安装在所有 IGBT 上。在 NPC 的 IGBT 开关器件上并联安装 1.5nF 电容缓冲电路来抑制高频辐射电磁干扰。缓冲电容器可以降低器件的开关速度，从而显著抑制高频电磁干扰。

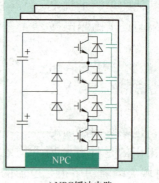

a) NPC缓冲电路

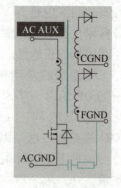

b) AC AUX用Y电容器

图 8-35　高频多源电磁干扰的精确抑制

图 8-36 显示了目标抑制策略前后的高频 CE 和 RE 电磁干扰谱。在 5~10MHz 频段，用于 ACAUX 的 Y 电容精确抑制策略实现了 10dB 的最大抑制效果；在 30~40MHz 频段，采用 NPC 缓冲电路的精确抑制策略实现了 7dB 的最大抑制效果。这些结果同时验证了高频电磁干扰辨识及解耦诊断的正确性。

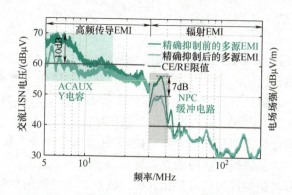

图 8-36　高频传导及辐射 EMI 的精确抑制效果

8.3　电力电子装置辐射电磁干扰路径的诊断技术

EMI 发射由源和路径共同决定，上节中辐射 EMI 源的诊断问题得到了解决，本节我们分析辐射 EMI 路径的诊断技术。辐射电磁干扰路径诊断是指确定辐射 EMI 如何向外传播发射。

集成了多种电路拓扑的电力电子装置本身是一个复杂的电路网络，除了直接连接的电路元件，这类网络还包含间接连接的电磁场耦合效应，如图 8-37a 所示。辐射电磁干扰沿着复杂电路网络最终传播到电力电子装置端口，向外发射电磁波。确定网络中的主要传播路径，是开展辐射电磁干扰机理分析和精确路径抑制的开端工作。但由于很多实验室阶段装置样机的辐射 EMI 通常沿预知的路径传播，导致辐射 EMI 路径诊断在电磁干扰研究中往往被忽视或简化。通常，重要的建模错误、抑制策略失效、甚至 RE 认证失败是由遗漏的 EMI 路径引起的。因此，对辐射电磁干扰机理分析和精确抑制迫切需要路径诊断。

本节提出了一种新的切实有效的辐射电磁干扰路径诊断方法，其原理如图 8-37b 所示。该方法以高保真电压和电流测量为基础，解决了辐射电磁干扰路径未知的问题。通过逐步诊断主导天线、路径方向和隐藏耦合三类路径，为针对路径的精确抑制指明了方向。应该指出的是，辐射 EMI 路径诊断并不总是需要所有这三个部分。本节组织如下：首先描述了辐射电磁干扰测量中面临的问题和解决方案；然后介绍三种典型需要辨识的辐射路径机理和诊断方法；最后该方法单独应用于多个实验实例，主要的电磁干扰路径被诊断并有针对性地抑制，抑制结果验证了所提路径诊断方法的有效性。

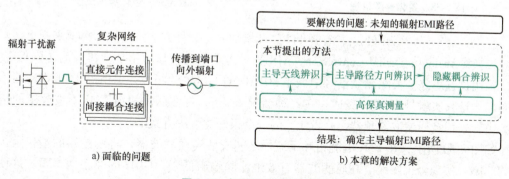

图 8-37　辐射 EMI 路径诊断

8.3.1 高保真辐射电压电流测量

8.3.1.1 基于椭圆高通滤波器的辐射电流测量

数字示波器的模数转换过程中会引入量化噪声。量化噪声是一种不可避免的量化误差，因为量化器只能采取有限数量的量化水平。图 8-38 给出了量化噪声的机理。当量化器接收到曲线 1 模拟输入时，只有当模拟输入发生最小量化单位 q 的变化时，数字输出电平才会发生变化。因此，输出信号是类似于图 8-38 中曲线 2 部分的阶跃波，在波形上与原始信号有所不同，会产生曲线 3 转换错误。这种误差被称为量化噪声，这是数字信号处理所特有的。示波器中的模数转换器将被测模拟信号量化为梯形波形，不可避免地会产生量化噪声。q 的表达式如式（8-17）所示，$V_{\max}$ 越高，量化噪声越高。

$$q = \frac{V_{\max}}{2^n} \tag{8-17}$$

在测量高幅值波形中的高频微弱 EMI，量化噪声通常会损害测量准确性。图 8-39 显示了由 EMI 电流钳和示波器测量的辐射电缆电流，示波器的测试配置为 500MHz 采样频率和 20ms 采样时间，足以捕获高达 200MHz 的辐射 EMI。将波形展开，可以看到明显的阶跃波。小于阶跃高度的高频噪声被量化噪声淹没，图 8-39 还显示了基于测量的时域波形计算的频谱，频谱具有平坦的形状，幅值与频率无关，150MHz 后的频谱向上翘曲是由电流探头系数引起的。对于这类测量结果，所有辐射的电磁干扰都淹没在量化噪声之下，无法准确测量。因此，首先要消除示波器测量中的量化噪声。

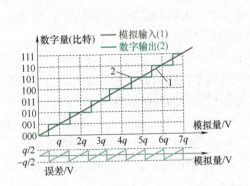

图 8-38　量化噪声机理

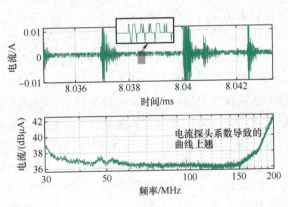

图 8-39　量化噪声测量

基于式（8-17），为降低 q、有降低 $V_{\max}$ 和增加 n 这 2 种方法。增加 n 需要采用更精密的模数转换（Analog-to-Digital Conversion，ADC）处理器，这会显著增加成本。为了降低 $V_{\max}$，可以采用预选思路。去除测量信号中低于 30MHz 的不需要的频段，保留高于 30MHz 的需要的频段，这其实就是 30MHz 高通。在这种情况下，$V_{\max}$ 可在所需辐射 EMI 不被改变的情况下减小，采用高通滤波器预选是降低 $V_{\max}$ 的一个很好的解决方案。

如图 8-40 所示，在 EMI 电流钳和示波器之间安装高通滤波器，将示波器的端口阻抗设置为 50Ω，实现阻抗匹配。高通滤波器有效地滤除输出低于 30MHz 的非辐射 EMI。这使得示波器的垂直比例尺可以明显减小，这意味着 Vmax 显著减小，从而量化单位 q 减小、提高了分辨率，可以测量到幅度更小的辐射 EMI。对高通滤波器的要求是 50Ω 阻抗匹配和完美的高通性能。

与巴特沃斯等滤波器相比，在相同阶数条件下，椭圆滤波器可以实现更窄的过渡带宽和更小的阻带波动。为了快速衰减低频和高幅值分量以降低示波器底噪声 q，椭圆滤波器是最好的选择。目前，无源 LC 滤波器的设计方法已经相当成熟，某商用 13 阶高通滤波器的实测响应曲线如图 8-41 所示，高通滤波性能极好，在 20MHz 有 -70dB 的衰减性能，在 30MHz 以后的插入损耗仅约为 1.5dB。

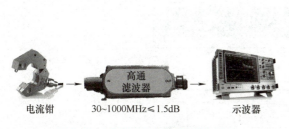

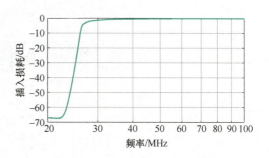

图 8-40　提出的辐射电流测量方法

图 8-41　某商用椭圆高通滤波器
插入损耗实测曲线

需要注意的是，电磁干扰钳位、高压差分探头和有源电流探头的端口阻抗均为 50Ω，因此满足 50Ω 阻抗匹配的高通滤波器是通用的。为了验证基于椭圆高通滤波器的电流测量的有效性，在带高通滤波器和不带高通滤波器的情况下测量了辐射 EMI 电流。时域和频谱结果如图 8-42 所示，在时域波形中，带高通滤波器的电磁干扰比不带高通滤波器的电磁干扰的 V_{max} 要低得多。在频域，不带高通滤波器的电磁干扰被淹没在量化噪声之下，而带高通滤波器的电磁干扰则未有明显的量化噪声。测量真实的辐射 EMI 电流，将帮助确定电磁干扰的辐射路径。

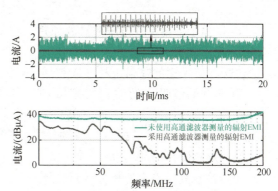

图 8-42　带高通滤波器和不带高通滤波器时所
测辐射电磁干扰电流的波形和频谱比较

8.3.1.2　基于尖峰选择降噪的辐射电压测量

白噪声是高压差分探头产生的主要噪声，也是示波器前端模拟电路产生的主要噪声。这种白噪声淹没了被测的小幅值辐射 EMI。白噪声的来源是有源器件内的放大器，放大器的白噪声是放大器内部功率谱密度恒定的电子随机热运动所产生的噪声，即在所有频段内功率相同。在放大器中，白噪声表现为输出信号中的随机波动，这种波动不受输入信号的控制，是放大器固有的。图 8-43 展示了将测量信号输入到高压差分探头后，在波形中引入随机白噪声的情况。

图 8-43　高压差分探头白噪声引入机理

图 8-44 显示了在没有输入信号的情况下，接入和不接入高压差分探头的示波器测量的波形。示波器的设置与前面提到的电流测量相同，展开时域波形，两曲线均表现为随机电压波动，但连接高压差分探头的波形幅值更大。注意此时测量电流的波形不再是阶跃波形，而是连续变化的不规则波形。在频谱性能方面，如图 8-44 所示，白噪声仍然呈现出幅值与频率无关的平坦频谱。因此，高压差分测量的时域电磁干扰是实际电磁干扰与白噪声叠加的结果，被白噪声淹没的真实电磁干扰无法精确测量。由此还可以看出，示波器中的白噪声远低于高压探头中的白噪声，因此可以被忽略。

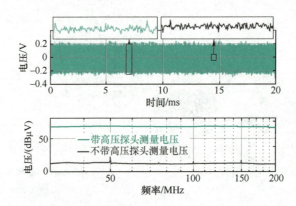

图 8-44　高压差分探头测量白噪声：时域波形和频谱图

图 8-45 显示了高保真电压测量的原理。将测量到的时域电磁干扰波形分成多个段。绿色部分呈现不规则的白噪声，信噪比很低，1 包含高信噪比的辐射电磁干扰脉冲尖峰。通过将低信噪比的波形段衰减到零，保留高信噪比的波形段，可以提高辐射电磁干扰测量的精度。这是因为频域的信噪比是时域信噪比的平均效应。

还可以注意到，当尖峰幅值接近白噪声幅值时，由于尖峰不再明显，电压测量的精度无法提高。然而在这些低辐射电压

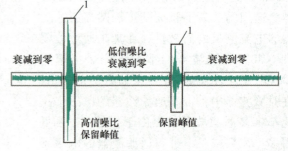

图 8-45　高保真电压测量原理

下，它通常不会影响路径诊断或导致辐射认证失败。

所提出的电压测量方法流程图如图 8-46 所示，由硬件和软件两部分组成。在硬件处理部分，测量电压仍然应该采用高通预选，以消除示波器模数转换中固有的量化噪声。但与电流测量方法不同，高压差分探头带来的放大电路白噪声成为主要噪声，需要进一步去除。

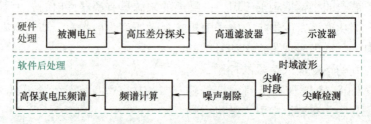

图 8-46　辐射电压测量流程

在软件处理部分，由于辐射电磁干扰的时域表现为振荡尖峰，将示波器测试的时域波形输入所提出的尖峰检测算法中，以确定尖峰的时间段。由于尖峰是衰减振荡，所以需要这种特定的振荡时间判断算法。根据检测到的尖峰时间将白噪声消除到 0，然后计算去除白噪声后的时间波形频谱，得到高保真电压谱。

图 8-47 显示了所提出的尖峰时间检测算法的流程图。其核心部分是在时域电磁干扰峰值周围生成凸包络。由于尖峰是具有局部极小值的宽带振荡，典型的包络计算方法，如希尔伯特，可能导致尖峰时间的确定错误。这是因为当将包络线与阈值进行比较时，局部最小值可能会导致不正确的截断，从而导致尖峰时间判断错误。因此，需要获取在尖峰周围没有局部最小值的凸包络。首先对时域波形进行绝对值处理，然后利用 MATLAB 中的 findpeaks 函数寻找波形的峰值。然后去除峰值中的局部极小值。重复去除过程约 5 次后，对剩余的峰进行平滑连接，得到上凸包络。每个步骤的波形如图 8-47 所示。

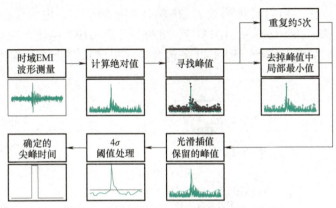

图 8-47 提出的尖峰时间检测算法的流程图

另一个重要的部分是阈值的确定。当辐射电压的尖峰振荡幅度小于高压差分探头中模拟器件产生的白噪声时，可以认为尖峰结束，因此应该根据白噪声的分布来估计阈值。根据统计学原理，区分白噪声和 EMI 的阈值由 4 个标准差确定。

为了验证基于尖峰选择的电压测量的有效性，使用和不使用所提出的方法测量了辐射 EMI 电压。时域和频谱结果如图 8-48 所示：在时域波形中，采用该方法的电磁干扰具有清晰的尖峰，而未采用该方法的电磁干扰具有复杂的白噪声；在频域，未采用该方法的电磁干扰被淹没在白噪声之下，而采用该方法的电磁干扰则不会。通过测量电磁干扰的真实辐射电压，可确定电磁干扰的辐射路径。

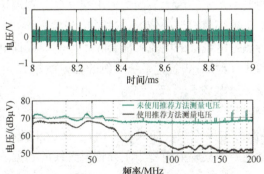

图 8-48 使用和不使用所提出的测量方法的辐射电磁干扰电压的波形和频谱比较

8.3.2 基于高保真电流和电压的辐射电磁干扰路径诊断

8.3.2.1 主导辐射电缆天线的诊断

对于电力电子装置来说，电缆由于尺寸较大，总是主要的辐射源。对于大功率变换器来说，金属机箱是一个很好的屏蔽层，阻挡了变换器器件的辐射，而机箱的外部电缆是主要的辐射源。对于小型低功率电源转换器，由于转换器本体尺寸太小，即使转换器没有金属机箱，外部电缆仍然是主要的辐射源。

诊断主导辐射天线总是必要的。这对于多输入/输出电缆天线的电力电子装置的重要性不言而喻，对于单输入单输出的电力电子装置也是必要的。由于输入和输出电缆的辐射电场并不总是相同的，例如一些研究中发现输入和输出电缆的辐射电流存在显著差异。

据标准《GB/T 6113.203—2020 无线电骚扰和抗扰度测量方法规范 第2-3 部分：无线电骚扰和抗扰度测量方法 辐射骚扰测量》，在辐射 EMI 测试中，电缆端接应采用共模吸收器（Common Mode Absorber Device，CMAD），可视为开路端接。电缆是独立端接还是短接耦合后端接，对应不同的辐射模型。图 8-49 是包含独立辐射和耦合辐射两类的典型电缆天线辐射简化模型。

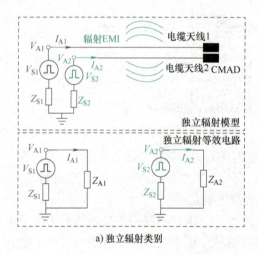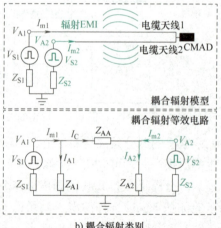

a) 独立辐射类别 b) 耦合辐射类别

图 8-49 多电缆天线辐射简化模型

图 8-49a 中的独立辐射是指天线电缆不连接，各自单独辐射。具有多输出电缆的电力电子装置是独立辐射模型的典型例子。因为不同的输出端需要分别端接 CMAD。此外，机箱尺寸不可忽略的变换器也是单独辐射模型的情况。这是因为输入/输出电缆与机箱各形成一对天线。独立辐射的典型特点是电缆上的电流可能会大不相同。根据电流大小可以判断主导辐射天线，如式（8-18）和式（8-19）。装置系统发射的辐射电场 E 由两个电缆天线辐射电场 E_{A1} 和 E_{A2} 组成，每个电缆天线电场 E_{A1}，E_{A2} 都与天线电流 I_{A1}，I_{A2} 成正比。比例系数为 G_{IA1}，G_{IA2}，并且由于电缆长度接近，比例系数相近。那么当 I_{A1} 电流比 I_{A2} 更大时，辐射电场 E_{A1} 必定大于 E_{A2}，电缆 1 被辨识为主导天线，如式（8-19）。又由于此时电缆实测电流就是天线电流，那么测量电流就是判断独立辐射模型中主导辐射天线的判据。

$$E = E_{A1} + E_{A2} = G_{IA1}I_{A1} + G_{IA2}I_{A2} \approx G_{IA}(I_{A1} + I_{A2}) \tag{8-18}$$

$$I_{A1}>I_{A2}\Rightarrow E_{A1}>E_{A2} \tag{8-19}$$

图 8-49b 中的耦合辐射通常发生在具有多个输入的电力电子装置中。不同的电源向装置供电，例如多个光伏（PV）板或多个储能电池。在进行辐射 EMC 测试时，这些多根输入电缆连接到同一个输入电源上。因此电缆天线是短接耦合的，在该模型中，耦合电缆的电流是直接连接的，测量电流 I_m 不等于天线电流 I_A，根据测量电流的关系并不能得出天线电流的大小关系，如式（8-20）。因此测量电流不能作为耦合辐射模型中，主导辐射电缆诊断的判据。

$$I_{m1}>I_{m2}\not\Rightarrow I_{A1}>I_{A2} \tag{8-20}$$

辐射电压 V_{A1}，V_{A2} 可作为耦合辐射模型的主导电缆天线诊断判据。天线辐射电场也与天线端口电压线性相关，G_{VA1}，G_{VA2} 为两天线的端口电压到电场比例系数，并且比例系数很接近，如式（8-21）。应注意，测量电压就是天线电压，因此若测量的天线端口电压越大，则该天线辐射电场越大，如式（8-22）。

$$E = G_{VA1}V_{A1}+G_{VA2}V_{A2} \approx G_{VA}\left(V_{A1}+V_{A2}\right) \tag{8-21}$$

$$V_{A1}>V_{A2}\Rightarrow E_{A1}>E_{A2} \tag{8-22}$$

测量天线电流和电压是诊断主导辐射天线最重要的工具。图 8-50 是所提出的优势辐射电缆天线诊断方法的流程图。对于独立辐射，辐射电流可以作为主导天线的判据。辐射电流最大的天线是主辐射天线。然而对于耦合辐射，仅以辐射电流的大小作为主导天线的判据是不合适的。它们的辐射电流幅值总是很接近，因为它们连接在同一个测试用供电装备上。辐射电压测量可以解决耦合辐射的主导天线诊断问题，端口处的辐射电压是激发天线辐射电流的根本原因。最高辐射电压激励产生所有天线电缆中的电流，因此辐射电压是判断主导天线的准确判据。

图 8-50　所提出的优势辐射电缆天线诊断方法流程图

8.3.2.2　电磁干扰路径方向诊断

Y 型电容作为电磁干扰滤波的重要组成部分，提供了将电磁干扰旁路回机箱的必要路径。但对于大功率电力电子装置来说，由于寄生电感和趋肤效应的存在，大型金属机箱不能视为等电位体。在机箱参考地上可能会有电压跳变，这可能会导致 Y 电容上的电流方向不流入地而从地流出。通过 Y 电容流出的电磁干扰会导致电磁干扰滤波器失效。通过直接测量电容电流的方向是不可能的，因为电容引脚很小，不能安装 EMI 电流钳。

图 8-51 研究了基于电流测量的路径方向诊断。由于辐射的 EMI 向变换器外部传播，因此 I_1 和 I_2 的电流方向始终确定为向外，而 I_g 方向未知。但在该节点，根据基尔霍夫电流定律（Kirchhoff's Current Law，KCL），有式（8-23）。根据 I_2 和 I_1 的大小，可以确定 I_g 的电流方向。

$$I_1-I_2=I_g \tag{8-23}$$

当 $I_2<I_1$ 时，I_g 向机箱地流入，Y 电容对电磁干扰起抑制作用；当 $I_2>I_1$ 时，I_g 从机箱地流出，Y 电容对电磁干扰起恶化作用。在这种情况下，在电容器之前的 I_1 处继续增加 CM 电感阻抗不能抑制该电容支路的发射。所提出的路径方向诊断方法流程图如图 8-51b 所示。

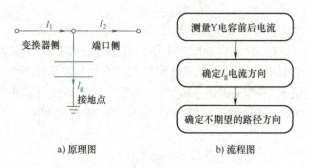

a) 原理图   b) 流程图

图 8-51　路径方向诊断与电流测量

8.3.2.3　隐藏耦合的诊断

CM 电感作为电磁干扰滤波和传播路径的重要组成部分，提供了抑制辐射电磁干扰传播的关键阻抗。然而，电感也容易受到其他不期望的和未知的耦合的影响，这些耦合会导致辐射 EMI 未能像期望的那样被抑制，从而可能导致滤波失效甚至 EMC 认证失败。因此，诊断隐藏的和不期望的耦合是非常必要的。

主要有两种不需要的耦合，来自上游元件，以及来自其他未知源，如风扇线等非滤波元件。隐藏的耦合示意图如图 8-52a 所示。这些不期望的隐藏耦合使得传播路径上的电压分布与理想的不一致。因此，可以通过电压测量来诊断隐藏的耦合。

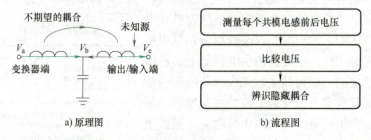

a) 原理图   b) 流程图

图 8-52　电压测量隐藏耦合诊断

当 $V_a > V_b > V_c$ 时，这些耦合很弱，可以忽略不计，辐射 EMI 滤波电路工作正常。如果 $V_c > V_b$，则存在不期望的耦合，应屏蔽共模电感。所提出的隐藏耦合诊断方法流程图如图 8-52b 所示。

8.3.3　辐射电磁干扰路径诊断的实验实例

由于所提出的诊断方法由三部分组成（主导辐射电缆诊断、路径方向诊断和隐藏辐射耦合诊断，为了分别验证各部分的有效性，进行了多种不同的诊断实验。实验测量设备如表 II 所示。以下辐射电场均在 3m 半电波暗室中测量。本节分析的 EMI 带宽高达 200MHz，这一方面受仪器带宽的限制，另一方面也因为 8.2.4.2 中分析过的：电力电子装置的辐射 EMI 大多集中在 200MHz。

8.3.3.1　主导电缆天线诊断的验证

图 8-53 为两种主导电缆天线诊断实验平台。在图 8-53a 中，选择有金属机壳的反激变换器作为独立电缆辐射的实验案例。输入和输出电缆端接 CMAD，分别独立辐射 EMI。

转换器放置在 0.8m 高的非金属实验桌上。图 8-53b 选取并联的两个 Boost 变换器作为耦合电缆辐射的实验案例。实验中测量到的电压和电流在图中已做标注，实验测量设备见表 8-10。

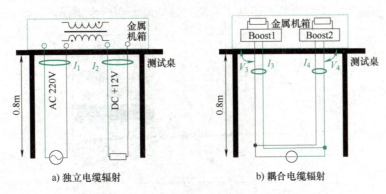

a) 独立电缆辐射　　　　　　　　　　　　b) 耦合电缆辐射

图 8-53　主导电缆天线诊断实验平台

表 8-10　实验测量设备

设备	型号	规格
EMC 电流探头	EZ17-M2	200MHz
EMC 复合对数周期天线	ZN30505C	30MHz~1GHz
高压差分探头	DP6150B	200MHz, 1500V
示波器	SDS3054X	200MHz

首先，对辐射电流进行了测量，以证明电流判据对独立辐射案例诊断的有效性和对耦合辐射案例诊断的局限性。图 8-54 对比了不同电缆的电流频谱，对于独立辐射，其中一根电缆电流明显大于另一根电缆电流，很容易被诊断为主导辐射天线。然而，对于耦合辐射，图 8-54b 中两根输入电缆的辐射电流幅值相当，难以确定主导辐射天线。在 30~50MHz 频段，甚至电流判据可能导致误诊断。

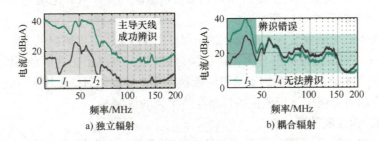

a) 独立辐射　　　　　　　　　　　　b) 耦合辐射

图 8-54　不同电缆的电流频谱比较

进行电压测量进一步诊断耦合辐射案例中的主导电缆天线，结果如图 8-55 所示。采用本文提出的高保真度测量方法可以精确测量 V_4，V_3 由于太小被白噪声完全淹没导致不能去噪。但是可以确定，在大多数频带中，V_4 都远大于 V_3。因此，可以确定主导辐射电缆天线是输入电缆 4，也就是 Boost 2 的输入。由此可知，仅基于图 8-54b 电流判据的诊断结果，即 30~50MHz 频段主导电缆是电缆 3 是错误的。这是因为耦合辐射案例中测量的电流 I_4 包含容性辐射天线电流和感性的线间耦合环路电流，两者在 30~50MHz 时相互抵消。相反 I_3 中容性辐射电流弱，主要是一个感性耦合的环路电流，几乎没有抵消作用。这最终导致 $I_4 < I_3$，下文针对路径的抑制结果，图 8-56b 进一步验证了这一机制。综上所述，对于耦合辐射案例，应采用基于辐射电压的诊断，而基于电流的诊断可能会产生错误。

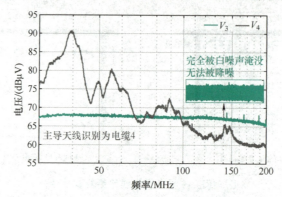

图 8-55　耦合辐射下不同电缆的电压频谱比较

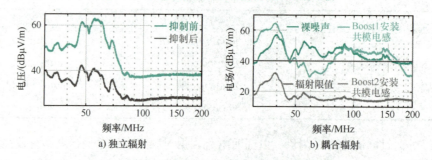

a) 独立辐射　　　　　　　　　　　b) 耦合辐射

图 8-56　主导电缆天线滤波前后的电磁干扰频谱比较

最后，在确定的主导电缆上安装镍锌共模电感，以验证确定结果的准确性，图 8-56 显示了抑制主导电缆天线前后的辐射 EMI 频谱。对于独立辐射案例，辐射 EMI 被显著抑制高达 20dB。对于耦合辐射案例，如果共模电感安装在正确的主导天线电缆 4（Boost 2）上，则辐射的 EMI 被显著抑制并通过辐射限值。

然而，如果 CM 电感安装在错误诊断的电缆 3（Boost 1）上，辐射的 EMI 不仅没有被抑制，而且在 30~50MHz 频段甚至恶化。这是因为 CM 电感抑制了感性耦合环路电流，但未能抑制容性天线辐射电流，反而削弱了两者的抵消作用，导致辐射电场增大。这进一步验证了图 8-54b 中耦合辐射案例中基于电流的诊断导致错误的机制。

8.3.3.2　路径方向诊断的验证

路径方向诊断实验平台原理图和实物图如图 8-57 所示。Π 型 EMI 滤波器安装在有大尺寸金属机箱的三电平中性点箝位逆变器（NPC）的直流端口上。电缆端接共模吸收器（Common Mode Absorber Device，CMAD）。交流电缆在图 8-57 中被忽略，因为它们的辐射较小。这种 Π 类型结构通常是用于大功率变换器的电磁干扰滤波器结构。由于大功率共模电感的尺寸较大，通常只安装一级共模电感。此外，功率越高，漏电限制越放宽，Y 型电容可以多级安装。为了弄清电磁干扰滤波器性能不如预期的机理，需要确定辐射电磁干扰路径方向。测量电流 $I_5 \sim I_7$ 以进行诊断。

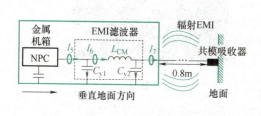

a) 原理图

b) 实物图

图 8-57 路径方向诊断实验平台

首先，测量和比较 EMI 滤波器中 Y 电容前后的三个辐射 EMI 电流，电流频谱结果如图 8-58 所示，以此诊断路径方向。对于 C_{y1}，在整个辐射频段中 $I_6 < I_5$，表示电流方向 I_{Cy1} 是流向机箱地的。电容器 C_{y1} 工作良好，起到了抑制作用。对于 C_{y2}，在 30 ～ 90MHz 范围内，结果为 $I_6 > I_7$，说明 C_{y2} 的电流方向是流向机箱地的。电容器 C_{y2} 工作良好，起到了抑制作用。在 110 ～ 20MHz，结果是 $I_6 \approx I_7$，这意味着电容器 C_{y2} 几乎不工作。

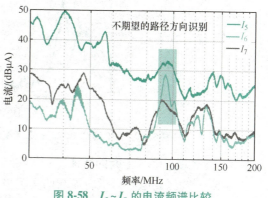

图 8-58 $I_5 \sim I_7$ 的电流频谱比较

工作。而在 90～110MHz 频段，结果为 $I_7 > I_6$，说明当前 I_{Cy2} 的方向是从地向上的。电容器 C_{y2} 使辐射电磁干扰恶化，这可能是由于该频段的机箱地电压高。不期望的辐射路径被成功诊断，诊断结果也总结在表 8-11 中。

表 8-11 C_{y2} 路径方向诊断

频段/MHz	30～90	90～110	110～200
路径方向	流入地	流出地	未知
EMI 抑制效果是否好？	是	否	效果一般

然后，加入阻抗来抑制不需要的辐射 EMI 路径，以进行诊断结果验证。图 8-59 为针对 C_{y2} 中不期望的路径方向的精确抑制原理图和实物图。C_{y2} 不能被移除，因为它对 30～90MHz 频段的辐射 EMI 抑制有效且必要的。C_{y2} 对 90～110MHz 频段的负面影响需要减轻，因此与 Y 型电容串联安装一个小磁珠。磁珠的阻抗以电阻阻抗为主，在 90MHz 之前阻抗较低，90MHz 之后阻抗较高。这抑制了从地向外发射的不期望的 EMI 路径，但几乎不降低 Y 电容在 30～90MHz 频段的滤波效果。由于磁珠的尺寸很小，抑制策略不占用太多空间。图 8-60 所示为安装磁珠的效果。在 30～90MHz 频段，电磁干扰频谱略有增加，其最大幅值几乎没有变化。而在 90～110MHz 频段，EMI 频谱最多减少 12dB。这验证并优化了对所提出的辐射 EMI 路径方向诊断技术，电磁干扰滤波器的性能得到了显著提高。

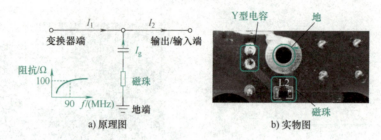

图 8-59　针对 C_{y2} 中不期望的路径方向的精确抑制原理和实物图

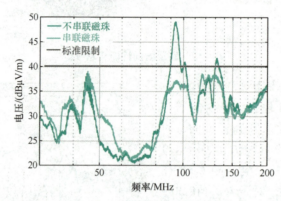

图 8-60　与电容器 C_{y2} 串联安装磁珠前后的辐射电磁干扰频谱比较

8.3.3.3　隐藏辐射耦合诊断的验证

图 8-61 示出了隐藏辐射耦合诊断的实验平台。300W 单相逆变器直流端口安装 T 型电磁干扰滤波器，电缆端接 CMAD。交流电缆在图 8-61 中被忽略，因为它们的辐射较小。这种 T 型拓扑通常是用于小功率变换器的 EMI 滤波器结构，因为功率越低，漏电限流越严格，Y 型电容器容值都很小，只能装一级。由于电流小，电感尺寸小，可以安装多个 CM 电感。为了弄清 T 型 EMI 滤波器性能差的机理，需要诊断辐射 EMI 隐藏耦合路径。测量了电压 V_a、V_b、V_c，用于隐藏耦合诊断。

首先，测量 EMI 滤波器中每个 CM 电感前后的总共三个辐射 EMI 电压，以确定是否存在不期望的隐藏耦合。图 8-62 比较了 T 型 EMI 滤波器的三个电压节点，可以看出，在 30～200MHz 辐射 EMI 频段，存在 $V_a > V_c > V_b$。

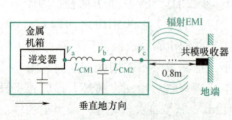

图 8-61　隐藏辐射耦合诊断实验平台

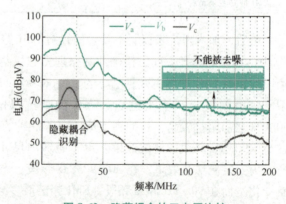

图 8-62　隐藏耦合的三电压比较

因此，可能会出现隐藏的耦合。V_a 和 V_c 都是被成功去噪，因此它们的大小可以小于白噪声。V_b 幅值较低，完全被白噪声淹没，无法被去噪。CM 电感 L_{CM2} 未能良好滤波，可能受到来自其他元件的辐射 EMI 耦合的影响。最可能的耦合是两个共模电感的耦合，在更复杂的产品中，也可能存在从其他电缆（例如风扇电缆）到共模电感的 EMI 耦合，这不仅限于 EMI 滤波器的内部。

然后，安装耦合去除策略来验证隐藏耦合诊断的正确性。图 8-63 为隐藏耦合路径的精确抑制原理图和实物图。在电感之间安装了一个小的金属屏蔽面。应该指出的是由于耦合是电容性的，因此应使用导电屏蔽而不是导磁屏蔽，且屏蔽接地。因此，它可以将辐射 EMI 旁路回机壳地。抑制策略也不占太多空间。

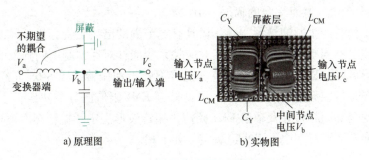

a) 原理图　　　　　　　　　　b) 实物图

图 8-63　隐藏耦合路径的精确抑制

图 8-64 显示了屏蔽前后的辐射电磁干扰频谱。如图 8-62 所示，在 38MHz 处，辐射的电磁干扰抑制了 15dB 以上，这是受耦合严重影响的频率。电磁干扰滤波器在耦合屏蔽后工作良好。结果验证了隐藏耦合辨识的准确性。

本节提出了一种基于高保真测量的辐射路径诊断方法。为提高测量精度，使用椭圆高通滤波器测量辐射电流，使用尖峰选择去噪测量辐射电压。然后，根据简单的电流和电压测量结果，诊断主导辐射电

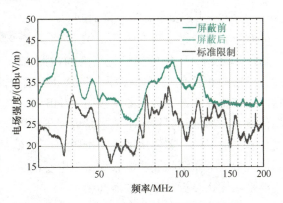

图 8-64　屏蔽前后的电磁干扰频谱比较

缆天线、路径方向和隐藏耦合。在多个实验实例中采用了所提出的路径诊断方法。根据诊断出的路径，实施了有针对性的抑制策略。抑制结果验证了所提诊断方法的准确性。

8.4　电力电子装置辐射电磁干扰的抑制技术

8.4.1　辐射 EMI 源的开关特征

在电力电子系统中，功率半导体器件的开关电压或电流是辐射电磁干扰最终的噪声源，其产生的噪声电压或电流驱动电偶极子或磁偶极子。在本节中，从辐射电磁干扰的角度回顾开关特性。

辐射 EMI 源分为以二极管为代表的被动开关器件和以 IGBT 为代表的主动开关器件。功率二极管是电力电子系统中使用的被动开关器件。在二极管阻断反向电压之前，需要移除 PN 结中的自由载流子，将出现大的反向电流，这被称为反向恢复电流。功率二极管的反向恢复电流将导致开关功率损失以及 EMI。将 Si 基二极管替换为 SiC 二极管是减小反向恢复电流的最有效的方式。然而，电力电子装置的辐射发射常常只会在部分频段改善，这是因为系统的整体发射还受到主动开关器件的影响。

有源主动开关器件，例如硅基的 IGBT \ MOSFET 和宽禁带半导体器件，产生开关瞬态，直接造成了辐射 EMI。在开关瞬态中，开关速度越快，辐射 EMI 的频谱幅值越大。开关速度主要取决于驱动电阻和开关管结电容，宽禁带半导体器件具有更小的结电容，开关速度相较 Si 基 MOSFET 更快，具有更强的辐射 EMI。

开关器件工作时产生脉冲波形，其频谱具有宽范围的谐波干扰分量。脉冲波形的不同波形组成部分造成了不同频谱分量，确定其对应关系才能针对性抑制不同频段的 EMI。简单来讲，干扰源波形可以分成三个部分：方波、上升下降沿和振铃。图 8-65 介绍了典型干扰源频谱和不同波形分量在频谱的对应关系。可见低频 EMI 幅值由方波决定，上升下降沿决定了转折频率后的全部高频传导及辐射 EMI 幅值，振铃波形决定了振铃频率附近的 EMI 幅值。转折频率是由上升下降时间中的最小值决定，如下式。

$$f_c = \frac{1}{\pi \times \min(t_r, t_f)} \tag{8-24}$$

式中，t_r 为上升时间；t_f 为下降时间。

转折频率通常出现在传导 EMI 区间，振铃频率可能出现在高频传导及辐射 EMI 区间。转折频率之前，EMI 的幅值包络大约按照 -20dB/dec 减少，符合方波的频谱。转折频率之后，EMI 的幅值包络开始按照 -40dB/dec 减少，符合锯齿波的频谱，也就是对应上升下降沿。当转折频率增大后，原本按照 -40dB/dec 减小的 EMI 幅值变化为 -20dB/dec 减小，EMI 幅值增大。另外，振铃的幅值也是远大于周围频谱幅值，需要单独抑制。因此要从干扰源角度抑制辐射 EMI，需要从优化转折频率（也就是上升下降时间）或者优化振铃峰值的角度开展。下一节介绍的缓冲电路和寄生电感消除主要是从优化振铃的方面抑制；有源栅极驱动主要是从优化转折频率的方面抑制。

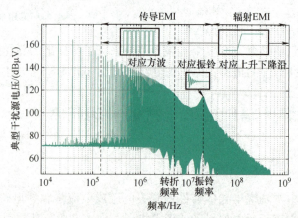

图 8-65　干扰源的频谱和波形的对应关系

此外，辐射 EMI 源还和变流器带载情况有关，一般而言，重载的辐射 EMI 要强于轻载的辐射 EMI。这是因为重载比轻载工况下 EMI 源的开关速度更快，如下式所示，I_L 为负载电流，V_{ds} 为开关电压。轻载时开关速度受限于输出电容 C_{oss} 的充电速度，因此 C_{oss} 是主要的影响因素。重载时输出电容的充电速度已经相当快，限制开关速度的是驱动电压上升速度，因此 R_g 驱动电阻和栅极电容 C_{gs} 是主要影响因素。因此抑制轻载和重载时的辐射 EMI 源，所采取的缓冲对象有所不同。一般而言，对大功率电力电子装置辐射 EMI 源的抑制采取降低驱动电压的切换速度更有效。

$$\frac{\mathrm{d}V_{ds}}{\mathrm{d}t} = \frac{I_L}{C_{oss}} \tag{8-25}$$

8.4.2　辐射 EMI 源的抑制技术

8.4.2.1　基于缓冲电路的 EMI 源抑制技术

开关切换期间的电压和电流尖峰会引起 EMI 振铃。缓冲电路是处理 EMI 振铃的最常用抑制方案。各类缓冲电路中使用最多的还是元件较少的 RC 和 RCD 缓冲。下面详细介绍 RCD 缓冲电路的设计方法。

图 8-66 所示为三种 IGBT 的缓冲电路，图 8-66a 所示的缓冲电路是一个无感电容并联在 IGBT 模块的 C_1 和 E_2 上，这种缓冲电路适用于小功率等级，对抑制瞬变电压非常有效且成本较低，随着功率等级的增加，这种缓冲电路可能会与直流母线寄生电感产生振荡，图 8-66b 中的这种缓冲电路中的快恢复二极管可箝位瞬变电压，从而抑制谐振的发生，但是当功率等级较大时，这种电路有可能不能有效地抑制关断时产生的过电压。图 8-66c 中的缓冲电路可以有效地抑制振荡和关断时的过电压，缺点是成本较高，在大功率场合适合采用这种缓冲电路，本文以图 8-66b 的这种电路为例，分析缓冲电路的设计过程。

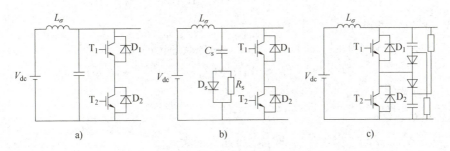

图 8-66　三种 IGBT 缓冲电路

以开关管 T_1 为例，分析 T_1 关断时刻缓冲电路抑制过电压的工作过程，工作过程如下：当开关管 T_1 截止时，原来流过引线电感 L_σ 的电流通过 C_s、D_s 旁路，从而将 L_σ 上的储能转移到 C_s，避免在开关管关断时由于电流突变引起开关管两端产生很高的电压尖峰，当开关管开通时，C_s 的储能通过开关管和电阻 R_s 释放，从而使其两端电压下降到母线电压，为下次的缓冲吸收做好准备。T_1 的关断过程可以分为两个阶段：

1）缓冲电路与 T_1 换流，在 T_1 截止的下降沿，L_σ 上流过的电流经由 C_s、D_s 及 T_1 两条支路分流，其等效电路如图 8-67a 所示。

2）T_1 关断之后，L_σ、C_s 谐振，L_σ 放电，它储存的能量经由 C_s、D_s 释放，并储存在 C_s

上，其等效电路如图 8-67b 所示。

开关管 T_1 在关断过程中，流过 T_1 的电流 i_{T_1} 从负载电流 I_0 下降至零，由于开关管在关断过程中集电极电流的下降过程十分复杂，在分析中近似认为 i_{T_1} 按线性规律变化：

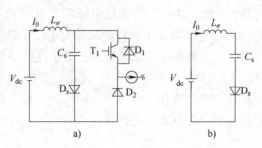

$$\begin{cases} i_{T_1} = I_0(1-t/t_f) \\ i_{C_s} = (I_0/t_f)t \end{cases} \quad (8\text{-}26)$$

式中，t_f 为关断过程中电流下降至零的时间。

图 8-67　T_1 关断时的电路示意图

1. 电容 C_s 的容量计算

在换流过程当中，电容 C_s 两端电压为

$$V_{C_s} = V_{dc} + \frac{1}{C_s}\int_0^t i_{C_s} dt \quad (8\text{-}27)$$

当换流过程结束时，电容 C_s 两端电压为

$$V_{C_s} = V_{dc} + \frac{I_0 t_f}{2C_s} = V_{C_s(0)} \quad (8\text{-}28)$$

换流过程结束后，对图 8-67b 所示的谐振支路列写方程有

$$V_{dc} = L_\sigma C_s \frac{d^2 V_{C_s}}{dt^2} + V_{C_s} \quad (8\text{-}29)$$

上式的初始条件为

$$\begin{cases} i(0) = I_0 \\ V_{C_s(0)} = V_{dc} + \dfrac{I_0 t_f}{2C_s} \end{cases} \quad (8\text{-}30)$$

对式 (8-24) 求解可得

$$\begin{aligned} V_{C_s}(t) &= V_{dc} + (V_{C_s(0)} - V_{dc})\cos\omega_0 t + Z_S I_0 \sin\omega_0 t \\ &= V_{dc} + [(V_{C_s(0)} - V_{dc})^2 + (Z_S I_0)^2]^{1/2}\sin(\omega_0 t - \phi) \end{aligned} \quad (8\text{-}31)$$

式中，$Z_S = \sqrt{\dfrac{L_s}{C_s}}$，$\omega_0 = \dfrac{1}{\sqrt{L_s C_s}}$，$\phi = \text{arctg}\,\dfrac{V_{C_s(0)} - V_{dc}}{Z_S I_0}$

当 $(\omega_0 t - \phi) = \pi/2$ 时，电容 C_s 两端电压达到最大

$$V_{C_s P} = V_{dc} + [(V_{C_s(0)} - V_{dc})^2 + (Z_S I_0)^2]^{1/2} \quad (8\text{-}32)$$

代入 Z_S 的值，可求得 C_s 为

$$C_s = \frac{L_s I_0^2}{(V_{C_s P} - V_{dc})^2 - (V_{C_s(0)} - V_{dc})^2} \quad (8\text{-}33)$$

$(V_{C_s(0)} - V_{dc})^2$ 与 $(V_{C_s P} - V_{dc})^2$ 相比一般可以忽略，因此可得

$$C_s = \frac{L_s I_0^2}{(V_{C_s P} - V_{dc})^2} \quad (8\text{-}34)$$

加缓冲电路后，在关断过程中产生的电压尖峰一般不应超过 50V，因此以 $V_{C_s P} - V_{dc} = 50\text{V}$ 计算，负载电流 I_0 的峰值可达 100A，L_σ 一般为 0.2μH，因此最后计算的 $C_s = 0.8$μF，可以

采用两个 0.47uF 的电容并联。

2. 吸收二极管 D_s 的参数计算

流过二极管 D_s 的电流在开关管换流期间的电流为

$$i_{D_s} = i_{C_s} = (I_0 / t_f) t \tag{8-35}$$

在谐振期间的电流为

$$i_{D_s} = i_{C_s}(t) = I_0 \cos\omega_0 t - \frac{I_0 t_f}{2} \omega_0 \sin\omega_0 t \tag{8-36}$$

由于电流下降至零的时间一般为 μs 级，因此可以忽略后面该项，可得

$$i_{D_s} = I_0 \cos\omega_0 t \tag{8-37}$$

因此流过二极管 D_s 的最大电流近似为负载电流 I_0。二极管的选型为 150A/1000V 的二极管。

3. 电阻 R_s 的选择

电容 C_s 在放电过程中的等效电路如图 8-68 所示，由该等效电路列写方程有

$$V_{C_s} + R_s C_s \frac{\mathrm{d}V_{C_s}}{\mathrm{d}t} = V_{dc} \tag{8-38}$$

结合初始条件 $V_{C_sP} = V_{dc} + [(V_{C_s(0)} - V_{dc})^2 + (Z_S I_0)^2]^{1/2} = V_{dc} + \Delta V$
可得

$$V_{C_s} = V_{dc} + \Delta V e^{\frac{-t}{R_s C_s}} \tag{8-39}$$

$$i_{R_s} = C_s \frac{\mathrm{d}V_{C_s}}{\mathrm{d}t} = -\frac{\Delta V}{R_s} e^{\frac{-t}{R_s C_s}} \tag{8-40}$$

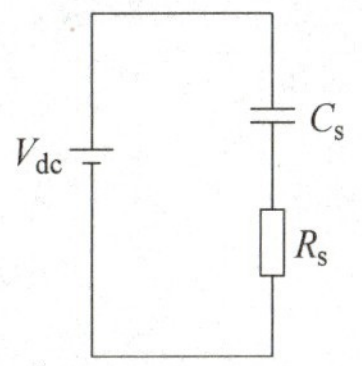

图 8-68　电容 C_s 的放电回路

开关管在关断过程中储存在电容 C_s 上的能量须在 $1/3 \sim 1/2$ 开关周期内释放完，因此选取电阻 R_s 的值为 10Ω。开关管每次关断后消耗在电阻 R_s 上的功率为

$$P_{R_sW} = \frac{1}{T_s} \int_0^\infty R_s i_{R_s}^2 \mathrm{d}t = \frac{C_s \Delta V^2}{2} f_s \approx 12.5\mathrm{W} \tag{8-41}$$

由于每个开关周期中，每个桥臂上下管都要关断一次，对于单相逆变器，在电阻 R_s 上消耗的总功率为 $4 \times 12.5\mathrm{W} = 50\mathrm{W}$，选取电阻的额定功率值为 200W。

8.4.2.2　基于有源栅极驱动的 EMI 源抑制

如上所述，开关电压或电流是主要的辐射 EMI 噪声源。为了减轻辐射的 EMI，通过降低开关速度或优化开关过程可以非常有效地降低 EMI。研究表明，使用不同的导通和截止栅极电阻器可以控制导通和关断开关速度，从而优化 EMI 性能。增加栅极电阻将提高 EMI 性能，但也会降低功率转换器的效率；因此必须在低 EMI 和高效率之间进行折中。

有源栅极驱动器（Active Gate Drive，AGD）可用于根据反馈信号逐周期优化开关瞬态，反馈信号可指示系统运行状况。与传统固定驱动电阻的方法相比，AGD 可以动态调整开关切换速率，并为 EMI 噪声与开关损耗的权衡提供更多自由度。换句话说，AGD 可以优化开关过程。本节总结了以下四类有源门极驱动方法。

1. 变驱动电阻方法

变驱动电阻是有源门极最为广泛使用的方法。它具有低成本、易于使用的优点。它的工

作原理很简单。通过调节开关瞬态中不同阶段的栅极电阻，可以改变 $\mathrm{d}v/\mathrm{d}t$ 和 $\mathrm{d}i/\mathrm{d}t$。其基本电路如图 8-69 所示。通过控制开关 $\mathrm{SW_{on2}} \sim \mathrm{SW_{on\_n}}$ 和 $\mathrm{SW_{off2}} \sim \mathrm{SW_{off\_n}}$，可以改变连接在栅极回路中的栅极电阻器的值，从而调整总栅极电阻。当采用的栅极电阻种类越多，电阻调整的分辨率越高，但成本和体积代价越高。

2. 可变输入电容方法

可变输入电容法调节输入电容 C_{iss} 以控制开关转换速率，如图 8-70 所示。简而言之，通过控制开关 $\mathrm{SW_{s1}}/\mathrm{SW_{d1}} \sim \mathrm{SW_{sn}}/\mathrm{SW_{dn}}$，可以改变与 MOSFET 电容 C_{gd} 和 C_{gs} 并联连接的 $C_{\mathrm{gd\_ext}}$ 和 $C_{\mathrm{gs\_ext}}$ 的总电容。因此可以在不同的总电容值下调节栅极输入电容充电/放电速度。这类方法的有效性已在部分文献中得到验证。然而由于其增加开关延迟时间等固有缺陷，这是不推荐的解决方案。

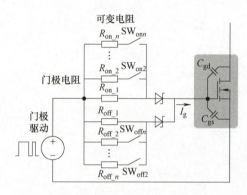

图 8-69　变驱动电阻的工作原理

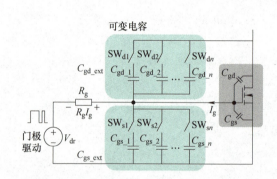

图 8-70　可变输入电容驱动的原理图

3. 变栅极电流方法

可变栅极电流方法通常使用电流源来改变栅极电流，如图 8-71 所示。换言之，可以通过调节对输入电容 C_{iss} 充电/放电的栅极电流来控制功率器件开关速度。栅极电流越大，充电速度越快，开关管的 $\mathrm{d}v/\mathrm{d}t$ 越大。

4. 变栅极电压方法

可变栅极电压方法可以在开关瞬态期间调节栅极电压以控制 IGBT 电压电流，如图 8-72 所示。与可变电阻方法相比，这种方法的优点在于其灵活性，此外，这种 AGD 方法更方便地提供保护，而无需复杂的附加电路。通常这些有源驱动的一致效果在 $10 \sim 15\mathrm{dB}$。

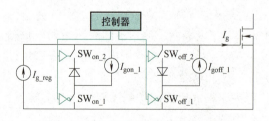

图 8-71　变栅极电流驱动的原理图

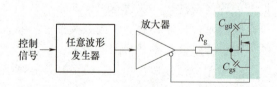

图 8-72　变栅极电压的原理图

8.4.2.3　基于寄生电感削减技术的辐射 EMI 源抑制

器件或功率模块封装中的寄生电感在电压和电流振铃中起着重要作用，从而导致高频率辐射 EMI。为了减少电压和电流振铃，最有效的方法是最小化电流换向回路内的寄生电感。

近年来的寄生电感降低技术有如下几类：

1. 互感抵消技术

互感抵消技术：通过使两个并联连接的模块中电流方向相反来产生负磁耦合，有效降低寄生电感。具体设计而言就是将两个构成桥臂的芯片封装在一个模块中，并将两个模块以相反的顺序背靠背并联连接。这种布置使得流过两个模块的电流方向相反。因此，产生了两个电流环之间的负磁耦合。如图 8-73 所示，从 P 流向 O 的电流分为两个电流，由于电流流向相反，这两个电流具有负磁耦合。负耦合产生的电压抵消了自感产生的电压；因此可以减小公共 P 端和公共 O 端之间的等效电感，即降低了两个模块集合的总体寄生电感。

2. 嵌入去耦电容器技术

在多芯片并联的情况下，由于功率回路电感的不均衡，电流可能不会均匀地分配给每个并联器件。通过将去耦电容加在开关器件的附近，不仅可以为快速变化的负载电流提供快速响应，提供更加均衡的电流路径，从而改善电流共享。还能够缩短功率回路的物理长度，从而减少回路电感。目前针对去耦电容器减小功率回路的应用主要是通过双端源结构，如图 8-74 所示，从两端供电的去耦电容器，创建了对称的功率回路。这种对称性有助于确保每个并联器件经历相同的电感量，从而实现更一致的开关行为。并且双源结构可以进一步缩短功率回路的物理长度，缩短回路电感。

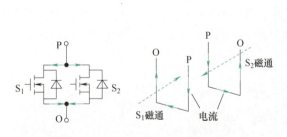

图 8-73 以背靠背几何结构平行连接的
两个电源模块之间的负磁耦合

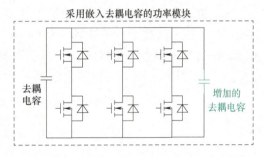

图 8-74 嵌入去耦电容器技术

3. 功率环路面积/迹线长度减少技术

较大的回路面积会导致较大的寄生电感，因为较大的面积提供了更多的磁通量路径，从而在电流变化时产生更大的电动势。同时电流路径的长度也会影响寄生电感。较长的迹线意味着电流需要通过更长的路径，增加了电路的电感值。较短的迹线可以减少电感，因为它们限制了可以建立的磁通量。通过减小功率环路长度来减小电感。然而，这种方法有电感减小的限制，其中芯片（SiC 芯片）之间的最小距离取决于绝缘和散热要求。为了进一步降低寄生电感，有些学者采用多层三维电源，使其减小功率环路的面积以及线长，从而减小功率回路的寄生电感。

8.4.3 辐射路径的抑制技术

8.4.3.1 辐射 EMI 滤波器的设计方法

EMI 滤波器是减轻辐射 EMI 的另一种非常常见和有效的解决方案。与用于降低传导 EMI 的 EMI 滤波器不同，在设计 30MHz 以上的辐射 EMI 滤波器时，必须考虑滤波器元件的高频寄生和磁性材料的高频性能。主要有以下几个要点：

1. 滤波器端口阻抗与源阻抗/天线阻抗的谐振

（1）源阻抗获取

已有的分析表明，电力电子装备与天线之间的阻抗相互作用将影响辐射电场，因此，需要提取源阻抗和天线阻抗。首先提取源阻抗。使用网络分析仪在电缆断开的情况下提取电力电子装备的等效源阻抗。根据戴维南等效定理，在测量网络的输出阻抗时，网络中的所有电压源都应短路，网络中的所有电流源都应断开。这与第6章中设计滤波器时的源阻抗获取方法相同。

（2）天线阻抗获取

由于阻抗分析仪的有效频段低于网络分析仪，尚不足以应用于天线的高频阻抗测量，网络分析仪是必需的。下图展示了基于网络分析仪的天线阻抗测量方法。被测天线通过同轴线连接到网络分析仪，被测天线的两个激励端子分别连接到两个同轴线的芯线上。同轴线的外铜皮则不连接天线而是相互连接，这样做是为了对称性。在使用同轴线进行高频阻抗测试时，同轴线的外铜皮层可能与被测天线产生耦合，导致测量数据错误。当采用图8-75中所示的对称接法时，两个同轴线的外铜皮电流相互抵消，可以减弱同轴线与被测天线耦合导致的误差。

对于含大型箱体或者多组线缆等不便测量的天线，一般采用建立3D仿真模型的方法，提取天线阻抗。通过在CST或者ANSYS等三维仿真软件中单独建立天线的3D模型，设置激励端口仿真S参数，并将S参数转化为输入阻抗。图8-76展示了一线缆天线3D仿真视图。

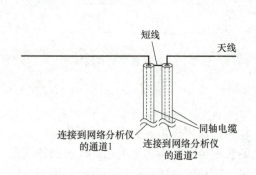

图8-75　天线阻抗的测量方法

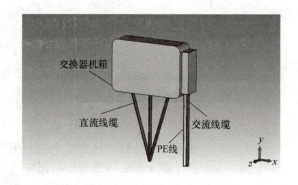

图8-76　线缆天线3D仿真视图

2. 共模电感的设计方法

面向辐射电磁干扰抑制的共模电感设计主要有两个要点：

（1）加入共模电感应使得原有谐振峰向高频移动，不得在低频产生新的谐振峰

由于共模电感的电抗通常会改变电路原有的谐振峰，需要对共模电感的电抗进行规范。辐射EMI是辐射EMI源频谱与辐射路径响应的乘积。由于辐射EMI源的频谱幅值随频率显著下降，越高频的辐射路径谐振产生的辐射EMI谐振峰幅值越小，电磁兼容风险越小。设计方法可以在电路扫频软件（CST、Pspice等）中搭建包含变换器源阻抗、天线阻抗的仿真电路。并加入拟采用的共模电感的阻抗，以单位激励源仿真路径响应，比较路径谐振出现频

率，确定满足谐振峰向高处移动要求的共模电感。

（2）共模电感的设计可采用小尺寸的多磁芯堆叠而非大尺寸的单个磁芯

优化共模电感的高频阻抗是电感设计永恒的课题。通常共模电感的阻抗会因为频率的提高衰减，这受限于磁芯材料本身的特性，无法改变。但已经有部分研究表明，对于同一体积的电感磁环，如果将其分割成堆叠形式，高频的阻抗会明显改善，图 8-77 展示了电感堆叠的 3D 图及其堆叠前后的电感阻抗结果。

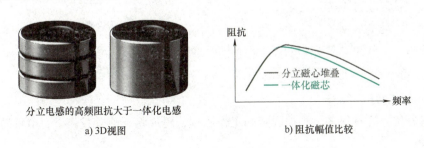

a) 3D视图   b) 阻抗幅值比较

图 8-77 堆叠分立共模电感和一体化电感的比较

3. 电容的设计要求

面向辐射电磁干扰抑制的共模电容设计主要有两个要点：

1）电容阻抗应远小于天线阻抗。通常天线阻抗较大，按照阻抗失配原理，电容阻抗相较天线阻抗越小，抑制效果越好。在辐射频段电容的阻抗主要取决于接地阻抗的大小，电容应尽可能靠近端口接地。

2）电容阻抗应该避免与源阻抗谐振，不可避免地谐振频率应该往高频移动。对于 470pF 这类在低频辐射频段仍然呈现容性的电容，应当确保电容不会与源阻抗发生谐振。如果谐振不可避免，则应该向高频移动。这可以通过类似上文共模电感设计节中的电路仿真判断。

4. 滤波器安装位置

产品中 EMI 滤波器的安装位置对于减小产品的辐射发射很重要。一个常见的认识是，EMI 滤波器应该直接放置于产品的出口端。这类认识并不完善，它还取决于开关功率模块的位置。

EMI 滤波器放置于端口处主要是考虑到潜在的端口电磁场耦合。当箱内的电磁场相当复杂时，可能存在电磁场直接耦合到滤波器外部的线缆上，导致滤波器未能滤除耦合的干扰，滤波器失效。如图 8-78 所示。

辐射 EMI 滤波器的性能还显著受到与功率模块的距离的影响，本质上是受到接地回路阻抗的影响。当 EMI 滤波器距离功率模块越远，接地回路的寄生电感越大，EMI 滤波器性能越差。图 8-79 展示了安装位置导致滤波器性能变差的机理。滤波器的接地电感使得电容接地点存在跳变电位。这一跳变电位一方面显著减弱了滤波 Y 电容的 EMI 旁路性能，另一方面还可能通过 Y 电容向外发射，造成滤波器失效，这在 8.3.3.2 中也有说明。因此寄生电感的感量应当尽可能减小。然而这一寄生电感通常是无意引入的，滤波器通过螺丝安装在机箱上。功率模块的散热器也是连接在机箱上，两个机箱安装点距离太远，产生了较大的机箱寄生电感。因此，应该尽可能让滤波器接地点靠近功率模块散热器。

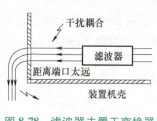

图 8-78　滤波器未置于变换器
端口导致的失效问题

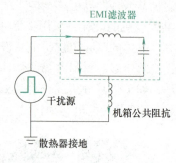

图 8-79　滤波器接地电感导致
性能下降的机理

8.4.3.2　辐射 EMI 的屏蔽

屏蔽的分类方法有很多。根据屏蔽的工作原理，可以将屏蔽分成 3 类：电屏蔽、磁屏蔽和电磁屏蔽。

电屏蔽主要是使用高电导率的金属制作，并且良好接地。电屏蔽主要用于抑制电场容性耦合。电场耦合产生的感应电荷被电屏蔽体旁路回到地中，有效防止了感应电荷对其他器件的干扰。

磁屏蔽主要是使用高磁导率的磁材制作，可以不必接地。磁屏蔽主要用于抑制磁场的感性耦合。而磁场发射主要在低频。磁场耦合是由于磁力线穿过了受扰设备产生感应电流，磁屏蔽具有较小的磁阻，能够将磁力线优先吸引到磁屏蔽的路径中，防止了磁场对其他器件的影响。

电磁屏蔽也是使用高电导率的金属制作，但抑制目标主要是针对波长小于屏蔽体的高频电磁波，利用电磁波在金属表明形成的涡流来消耗电磁波，阻碍传播，应用领域主要在微波。

在电力电子装置中，辐射的耦合主要是近电场和磁场耦合，电磁波耦合较少，这是因为辐射 EMI 的波长相较于变换器的尺寸较大。因此采取屏蔽措施时，首先应该辨识耦合类型。最为常见的是容性耦合，例如大尺寸的金属铜层直接耦合到金属薄膜电容上，或者两个临近薄膜电容的耦合，造成隐藏的容性耦合发射。

8.5　本章小结

本章主要介绍电力电子装置辐射电磁干扰机理、诊断和抑制技术。从天线辐射理论出发，阐述了辐射的高频低频，远场近场，电场磁场的划分，并介绍了辐射干扰的估算方法。

辐射电磁干扰面临多干扰源和路径耦合、主导干扰源和路径不明、抑制方法针对性不强的问题，因此本章提出了诊断技术，包含干扰源的诊断和干扰路径的诊断。对于干扰源的诊断，首先指出了低频传导电磁干扰诊断方法在处理高频传导及辐射干扰时存在局限性，然后将辐射干扰与幅度调制波类比，开发了基于包络解调的主导辐射干扰源辨识方法。进一步，为解决该诊断方法未考虑 EMI 接收机的检波效应等问题，提出了基于时频矩阵的多源干扰解耦诊断方法。辨识和解耦诊断的结果对比以及针对性的抑制实验验证了两种方法的准确性。对于干扰路径的诊断，开发了辐射干扰高保真测量技术，并基于准确的辐射电压电流测量，提出了辐射主导天线辨识、辐射电流方向辨识、辐射隐藏耦合辨识的方法，针对主导路径的抑制实验验证了路径诊断的准确性。

辐射干扰的抑制也分为源的抑制和路径抑制。本章阐述了辐射 EMI 源的开关特征，基于干扰源的影响因素，介绍了目前针对源的三种抑制策略：缓冲电路、有源栅极驱动、寄生电感削减等。针对辐射 EMI 滤波器，共模电感、电容的设计相较传导滤波器有了新的要求，EMI 滤波器的安装也有特定限制。屏蔽也能显著改善辐射 EMI 发射，本章还阐述了不同耦合类型应该采用的屏蔽材料。

<h1 style="text-align:center">习　　题</h1>

1. 请列举辐射天线的重要参数及含义。
2. 介绍民用标准和军用标准辐射检测的区别。
3. 辐射耦合方式有哪些种类。
4. 电力电子装置辐射电场的估计方法有哪些？
5. 电力电子装置辐射电磁干扰诊断技术的含义和意义是什么？
6. 低频传导电磁干扰怎么解耦诊断，方法在应对高频传导及辐射电磁干扰时有什么不足？
7. 简述基于包络解调的高频干扰源辨识诊断技术的原理。
8. 简述基于时频矩阵的高频干扰源解耦诊断技术的原理。
9. 辐射电压电流测量遇到的问题是什么，解决方案是什么？
10. 介绍干扰源频谱和时域波形的对应关系？
11. 辐射干扰源的抑制方法有哪些？
12. 辐射 EMI 滤波器的安装位置有什么要求？
13. 辐射屏蔽的种类有哪些，材料有什么不同？

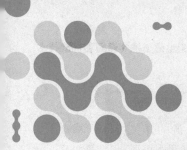

第9章 磁性材料及其应用

在设计滤波电感的过程中，选取合适的磁性材料至关重要。它显著影响电感的匝数、工作频率、损耗、体积、低频和高频电感量、受直流偏置下的电感量、电感的磁场泄露等。软磁材料是目前应用最广泛的电感磁芯材料，包含金属软磁、铁氧体软磁、非晶和纳米晶软磁材料等多种类别，磁性参数相差较大。例如，选择高磁导率的锰锌铁氧体软磁材料能够有效提升滤波电感的初始电感量，电感匝数少、体积小、还限制磁力线扩散，减小电感磁场泄露，但是直流偏置耐受能力弱且 MHz 级频段电感量较小。因此，针对不同频率和功率需求，科学合理地设计磁芯是确保滤波电感有效滤波、可靠运行的关键。

本章的目的在于让读者对磁学基础知识、滤波电感磁芯材料以及其基本特性进行一些初步的了解，便于读者在后续学习工作中在进行滤波器设计时，能够根据不同磁性材料的特性，得到性能更好的电感设计方案。

9.1 磁学基础

9.1.1 磁场强度和磁感应强度

1. 磁场

磁场可以由永磁体产生，也可以由通电导线产生。磁体周围的磁场可以由磁力线表示，通常用磁体吸引铁屑的情况来表示磁力线的疏密。如图 9-1a 所示为 U 形磁铁在空间散发的磁力线。可以看出磁力线存在以下 2 个特点：

1）磁力线从 N 极出发进入与其最邻近的 S 极，在磁体内再由 S 极回到 N 极，并形成闭合回路。

2）磁力线总是走磁导率最大的路径，因此磁力线通常呈现直线或者曲线。

如图 9-1b 所示为通电导线周围产生的磁场，由右手螺旋定则可以确定通电导线周围的磁场方向。图 9-2 所示为通电螺线管的磁场分布。

2. 磁场强度

磁场强度 H 表示正电磁荷在磁场中所受的力，在厘米-克-秒制（Centimeter-Gram-Second，CGS）和国际单位制（Système International d'Unités，SI）中分别对其进行了定义：在 CGS 制中，磁场强度 H 定义为当单位磁荷所受的力为 1dyne（达因）时，此磁极所在之处的磁场为 1Oe（奥斯特）；在 SI 制中，磁场强度 H 是依据通电线圈所产生的磁场来标定的，对于一个长度为 l，单位为 m（米）的细长螺线管，其匝数为 N，当通过 i，单位为 A（安培）电流时，在细长螺线管中的磁场强度为

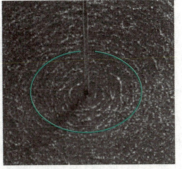

a)U形磁铁的外部磁力线　　　　　　b)通电导线周围的磁力线

图 9-1　U 形磁铁的外部磁力线与通电导线周围的磁力线

$$H = \frac{Ni}{l}\,(\mathrm{A/m}) \tag{9-1}$$

在 SI 制中磁场强度 H 的单位为 A/m。同时可知磁场强度 H 与材料介质无关，只与通过细长螺线管的电流、匝数以及长度有关。在 CGS 制和 MKSA 制（SI 制）中的换算关系如下：

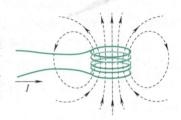

图 9-2　通电螺线管磁场

$$1\mathrm{Oe} = \frac{10^3}{4\pi}\mathrm{A/m} \approx 79.6\,\mathrm{A/m} \tag{9-2}$$

3. 磁感应强度 B

当电流在介质中流动时，它会产生磁场，这个磁场通常用磁场强度 H 来表示。然而，磁场不仅仅由电流本身决定，还受到介质特性的影响，介质对磁场的反应就产生磁感应强度 B。所有的介质都有一定的磁感应，磁感应强度和磁场强度之间的联系是一个被称之为介质磁导率的特性参数。

在 SI 制中，通以电流的细长螺线管中的磁感应强度 B 的公式为

$$B = \mu_0 H \tag{9-3}$$

式中，μ_0 为真空磁导率，$\mu_0 = 4\pi \times 10^{-7}\mathrm{H/m}$。

B 在 CGS 制和 SI 制中的单位分别为 Gs（高斯）和 T（特斯拉），其换算关系如下：

$$1\mathrm{T} = 10^4\mathrm{Gs} = 10^4\mathrm{Oe} \tag{9-4}$$

9.1.2　磁化曲线和磁滞回线

1. 磁化曲线

磁化曲线是表示磁感应强度 B（或磁化强度 M）与磁场强度 H 之间的关系。当施加外部磁场时，铁磁物质会呈现出不同的磁化状态，这些状态可以通过磁化曲线进行描述。磁化曲线的形状取决于物质的磁特性，包括矫顽力、剩磁等参数。在工程应用中，磁化曲线经常用于设计电磁设备和测试材料的磁性能。图 9-3 给出了纳米晶合金的 B-H 关系曲线，随着外加磁场强度 H 从小变大时，磁感应强度急剧增加，当 H 增大到一定值时，B 逐渐趋近于一个 B_s 值，B_s 值称为饱和磁感应强度。

2. 磁滞回线

磁滞回线是指磁场强度周期性变化时，强磁性物质磁滞现象的闭合磁化曲线。它表明了强磁性物质反复磁化过程中磁化强度 M 或磁感应强度 B 与磁场强度 H 之间的关系。磁滞回线是铁磁性物质和亚铁磁性物质的一个重要的特征，顺磁性和抗磁性物质则不具有这一现象。

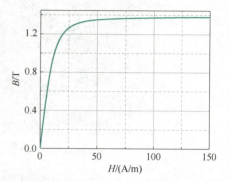

图 9-3　纳米晶合金的磁化曲线

磁滞回线是描述磁性材料磁化特性的重要曲线，它可以揭示磁性材料的多种性质和行为。首先，磁滞回线可以用来描述磁性材料的磁滞现象。在磁性材料中，磁场强度 H 和磁化强度 M 或磁感应强度 B 之间的关系通常是非线性的，而且磁滞回线可以定量地描述这种关系。通过测量磁滞回线，可以了解磁性材料在反复磁化过程中的磁滞现象以及矫顽力、剩余磁化等参数。

其次，磁滞回线可以用来描述磁性材料的饱和磁化。在强磁场作用下，磁性材料的磁化强度 M 或磁感应强度 B 会达到一个饱和值，此时即使再增加磁场强度，磁化强度 M 或磁感应强度 B 也不会继续增加。这个饱和值反映了磁性材料的饱和磁化性质，对于磁性材料的应用非常重要。

此外，磁滞回线还可以用来描述磁性材料的磁导率和磁记忆效应等特性。磁导率是衡量磁性材料导磁性能的参数，而磁记忆效应则是指磁性材料在受到周期性变化的磁场作用后，会留下一定的剩磁或磁化强度，这些剩磁或磁化强度会随着时间的推移而逐渐消失的现象。通过对这些特性的研究，可以更深入地了解磁性材料的性质和行为。总之，磁滞回线是描述磁性材料性质和行为的重要工具，通过对它的研究，可以深入了解磁性材料的各种特性和应用。

如图 9-4 所示，磁性材料磁化到饱和以后（Oa 段），减少外加磁场后并不会沿着初始磁化曲线返回，当外加磁场减少到零时（ab 段），材料仍然保留一定大小的磁感应强度，称为剩磁 B_r；当反向增加磁场后，磁感应强度 B 继续减少，当反向磁场达到一定数值时（bc 段），此时 $B=0$，那么该磁场强度就称为矫顽力 H_c；进一步增加反向磁场时（cd 段），材料将会反方向达到饱和；在外加磁场从负方向的最大到正方向的最大时（$defa$ 段），B-H 形成了一条闭合曲线，称为磁滞回线。

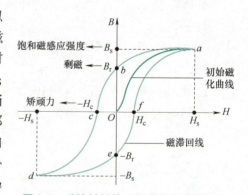

图 9-4　磁性材料的磁化曲线和磁滞回线

9.1.3　磁导率

磁导率 μ 是表征磁介质磁性的物理量，表示在空间或在磁芯空间中的线圈流过电流后，产生磁通的阻力或是其在磁场中导通磁力线的能力。磁导率越大，其产生磁通的阻力越大和在磁场中导通磁力线的能力越强。

绝对磁导率的定义为在磁介质中磁感应度强度 B 与磁场强度 H 的比值。

$$\mu_{绝对}=\frac{B}{H} \tag{9-5}$$

从上式可以看出，B 和 H 的量纲相同，因此磁导率 μ 为无量纲的量。

在不同的磁化条件下，磁导率有不同的表现形式：

（1）相对（有效）磁导率

通常情况下一般不用绝对磁导率，一般我们所说的磁导率为相对磁导率。

$$\mu_{相对}=\mu_e=\frac{\mu_{绝对}}{\mu_0}=\frac{B}{\mu_0 H} \tag{9-6}$$

（2）初始磁导率（μ_i）

初始磁导率 μ_i 表示在磁中性状态下磁导率的极限值，指的是基本磁化曲线 $H\to0$ 时的磁导率。对于常用的软磁材料，初始磁导率 μ_i 是一个重要的参数。

$$\mu_i=\frac{1}{\mu_0}\lim_{H\to0}\frac{B}{H} \tag{9-7}$$

9.1.4 居里温度

居里温度是磁性材料的理论工作温度极限，超过这个温度，磁性材料会失去磁性。因此，对于需要高温工作的设备来说，例如电动汽车、航空航天等一些高温、高频、高功率密度极端工作场景，选择具有足够高居里温度的软磁材料是非常重要的。其次，不同的软磁材料其居里温度也不同，这会影响设备的性能和设计。一般来说，非晶和纳米晶软磁材料的居里温度约 600℃，铁氧体软磁的居里温度约 125℃，金属软磁的居里温度大于 600℃。

应当注意，磁芯的温度除了与环境温度有关，还和电感自身由于磁芯损耗和绕组损耗导致的发热密切相关。一般对于直流或工频偏置小、磁通量较小的高导磁芯电感，绕组损耗占主导。而偏置大的低磁导率磁芯，则磁芯损耗占主导。

9.1.5 损耗

电感磁性元件由线圈和磁芯两部分组成，当在线圈中通过交流电进行磁化时要损耗能量，一部分是由于线圈的中电阻所产生的损耗，称为铜损；另一部分是由于磁芯材料在交流电作用下反复磁化所产生的损耗（即磁芯材料在交变磁场中产生的损耗），称为磁损耗（铁损）。磁损耗主要包括 3 个方面：涡流损耗 P_e、磁滞损耗 P_h 和剩余损耗 P_c，则总损耗 P 可以写成

$$P=P_e+P_h+P_c \tag{9-8}$$

1. 涡流损耗 P_e

当磁芯材料在交流电（交变磁场）中反复磁化时，由于磁通量的反复变化产生感应电动势，将会出现涡流效应。若磁芯材料的厚度为 d，电阻率为 ρ，B_m 为交流电作用下最大磁感应强度。在频率为 f 的交流电（交变磁场）作用下，每秒产生的涡流损耗可由下式表示：

$$P_e=\frac{af^2 d^2 B_m^2}{\rho} \tag{9-9}$$

可以看出，涡流损耗 P_e 正比于频率，最大磁感应强度和磁芯材料厚度的二次方，与磁

芯材料的电阻率成反比。同时随着工作频率的增加，磁芯材料的涡流损耗也将增大，可以通过降低材料的厚度 d 或提高磁芯材料的电阻率 ρ 来降低涡流损耗。

2. 磁滞损耗 P_h

磁芯材料磁化时，送到磁场的能量有两部分，一部分转化为势能，即去掉外磁化电流时，磁场能量可以返回电路；而另一部分变为克服摩擦使磁芯发热消耗掉，即由于磁滞的原因而产生的能量损耗称为磁滞损耗，其数值上等于静态磁滞回线的面积。在频率为 f 的交流电（交变磁场）作用下，每秒产生的磁滞损耗可由下式表示：

$$P_h = f \int H dB \tag{9-10}$$

影响损耗面积大小几个参数是：饱和磁感应强度 B_s、剩磁 B_r、矫顽力 H_c，其中 B 取决于外部的电场条件，而 B_r 和 H_c 取决于材料特性。电感磁芯每磁化一周期，就要损耗与磁滞回线包围面积成正比的能量，频率越高，损耗功率越大，磁感应摆幅越大，包围面积越大，磁滞损耗越大。一般可以通过减少磁芯材料的矫顽力 H_c 从而降低磁滞损耗，因为降低矫顽力 H_c 可以使得磁滞回线变窄，使其所围的面积减少，从而降低磁滞损耗。

3. 剩余损耗 P_c

剩余损耗是由于磁性弛豫或磁性后效引起的损耗，所谓弛豫是指在磁化或反磁化的过程中，磁化状态并不是随磁化强度的变化而立即变化到它的最终状态，而是需要一个过程，这个"时间效应"便是引起剩余损耗的原因。它主要是由于在高频 1MHz 以上的一些弛豫损耗和旋磁共振等原因所产生的，在开关电源几百 kHz 的电力电子场合剩余损耗比例非常低，可以近似忽略。

9.2 常见的磁性材料的分类

磁性材料根据其特性及应用可分为软磁材料、永磁材料和功能磁性材料等，其中软磁应用最为广泛，几乎所有感性器件（电感、变压器、传感器等）都离不开软磁材料，目前，滤波电感应用最多的磁芯也是软磁材料。磁性材料的选择除了要正确选择其基本的磁参数（如 B_s、μ、T_c）外，还要仔细选定它们的电特性（如电阻率、频宽、阻抗等）。

9.2.1 软磁材料分类及其特点

目前常用的软磁材料可以分为 3 类，主要包括金属及其合金的传统软磁材料、铁氧体软磁材料、非晶和纳米晶软磁材料软磁材料，其主要有如下特征：

1）较高的磁导率。这表明软磁材料对外加磁场的灵敏度高，可以有效地提高其功率。

2）低的矫顽力 H_c。低的矫顽力 H_c 表明软磁材料容易被外部磁场磁化，又容易受外部磁场退磁。而且磁滞回线窄，降低了损耗。

3）高饱和磁感应强度 B_s 和低的剩余磁感应强度 B_r。随着光伏、新能源汽车等对电源系统输出功率要求的不断提高，电感需要具备大电流承载的能力，较高的饱和磁感应强度 B_s 意味着软磁材料单位体积的磁感应强度更强，有利于产品向轻薄短小的方向发展；同时其剩余磁感应强度低，可以迅速地响应外加磁场极性的反转。

4）低的损耗 P。低损耗软磁材料使用过程中发热量低，使用寿命更长。同时有利于提高其功率密度。

9.2.2　金属软磁材料

1. 硅钢

含硅为 1.0%～4.5%，含碳量小于 0.08% 的硅合金钢叫作硅钢。它具有磁导率高、矫顽力低、电阻系数大等特性，因而磁滞损失和涡流损失都小。硅钢磁感高，铁芯的励磁电流降低，也节省电能。硅钢磁感高可使设计的最大磁感高、铁芯体积小、质量小，节省硅钢、导线、绝缘材料和结构材料等，既使电机和变压器损耗和制造成本降低，又便于组装和运输。主要用作电机、变压器、电器以及电工仪表中的磁性材料。

2. 坡莫合金

坡莫合金实质上是铁镍（FeNi）合金，其矫顽力很低，而饱和磁密 B_s、磁导率和居里温度都很高，接近于纯铁。多元坡莫合金，初始相对磁导率可达 30000～80000，但是电阻率低，在 $10^{-7}\Omega\cdot m$ 左右，它可以被加工成极薄的薄片，所以可用在高达 20～30kHz 的工作频率。国内工程上常用厚度为 0.02mm 的坡莫合金薄带，另外也有 0.005mm 厚的薄带，但由于在磁芯的卷绕过程中薄带表面要绝缘，致使它的填充系数大大降低，因此工程上很少使用。当应用频率超过 30kHz 以上时，由于坡莫合金的电阻率低，其损耗会明显增加。

3. 磁粉心

磁粉心的磁导率相对较低，主要包括铁硅铝、铁硅和铁镍等类型；其形状有环型、E 型、方型和圆柱型等。磁粉心主要应用包括功率因数校正电感、升压/降压稳压器、直流输出电感器和回归变压器。它是开关电源输出电感、PFC 电感及谐振电感的最佳选择，具有较好的性能价格比。磁粉心主要厂家及产品见表 9-1。

表 9-1　磁粉心主要厂家及产品

公司	牌号	成分	B_s/T	μ
铂科新材	NPS 系列	铁硅铝	1.0	26、40、60、75、90
	NPF 系列	铁 6.5% 硅	1.5	26、40、60、75、90
横店东磁	DNH 系列	铁硅铝	1.4	26、60、75、90、125
	DFG 系列	铁硅铝	1.5	26、60、75、90

9.2.3　铁氧体软磁材料

铁氧体是一种非金属磁性材料，一般由铁、锰、镁、铜等金属氧化物粉末按一定比例混合压制成型，然后在高温下烧结而成的，由于它的制造方法与陶瓷相似，所以又称它为磁性瓷，在电性能上它呈半导体特性，外观上它呈深灰色或黑色，硬而且脆，从 20 世纪 40 年代开发以来就得到了广泛的应用。由于软磁铁氧体的磁性主要来源与亚铁磁性，因此其饱和磁感应强度 B_s 较低，但是其相比于金属软磁材料具有较高的电阻率 ρ，因此其具有良好的高频特性，在高频下，虽然铁氧体的有效磁导率较低，但磁芯损耗随着频率的增加而增加，这使其非常适用于高频噪声的抑制。

铁氧体软磁材料可分为锰锌、镍锌和镁锌三类软磁材料，现对这三类软磁材料进行简述：

1. 锰锌（MnZn）铁氧体

MnZn 铁氧体软磁材料从 20 世纪 40 年代开发至今，大量的科学问题和工艺技术被研究和解决。它的饱和磁感应强度 B_s 较低，约为 0.5T。目前商业化铁氧体软磁材料由两大类：一类是高磁导率 MnZn 铁氧体软磁材料，一类是低损耗 MnZn 铁氧体软磁材料，主要厂家及产品见表 9-2。高磁导率 MnZn 铁氧体软磁材料在开关电源用功率铁芯、电流互感器、电源变换器等领域获得了广泛的应用，同时可用于新能源汽车、智能家电、5G 通信等领域的共模电感器件中。低损耗 MnZn 铁氧体软磁材料适合应用于功率电感等，其在高频高磁感强度下仍然具有较低的损耗。

表 9-2　锰锌铁氧体主要厂家及产品

公司	牌号	成分	B_s/T	μ	损耗/(kW/m^3)
TDK	PC47	MnZn	0.53	2500	400($P_{0.2T,100kHz}$)
	HP5	MnZn	0.4	5000	680($P_{0.2T,100kHz}$)
LTD	NP	MnZn	0.5	2500	700($P_{0.2T,100kHz}$)
	N05	MnZn	0.52	3200	400($P_{0.2T,100kHz}$)
横店东磁	DMR73	MnZn	0.47	4200	530($P_{0.2T,100kHz}$)
	DMR47	MnZn	0.52	2500	600($P_{0.2T,100kHz}$)

2. 镍锌（NiZn）铁氧体

NiZn 铁氧体比 MnZn 铁氧体电阻率更高，饱和磁通密度 B_s 为 (0.3～0.5)T，磁导率比 MnZn 的低，居里温度高于 MnZn 铁氧体。它可用在 1～300MHz 的高频情况，性能优于 MnZn 铁氧体。但是使用频率在 1MHz 以下时，其性能不如 MnZn 铁氧体，因此其适用于高频应用。但由于我国镍金属含量没有锰的含量丰富，NiZn 铁氧体的价格要比 MnZn 铁氧体高很多。Ni-Zn 铁氧体软磁材料主要应用在频率高于 1MHz 的场合，包括滤波电感、高频阻抗变压器、射频放大器、相位检波器等器件，主要厂家及产品见表 9-3。

表 9-3　镍锌铁氧体主要厂家及产品

公司	牌号	成分	B_s/T	μ	损耗/(kW/m^3)
TDK	HF90	NiZn	0.5	5000	300($P_{0.2T,100kHz}$)
	HF60	NiZn	0.3	1600	580($P_{0.2T,100kHz}$)
LTD	N1B	NiZn	0.31	1000	500($P_{0.2T,100kHz}$)
	N05	NiZn	0.43	5000	300($P_{0.2T,100kHz}$)
横店东磁	DN200L	NiZn	0.3	2000	480($P_{0.2T,100kHz}$)
	DN85H	NiZn	0.35	850	600($P_{0.2T,100kHz}$)

9.2.4　非晶和纳米晶软磁材料

1. 非晶软磁材料

非晶软磁材料是在超快速冷却条件下，使金属熔体来不及结晶而冷凝成固体的新型合金，其结构是一种长程无序，短程有序结构。其所处的非晶状态是一种亚稳结构，当温度升高或时间延长时，非晶态结构将转变成晶态结构，性能将会发生根本性变化，因此晶化问题是其非晶结构不稳定的最重要因素。非晶软磁材料的使用应该注意其工作温度。一般情况而言，非晶软磁材料在300℃以上应用时是完全不稳定；在200℃的工作温度下长期使用则会导致其晶化；对于在常温下应用的非晶软磁材料来说，由于其工作温度一般不会超过150℃，可以不考虑由晶化造成的不稳定。

目前已存在的非晶软磁材料主要由占总量80%（摩尔分数）的金属材料 Fe、Co、Ni 和约占总量20%（摩尔分数）的类金属元素 Si、B、P、C 所组成。为了适应不同磁性元件的要求，可以通过不同的成分配比配置不同系列的合金材料。非晶软磁材料可分为铁基、钴基以及铁镍基三类合金，现对这三类合金进行简述：

1）铁基非晶软磁材料：铁基非晶软磁材料是由80%（摩尔分数）的铁磁性元素 Fe 和20%（摩尔分数）类金属元素（Si、B、C 或 P）组成，它具有较高饱和磁感应强度 B_s，约为 1.6~1.8T 之间。同时兼具高 μ 和低 P，有效地减少了器件的能耗。该类合金在较高磁感下的损耗约为目前硅钢片的1/3，因此可以代替硅钢片作为电力变压器的铁芯，可以大量地节省电能。目前，对铁基非晶软磁材料应用于工频配电变压器的研究以美国和日本最为活跃，我国也在20世纪80年代中期开展了这方面的研究和试制，但是由于铁基非晶软磁材料的价格较高，目前尚未在变压器中得到大量应用。

2）钴基非晶软磁材料：钴基非晶软磁材料是由铁磁性元素 Co 和类金属元素（Si、B 等）组成的 Co-Fe-Si-B 系合金。钴基非晶软磁材料的饱和磁致伸缩系数为零或接近于零，因此它对应力不敏感。它有极高的初始磁导率和最大磁导率，很低的矫顽力和高频损耗，饱和磁密为 0.5~0.8T，性能比铁基非晶合金更好，但成本要比铁基非晶软磁材料的成本高。适合应用于高频开关电源、磁放大器、脉冲变压器、磁头、磁屏蔽以及高频弱信号变压器等。其工作频率可达 200kHz，是高频下应用的最佳材料。但是由于非晶的电阻率比铁氧体的小得多，所以在高频下涡流损耗很大，要使非晶工作在更高频率还比较困难。同时 Co 作为贵金属，增加了 Co 基非晶合金的生产成本，因此常用在要求严格的军工产品中。

3）铁镍基非晶软磁材料：铁镍基非晶合金是由 Ni 和 Fe 以及类金属元素（Si、B 等）组成，具有较高的初始 μ 和低 P，被广泛用于精密电流互感器铁芯、磁屏蔽等装置中。

2. 纳米晶软磁材料

纳米晶软磁材料是由非晶软磁材料通过晶化处理得到的新型软磁材料。纳米晶软磁材料是利用制作非晶带材的工艺，首先获得非晶态材料，再经过热处理后获得直径为 10~20nm 的微晶，又称为超微晶材料。它具有优异的综合磁性能：初始磁导率可高达 100000，饱和磁通密度高（1.2T）、铁损低等。通常可以将纳米晶材料分为如下4个体系：

1）Finemet 系：20世纪80年代，Yashizawa. Y. 等人成功制备出 $Fe_{73.5}Cu_1Si_{13.5}B_9Nb_3$ 纳米晶合金。Finemet 的 B_s 达到 1.24T，同时居里温度为 570℃，其 H_c 仅有 0.53A/m，1kHz 磁导率达到了 1.0×10^5。该合金优异的软磁性能使得其在变压器、无线充电和共模电感等方面得到广泛的应用。但是该合金体系存在的问题在于其 B_s 较低，在当前追求器件小型化的趋势面前可能会阻碍该合金体系的发展。

2）Nanoperm 系：20世纪90年代，Suzuki 等人对以 Fe-M-B(M=Zr,Nb,Hf,…) 为基础的软磁材料进行优化后，得到新的软磁材料商标为 Nanoperm®。该合金体系的 B_s 达到 1.6~1.7T，

$H_c = 5.3 A/m$，1kHz 磁导率达到了 2.2×10^4。但是该合金体系由于在制备过程中容易氧化，难以大规模的工业生产，严重限制了其应用范围。

3）Hitperm 系：20 世纪 90 年代末期，Willard 等人在 Nanoperm® 的基础上引入了 Co 和 Cu 得到 $Fe_{44}Co_{44}Zr_7B_4Cu_1$ 合金，商标为 Hitperm®。该合金体系由于 Fe 和 Co 原子发生铁磁耦合，因此该合金体系 B_s 高达 1.7T，工作温度最高可达 600℃。但是该合金体系的软磁性能较差，同时 Co 的添加增加了合金的生产成本，不利于工业生产。

4）Nanomet 系：21 世纪初期，Inoue 等人将 P 和 Cu 引入 FeSiB 非晶合金热处理后成功制备出 FeSiBPCu 纳米晶合金，商标为 Nanomet®。该合金体系具有高于 Finemet® 的 B_s，达到 1.83T，$H_c = 4.5 A/m$。同时该合金未拥有贵金属 Nb，因此成本很低，但是其非晶形成能力不足，导致其无法大规模生产。

纳米晶合金主要厂家及产品见表 9-4。

表 9-4　纳米晶合金主要厂家及产品

公司	牌号	成分	B_s/T	μ	损耗/(kW/m^3)
VAC	VITROPERM 500F	FeCuSiBNb	1.25	80000	$160(P_{0.2T,100kHz})$
	VITROPERM 250F	FeCuSiBNb	1.25	5000	$180(P_{0.2T,100kHz})$
横店东磁	DNG	FeCuSiBNb	1.2	80000	$200(P_{0.2T,100kHz})$
	DNL	FeCuSiBNb	1.2	300	$200(P_{0.2T,100kHz})$
	DNL	FeCuSiBNb	1.2	1000	$160(P_{0.2T,100kHz})$
	DNL	FeCuSiBNb	1.25	4000	$140(P_{0.2T,100kHz})$

9.3　软磁材料磁芯的基本特性

由于开关器件工作在高频通断状态，高频的快速瞬变过程虽然能完成正常的能源传递，但却是一种电磁骚扰源。它产生的 EMI 信号有很宽的频率范围，又有较高的幅度，因而会严重影响其他电子设备的正常工作。因此需要设计合适的滤波电路对干扰信号进行抑制，在滤波电路中，滤波电感起着举足轻重的作用，其性能的优劣直接决定 EMI 滤波器的成败，而滤波电感的性能好坏主要由磁芯的特性决定。

9.3.1　温度特性

软磁材料的温度特性对其应用有很大的影响。对于一些特定的应用，如永磁铁氧体，其居里温度在 450℃ 左右。而钕铁硼磁体居里温度基本都在 350~370℃ 之间，但其使用温度通常达不到居里温度，超过 180~200℃ 时磁性能已经衰减很多，磁损也很大，已经失去使用价值了。因此，对于不同工作环境的设备来说，选择具有合适温度特性的软磁材料非常重要。在高温环境下工作的设备需要选择能够在高温下保持良好性能的软磁材料，而在低温环境下工作的设备则需要选择能够在低温下保持良好性能的软磁材料。此外，还需要考虑材料的经济性和可加工性等因素。

图 9-5 描述了铁基纳米晶和锰锌铁氧体软磁材料饱和磁感应强度随温度的变化。在高达 150°C 的操作温度范围内，铁基纳米晶的饱和磁感应强度仅变化了几个百分点，而锰锌铁氧

体则下降了 40%。铁基纳米晶软磁材料的高居里温度（高于 600℃）允许其短期在最高工作温度高达 180~200℃ 时工作。

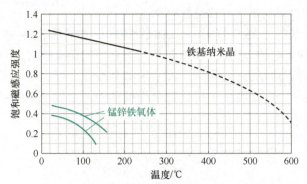

图 9-5　软磁材料温度特性变化

另外，软磁材料的工作温度还会对材料的损耗产生一定的影响。一般来说，磁通密度越高，材料的损耗也会越大。同时，随着温度的升高，材料的损耗也会增加。在高频工作下的损耗对其应用有很大的影响。在选择软磁材料时，还需要考虑其在工作条件下的磁通密度和温度等因素。值得注意的是：铁氧体的温度特性比较差，随着温度的升高，饱和磁通密度下降很明显。

损耗与频率的关系非常密切。一般来说，随着频率的增加，材料的损耗也会增加。对于不同种类的软磁材料，其在不同频率下的损耗表现也不同。例如，纳米晶的损耗在频率为 5kHz 时已经非常低，而硅钢和非晶的损耗则非常高。当频率增加到 10kHz 时，纳米晶的损耗仍然保持最低，而其他三种材料的损耗则明显增加。这种损耗会影响设备的效率。如果材料的损耗过高，会导致设备发热、效率下降，甚至可能损坏设备。因此，在选择软磁材料时，需要考虑其在高频下的损耗表现。

9.3.2　频率特性

磁导率是描述物质在磁场中性质的一个重要物理量，常用符号 μ 表示。实部 μ' 和虚部 μ'' 是磁导率的两个重要组成部分，它们分别代表了物质的磁性在静态和动态条件下的不同表现。磁导率是目前国内和国际上对软磁材料做区分的主要参数，其数值描述了物质在磁场中的磁性响应。

磁导率的实部 μ' 表示物质在静态磁场中的磁导率，也称为直流磁导率。它反映了物质在静止磁场中的磁响应，μ' 的大小表示了物质对静态磁场的响应强度，μ' 越大，表示物质对静态磁场的响应越强烈，磁场越容易在材料中产生磁化。因此，μ' 可以用来描述物质在静止磁场中的磁化性质；此外 μ' 还与物质的磁化率和磁滞现象有关。磁化率是描述物质在磁场中被磁化的难易程度，而磁滞现象则描述了物质在反复磁化过程中产生的滞后现象。μ' 对于理解和应用电磁学和铁磁学等领域具有重要意义。

磁导率的虚部 μ'' 表示物质在交变磁场中的磁导率，也称为交流磁导率。它反映了物质在交变磁场中的动态磁响应，μ'' 的大小表示了物质对交变磁场的响应速度和相位差。虚部数值越大，表示物质对交变磁场的响应越迅速；相位差越小，说明材料对外加磁场的能量吸收越多，磁化损耗越大。因此，μ'' 可以用来描述物质在交变磁场中的动态磁化性质。μ'' 还与物质的阻尼性质和能量损耗有关，阻尼是指物质在振动或交变磁场作用下的能量损耗现象，而能量损耗则是指物质在磁场中由于磁化或反磁化过程中产生的热量或能量转移。

1. 锰锌铁氧体和铁基纳米晶材料特性对比

图 9-6 描述了铁基纳米晶和锰锌铁氧体软磁材料磁导率随频率的变化，锰锌铁氧体（$\mu=5000$）的磁导率在频率达到 1MHz 仍然具有良好的稳定性（$\mu=10000$ 的锰锌铁氧约达到 200kHz 时仍然具有良好的稳定性）。铁基纳米晶在这方面的基本特性与锰锌铁氧体基本相似，铁基纳米晶的稳定性取决于初始磁导率的范围，本例子的铁基纳米晶在频率达到 20kHz 具有良好的稳定性。

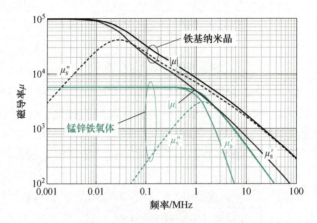

图 9-6　软磁材料频率特性变化

由于铁氧体的饱和磁通密度不高（一般小于 0.5T），因而它在低频下几乎不能使用。

2. 锰锌和镍锌铁氧体特性对比

前面提到，铁氧体软磁材料主要包括铁氧体和铁氧体，锰锌铁氧体的初始磁导率数值很大，其数值能达到几千甚至上万，但截止频率比较低。镍锌铁氧体的初始磁导率较小，只有几百至上千的数值，但其截止频率较高，可以达到数兆到数十兆赫兹。

图 9-7 展示了模拟的锰锌（型号为 R7K）和镍锌（型号为 DN85H）两种典型材料的复数磁导率曲线，其中 1 为磁导率实部，2 为磁导率虚部。对比两组曲线，锰锌材料的初始磁导率数值（$\mu_{initial}=7000$）远大于镍锌材料初始磁导率数值（$\mu_{initial}=850$），但镍锌材料的作用频段比锰锌材料要宽很多，当频率达到 10MHz 左右时，锰锌材料的磁导率已经小于镍锌材料。

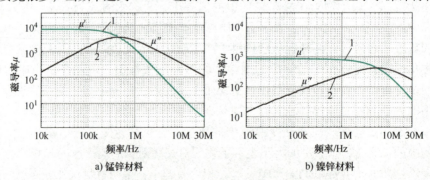

图 9-7　锰锌与镍锌磁导率曲线

在出厂前，磁环制造厂商一般会对同一批次的磁环进行抽样，然后进行磁导率测试，数据手册中的磁导率曲线一般是多次测量得到的平均值，各个磁环的实际磁导率有略微差异。

9.3.3　直流偏置特性

在软磁材料中，直流偏置是一种常见的现象，它对材料的磁性能有着重要的影响。直流偏置是指在软磁材料中加入直流磁场，使材料的磁化曲线发生偏移。这种偏置可以通过外加磁场或通过材料本身的磁畴结构调控实现。

对于软磁材料而言，直流偏置可以使其工作在饱和状态下，提高其磁导率和磁感应强度，从而提高其性能。直流偏置的方式有多种，常见的有永久磁铁偏置、外加电流偏置和磁场偏置等。然而直流偏置也会对软磁材料的磁性能产生一些负面影响，例如直流偏置会导致磁滞损耗的增加、磁导率的降低以及磁化曲线的非线性等。

图 9-8 描述了铁基纳米晶和锰锌铁氧体软磁材料磁导率随外加场的变化，锰锌铁氧体（$\mu=5000$）和铁基纳米晶在外加场约为 0.3A/cm 时仍然具有较高的磁导率，在外加场高于 0.3A/cm 磁导率急剧下降。锰锌铁氧体（$\mu=8000$）随外加场的变化较为明显，下降得也很快。

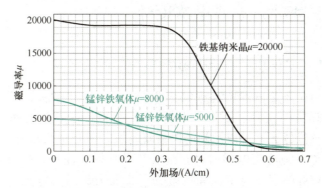

图 9-8　软磁材料直流偏置特性变化

9.3.4　插入损耗特性

软磁材料的插入损耗主要表现在磁导率的变化以及材料本身的损耗上。在实际应用中，需要考虑到材料的磁导率、电阻率、磁损耗等参数，以及材料的工作频率、工作温度等条件。

一般来说，高磁导率的软磁材料具有较高的插入损耗。同时，对于高频率的工作环境，软磁材料的插入损耗也会相应增加。此外，如果在实际应用中存在直流叠加的情况，软磁材料的电感值可能会有所衰减，从而降低插入损耗。

为了提高插入损耗，可以采取以下措施：选择具有高磁导率和低损耗的软磁材料；在应用过程中避免直流叠加的情况，以减少电感值的衰减和插入损耗的减低；通过优化材料的工作条件和环境，如温度、湿度等，来提高插入损耗。需要注意的是，具体的插入损耗数值需要根据实际应用场景和具体材料来确定。

图 9-9 描述了铁基纳米晶和锰锌铁氧体软磁材料插入损耗随磁场的变化，在电源阻抗和

负载阻抗为 50Ω 时，测量了两种软磁材料共模滤波器的插入损耗。铁基纳米晶由于其具有相对较高的磁导率（可从图 9-8 看到），因此其也具有相对较高的插入损耗。同时其相比于锰锌铁氧体在达到相同性能的情况下，设计时的尺寸更小、绕线更少。

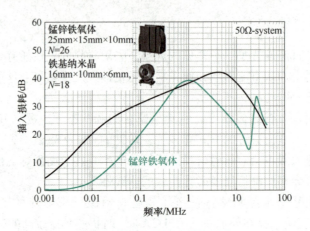

图 9-9　软磁材料插入损耗变化

9.4　基于软磁材料的滤波电感设计

9.4.1　功率电感（差模电感）用软磁材料磁芯的设计实例

功率电感是一种在开关电源中起到储存和释放能量作用的关键部件，它的设计涉及多个方面，包括电感量的选择、磁芯材料的选择、电感的工作频率等。在选择电感量时，一般来说，电感量越大，可以承受的电流就越大，但是也会增加电感的成本和体积；在材料选择方面，常用的功率电感材料有金属软磁材料、铁氧体软磁材料等。其中，金属软磁材料则具有较好的温度稳定性和抗电磁干扰能力，但其电感量较低；铁氧体电感具有良好的温度稳定性、高频性能和抗干扰能力，但由于其饱和磁通密度较低，不适合于大电流应用。

【设计案例】

例 9-1　根据电流、电感量设计电感。流经电感的电流为 5A，电感量为 1500μH，试选择合适的磁芯并具体设计该电感。

解：（1）磁芯材料的选取

如上所述，选择金属粉心软磁材料，考虑到性能和成本因素，选择铁硅铝材质的 NPS 系列材料，部分可选型号如图 9-10 所示。

（2）差模电感的阻抗或电感量

前面滤波器设计章节已讨论，这里不再赘述。

电感空载和流过电流时的电感量不同，流过电感时电感量会下降，设计时需要考虑该因素。比如本例中流过 5A 时电感量 1.5mH，根据 NPS 系列磁材（见图 9-11）的磁导率-直流偏置曲线（磁场强度）得到一个磁导率百分比系数，这将在核验电感在通流时的衰减量时用到。

NPS 系列
NPS SERIES

Part Number	Permeability (μ)	A_L±8%	Window Area (Wa)	Cross Section (A)	Magnetic Path Length (ℓ)	Volume (V)	Weight (g)	Dimensions(mm) OD(max)*ID(min)*HT(max)		Package Unit (pcs/box)
								Before coating	After coating	
NPS200026	26	32								
NPS200060	60	73								
NPS200075	75	91	1,484,000 cmil 7.50 cm²	0.1940 inch² 1.251 cm²	5.02 inch 12.73 cm	0.9739 inch³ 15.929 cm³	99	50.80*31.75*13.46	51.69*30.94*14.35	96
NPS200090	90	109								
NPS200125	125	152								
NPS225026	26	33								
NPS225060	60	75								
NPS225075	75	94	1,871,000 cmil 9.480 cm²	0.2240 inch² 1.444 cm²	5.630 inch 14.3 cm	1.261 inch³ 20.650 cm³	128	57.15*35.56*13.97	58.04*34.75*14.86	96
NPS225090	90	112								
NPS225125	125	156								

图 9-10　NPS 系列部分磁芯参数

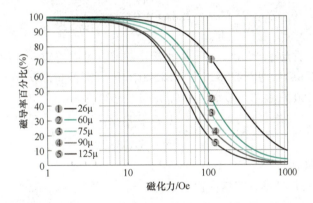

图 9-11　NPS 系列磁材磁导率-直流偏置曲线

（3）选择磁芯的形状和尺寸

差模电感通常选择环形磁芯，可以先根据经验选择一个，比如先选择 NPS200026 的磁芯（见图 9-10），如果后续校核发现该磁芯不合适，可以重新选择。

（4）计算线圈的匝数

为了使电感达到流过 5A 电流时 1.5mH 的感量，可以根据电感 L、电感系数 A_L 和匝数 N 之间的关系，计算线圈的匝数 N。NPS200026 电感系数图在图 9-10 中已经给出，为 32nH，则

$$L = N^2 A_L \Rightarrow N = \sqrt{\frac{L}{A_L}} = \sqrt{\frac{1.5 \times 10^{-3}}{32 \times 10^{-9}}} = 217$$

计算此匝数下的磁场强度 H，结合磁导率衰减和直流偏置的关系曲线图（见图 9-11），判断此时的电感感量受电流导致的衰减程度。直流偏置一般是用磁场强度 H，单位为 Oe。式中磁路长度的单位为 cm，电流的单位为 A，即

$$H = \frac{0.4\pi NI}{l} = \frac{0.4\pi \times 217 \times 5\text{A}}{12.73\text{cm}} = 107.11\text{Oe}$$

查图 9-11 可以得到，该磁场强度下，磁导率只有空载的 0.7 倍，则电感衰减对应的倍数，即仅为 1.05mH。由此需要在电感匝数设计时考虑直流偏置导致的衰减，将电感系数 A_L 缩小为原来的 0.7，重新计算匝数和磁场强度。

$$L = N^2 \times 0.7 A_L \Rightarrow N = \sqrt{\frac{1.5 \times 10^{-3}}{0.7 \times 32 \times 10^{-9}}} = 259$$

$$H = \frac{0.4\pi NI}{l} = \frac{0.4\pi \times 259 \times 5\text{A}}{12.73\text{cm}} = 127.83\text{Oe}$$

再查图 9-11 可以得到，该磁场强度下，磁导率也只有空载的 0.7 倍，但是由于空载电感量已经考虑了 0.7 衰减裕度，因此在 5A 对应的磁场强度条件下，所设计的电感可以满足所需电感量的要求。

（5）计算导线的线径

根据窗口系数判断磁芯尺寸和线径是否匹配。窗口系数是指磁芯窗口中铜线占有比例，定义见图 9-12。若选取线径：1.4mm×1Pcs，则窗口占比系数 K_W 为

$$K_W = \frac{N\pi r^2}{W_a} = \frac{258\pi \times 0.07^2\text{cm}^2}{7.5} = 0.529$$

窗口占比系数一般要小于 50%，不满足设计要求。可以选取相同磁导率，但窗口面积大一些的磁芯 NPS225026、NPS226026、NPS250026 等（后两者图 9-10 未列出）。

假定选取 NPS225026 磁芯，重复（3）和（4）步骤。

$$L = N^2 \times 0.7 A_L \Rightarrow N = \sqrt{\frac{1.5 \times 10^{-3}}{0.7 \times 33 \times 10^{-9}}} = 254.8$$

由此算出 $N = 254$ 匝。

选取线径：1.4mm×1Pcs，窗口占比系数为

$$K_W = \frac{N\pi r^2}{W_a} = \frac{255\pi \times 0.07^2\text{cm}^2}{9.48} = 0.414$$

满足要求。

（6）校验

计算该选择该磁芯时，通流 5A 时的磁场强度，校验电感量衰减。

$$H = \frac{0.4\pi NI}{l} = \frac{0.4\pi \times 255 \times 5\text{A}}{14.3\text{cm}} = 112.04\text{Oe}$$

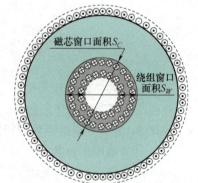

图 9-12 窗口系数含义

根据图 9-11 曲线，112.04Oe 时的电感衰减仍为 0.7。

空载时电感量复核，该式中 L 的单位为 nH，磁芯截面积 A 单位为 cm^2，有效磁路长度 l 的单位为 cm

$$L = \frac{4\pi\mu N^2 A}{l} = \frac{4\pi \times 26 \times 255^2 \times 1.444\text{cm}^2}{14.3\text{cm}} = 2145333\text{nH} = 2.15\text{mH}$$

流过 5A 电流时，电感量 2.15×0.7 = 1.505mH，满足要求。

注意：电感空载和流过电流时的电感量不同，流过电感时电感量会有所下降，比如本例

中，空载计算得到的电感为 2.15mH，在流过 5A 的电流时，查图 9-11 可以看出，5A 电流时的电感量大约为空载的 70%，即为 1.505mH。满足设计要求。编者将上述设计过程开发为一款功率电感设计软件，以实现无代码无公式开发设计，简单易上手。下载链接如下：

https://www.mathworks.com/matlabcentral/fileexchange/176243-inductor_calculator_app

软件的界面如图 9-13 所示。

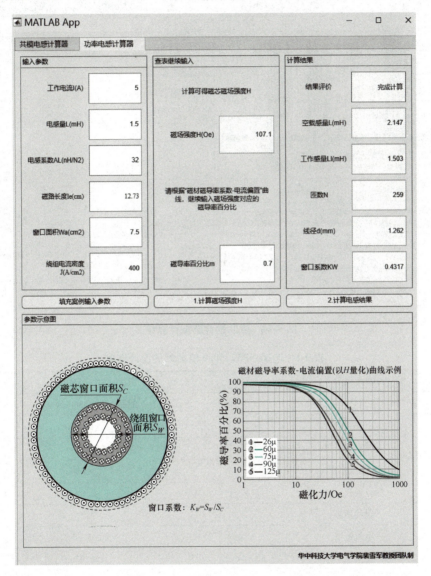

图 9-13　编者开发的电感计算器 APP

很多磁芯厂家（美磁、飞磁、铂科等）也给出了相关电感的设计选型软件，但大部分只能局限于本公司的产品材料，所编写的设计 APP 则克服了这一局限。比如铂科新材料股份有限公司等给出了相应的磁芯选型软件，输入电流 5A 和电感量 1500μH 两个参数后，软件的选型结果出现了多个结果，如图 9-14 所示。此时可以根据空间大小来做选择，当选中 NPS225026 磁芯后，计算结果见表 9-5。

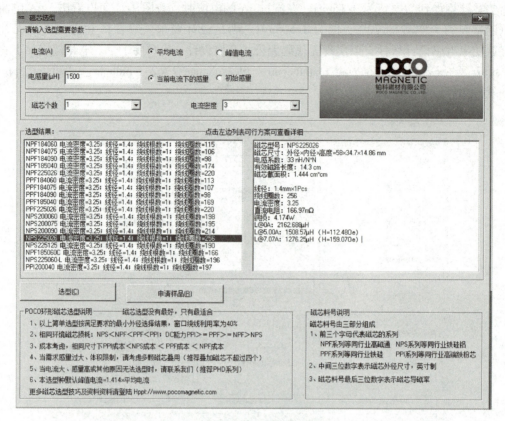

图 9-14　磁芯软件选型计算结果

表 9-5　选择 NPS225026 磁芯时的设计结果

磁芯型号	NPS225026
磁芯尺寸（外径×内径×高度）	58mm×34.7mm×14.86mm
电感系数	$33nH/N^2$
有效磁路长度	14.3cm
磁芯截面积	$1.444cm^2$
线径	1.4mm×1Pcs
绕线圈数	256
电流密度	3.25
直流电阻	166.97mΩ
铜损	4.174W
L@ 0A	2162.688μH
L@ 5.00A	1508.57μH（$H = 112.48Oe$）
L@ 7.07A	1276.25μH（$H = 159.07Oe$）

例 9-2　以铂科新材磁芯 NPF157060 为例，该环形电感外径为 40mm，内径为 24mm，高为 14.5mm。其单匝电感量 A_L 为 $81nH/N^2$，绕组匝数为 75 匝，直流偏置电流为 15A。试求

其工作时的实际电感量。

解： 因此可以计算得到其初始电感量

$$L_{0A} = A_L N^2 = 81\text{nH} \times 75^2 \div 1000 = 455.625 \mu\text{H}$$

该环形电感的有效磁路长度 l_e 为

$$l_e = \frac{\pi(D-d)}{\ln\left(\dfrac{D}{d}\right)} = \frac{\pi(40-24)\text{mm}}{\ln\left(\dfrac{40}{24}\right)} = 98.4\text{mm} = 0.0984\text{m}$$

电流在 15A 时的磁场强度 H 为

$$H = \frac{NI}{l} = \frac{75 \times 15\text{A}}{0.0984\text{m}} = 11432.9\text{A/m} = 143.6\text{Oe}$$

根据 NPF157060 的直流偏置曲线，当磁场强度为 143.6Oe 时，磁导率为初始磁导率的 54%，因此可以计算得到该功率电感工作时的实际电感量为

$$L_{15A} = 455.6 \mu\text{H} \times 0.54 = 246 \mu\text{H}$$

9.4.2 共模电感的设计方法与实例

共模干扰是电力电子装置产生的主要噪声之一，其干扰频谱非常宽泛，通常在 10k～300MHz 之间。为了达到合适的衰减效果，通常采用共模滤波器来抑制，在根据漏电流限值标准确定滤波电路中的共模电容参数后，即可对滤波器中的共模电感的参数及结构进行设计，共模电感需要在这个频率范围内呈现出足够高的阻抗。

共模电感目前使用的磁芯主要有铁氧体和非晶纳米晶软磁材料，其中铁氧体软磁材料是当前较好的具有成本优势的材料。非晶纳米晶软磁合金材料带材的厚度和电阻率，决定其最佳应用频率范围是千赫兹频带，正好与目前绝大多数电力电子装置的工作特征频带相重合，在同样电感量的要求下，纳米晶磁芯的尺寸只有锰锌铁氧体的 1/10～1/8，而前者的价格是后者在 6 倍左右，因此非晶纳米晶也具有一定的竞争力。考虑到目前共模电感的磁芯还是以铁氧体软磁材料为主，下面的设计以铁氧体为例进行介绍。

（1）磁芯材料的选取

对于大多数共模电感来说，考虑到价格原因，磁芯一般选用锰锌 MnZn 铁氧体和镍锌 NiZn 铁氧体。其中锰锌铁氧体具有较高的磁导率，主要使用在 10k～1MHz 之间频率的场合；镍锌铁氧体具有较低的初始磁导率，但在非常高的频率仍能基本保持初始磁导率，主要用在（1～300）MHz 高频的场合。大多数共模电感采用锰锌铁氧体环形磁芯材料，但是如果在大于 1MHz 的频率存在超标的情况下，可以把锰锌铁氧体和镍锌铁氧体混合做共模电感磁芯使用。

（2）共模电感的阻抗或电感量设计

前面滤波器设计章节已讨论，这里不再赘述。

（3）选择磁芯的形状和尺寸

铁氧体有很多种形状，包括环型、E 型、罐型、RM 型和 EP 型等。实际应用中，绝大多数共模电感都用环形磁芯，因为环形磁芯成本低、漏感小，非常适合于共模电感；而其他类型的磁芯有些采用两块磁芯拼接形成磁路（例如 E 型和罐型），存在明显气隙，磁路磁阻大，磁通小，等效磁导率不高，一般不用于共模电感设计，而是利用抗饱和能力设计功率变压器。但是这种环形磁芯不容易实现机械化绕制，一般采用手工绕制或较低速度的机器作

业，因而绕线成本较高。通常情况下，共模电感的匝数较少（一般少于 30 匝），所以基本可以接受。

根据前述计算的共模电感量和流过电流的大小，选取合适的磁芯型号。可以根据厂家推荐选取一个尺寸，或大致选取一个尺寸的磁芯，后续再校核和反复计算。

第（3）步也可以和第（4）步倒过来。

（4）计算线圈的匝数

根据前述选取的磁芯型号和共模电感量，计算共模电感的线圈匝数。根据电感的匝数和磁芯内径，校核第（3）步选取的磁芯是否合适，如不合适，可以重新选取磁芯，再进行第（4）步。

共模电感的绕法有两种：分绕和并绕（见图 9-15）。分绕是指正负线分开绕在磁芯的两侧上，并绕是指正负线一并一起绕组在磁芯上。并绕适用于低压大电流的场景，正负线间距小耐电压低；由于正负绕线一并绕制，耦合紧密，漏感（差模电感）小，正负线间耦合电容大。而分绕适用于高电压场景，耐电压高但漏感稍大，正负线间耦合电容小，分绕共模电感一般还会增加绝缘隔板进一步增加耐电压能力。在电力电子装置中，分绕形式的共模电感使用更多。

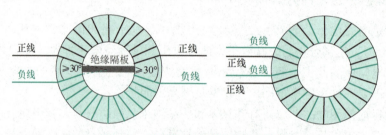

图 9-15　共模电感分绕和并绕示意图

为提高共模电感的高频性能，每个绕组都为单层绕制，以减小匝间寄生电容。为了能够安装绝缘隔板，正负线绕组一般会保留至少 30°的自由空间。

如图 9-16 所示，基于磁通关系，进一步指出了共模电感的工作原理。当差模电流输入时，正负线绕组的磁通相互抵消，磁通产生的电感很弱，此即为差模电感小的原因。该特性也确保了共模电感能够承受很大的差模功率电流。当共模电流输入时，正负线绕组的磁通相互增强，磁通产生的电感更强，此即为共模电感大的原因。一般可以认为两个绕组的互感系数为 1。

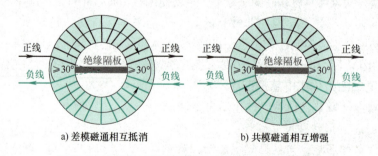

a) 差模磁通相互抵消　　　　　　b) 共模磁通相互增强

图 9-16　共模和差模电流输出时共模电感磁通示意图

（5）计算导线的线径

共模电感导线允许的电流密度（Current Density，CD）通常选取为 $400A/cm^2$。由此可以根据流过共模电感的电流，计算得到要求的导线横截面积和线径。通常情况下，共模电感绕组使用单根铜导线或铜排作业，这样可以减少多根导线带来的高频分布电容。

【设计案例】

设计工作在电流 $I=10A$，频率为 150kHz 时，电感为 10mH 的共模电感。注意共模电感的感量，即输入输出分别短接后的两端之间的阻抗，等于单个绕组的感量。设计结果即为单个绕组匝数 N，磁芯材料 μ 及磁芯尺寸：外径 OD、内径 ID、高度 HT。并需要核验电感的感量是否满足要求，共模电感是否会饱和，电感温度是否会达到居里温度。

（1）选择材料种类

所选磁芯磁导率应在 150kHz 处具有锰锌产品系列最高的磁导率，参考横店东磁（DMEGC）厂家的锰锌高磁导率材料产品，可选择 R15KZ。该材料的特性概览见表 9-6，磁导率的频变特性如图 9-17 所示。150kHz 时磁导率 $\mu \approx 13000$，考虑最恶劣情况 $13000 \times 0.7 = 9100$。

表 9-6　R15KZ 的材料特性

初始磁导率 μ_i	磁导率 μ	饱和磁通密度 B_s/mT	居里温度 T_c/℃
10kHz，$B<0.25$mT	100kHz，$B<0.25$mT	50Hz，1194A/m	10kHz，$B<0.25$mT
$15000 \times (1 \pm 30\%)$	$15000 \times (1 \pm 30\%)$	430	130

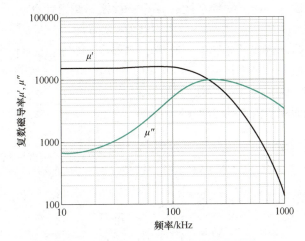

图 9-17　R15KZ 材料磁导率的频变特性

（2）选取线径

绕组一般采用漆包线，不需要考虑绝缘漆的厚度。根据导线允许的电流密度 C_d 和导线通过的电流 I 计算所需导线截面积 S，并计算导线的直径 d。

$$S = \frac{I}{C_d} = \frac{10A}{400A/cm^2} = 2.5mm^2$$

$$d = \sqrt{\frac{4S}{\pi}} = \sqrt{\frac{4 \times 2.5mm^2}{\pi}} = 1.78mm$$

（3）选择模具尺寸，计算所需匝数 N 和最大能绕制匝数 N_f，确定匝数是否能满足

选择某一磁芯模具尺寸确定 OD、ID、HT，计算磁芯的磁路长度 l_e（cm）和有效磁路面积 A_e（cm²）。

$$A_e = \frac{OD-ID}{2} \times HT$$

$$l_e = \frac{\pi(OD-ID)}{\ln\left(\dfrac{OD}{ID}\right)}$$

根据磁路长度 l_e 和有效磁路面积 A_e 计算所需匝数 N，L 单位为 nH。

$$L = \frac{4\pi\mu N^2 A_e}{l_e} \Rightarrow N = \sqrt{\frac{L l_e}{4\pi\mu A_e}}$$

根据导线的直径 d，计算考虑30°绝缘间距时的磁芯内径 ID 要求，每个绕组最大的匝数 N_f。

$$N_f = \frac{\pi \times (ID - 2d)}{2d} \times \frac{300}{360}$$

最大匝数 N_f 需要大于每个绕组所需匝数。如果不满足，重新选择磁芯尺寸。

$$N_f \geqslant N$$

（4）计算绕组温升，检查是否满足居里温度要求

根据绕组铜损和绕组表面积来估算温升。共模电感的磁芯损耗可以忽略不计，因为高频共模噪声产生的磁芯损耗非常小。

首先计算绕组长度 $l_R(\text{m})$，按照 N 匝有 N 个截面矩形绕组计算

$$l_R = 2N(HT + d + OD - ID + d)$$

然后计算导线电阻，铜线的磁导率一般为 $1.75 \times 10^{-8}\Omega \cdot \text{m}$，$S$ 单位为 m^2。

$$R = \rho \frac{l_R}{S}$$

计算每单位散热面积所需散热量 $W_S(\text{W/cm}^2)$

$$W_S = \frac{I^2 R}{\pi(OD+2d)H + \pi(ID-2d)H + 2\pi\dfrac{(OD+2d)^2 - (ID-2d)^2}{4}}$$

进一步计算绕组温升 $\Delta T(^\circ\text{C})$

$$\Delta T = \sqrt[\eta]{\frac{W_S}{K_C}} = \sqrt[1.1]{\frac{W_S}{2.7 \times 10^{-3}}}$$

（5）绕组漏感，用来判断是否饱和

参考 Nave[一] 和 Fred[一] 公式计算绕组漏感 L_{DM}，公式较为复杂，此处不展示。

计算出漏感后，可用于估计磁芯不饱和的最大输入差模电流 $I_{DMmax}(\text{A})$。

$$I_{DMmax} = \frac{B_{max} N A_e}{L_{DM}}$$

编者将如图9-18所示的共模电感设计流程，基于 MATLAB 开发成了一款共模电感计算

⊖ NAVE M J. On modeling the common mode inductor ［C］. IEEE International Symposium on Electromagnetic Compatibility, 1991：452-457.

⊖ REN R，DONG Z，LIU B. et al. Leakage inductance estimation of toroidal common-mode choke from perspective of analogy between reluctances and capacitances ［C］. IEEE Applied Power Electronics Conference and Exposition （APEC），2020：2822-2828.

器，并开源代码，供读者更快完成设计。请从以下链接下载软件：

https://www.mathworks.com/matlabcentral/fileexchange/176243-inductor_calculator_app

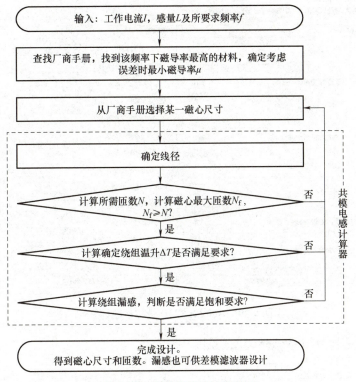

图 9-18 共模电感设计流程图

【使用共模电感计算器选择磁芯的过程】

（1）选择磁芯尺寸 H29×19×15P

计算得所需匝数 $N=42$ 匝，最大匝数 $N_f=12$ 匝。不满足，需要进一步增大尺寸（见图 9-19）。

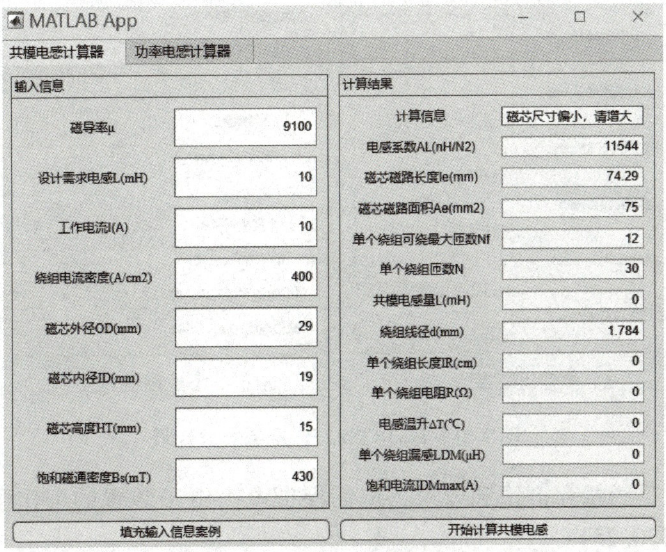

图 9-19 H29×19×15P 磁芯参数计算

（2）选择磁芯尺寸 H50×25×20P（见图 9-20）

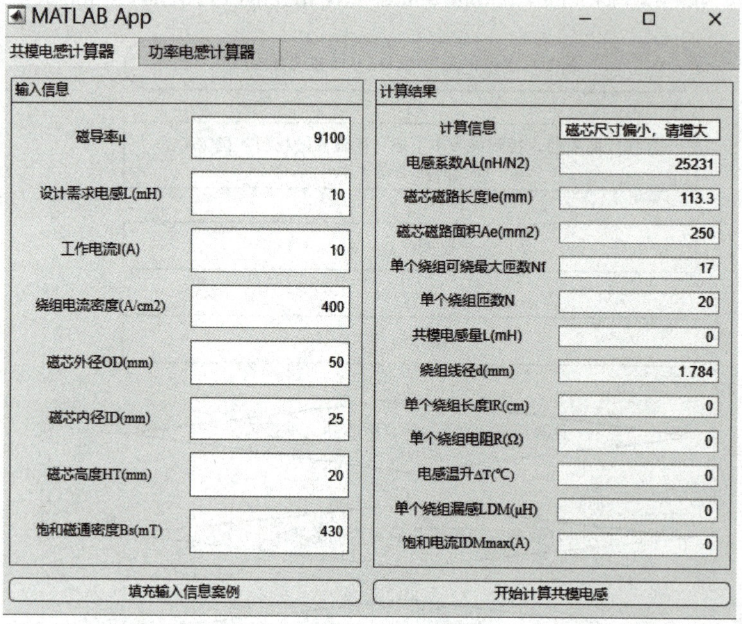

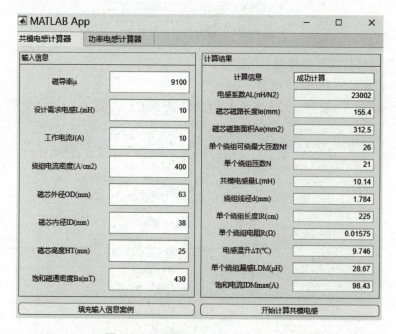

图 9-20　H50×25×20P 磁芯参数计算

（3）选择磁芯模具 H63×38×25P（见图 9-21）

图 9-21　H63×38×25P 磁芯参数计算

该尺寸磁芯满足感量和抗饱和要求，但需保证电力电子装置的工作温度小于 $T_\text{c} - \Delta T =$（130-9.746）℃ = 120.254℃。

9.5 本章小结

本章对磁性材料及其应用做了全面介绍。首先，介绍了磁学基础知识及核心概念。其次，根据磁性材料的特性对其进行了分类，介绍了不同类型磁性材料的主要用途。然后，以铁基纳米晶和铁氧体软磁材料为例，分析阐述了磁性材料的基本特性。最后，结合设计实例，给出了差模和共模电感的设计方法。通过本章内容，读者能够根据不同磁性材料的特性对滤波器进行更加经济合理化的设计，从而提升设备性能并降低成本。

习   题

1. 磁性材料有哪些关键参数？含义各是什么？
2. 电感磁性元件的损耗主要包含哪些部分？各部分分别和什么相关？
3. 常见的软磁材料有哪些分类？各有什么特点？
4. 请大致画出锰锌材料和镍锌材料的磁导率曲线，并描述两种材料的不同之处。
5. 试述软磁材料的损耗与哪些因素有关。这些因素分别会导致什么问题？
6. 试述直流偏置会对软磁材料造成什么影响。
7. 简述设计滤波器过程中提高插入损耗的措施及其原理。
8. 试述功率电感和共模电感设计时选择材料的异同。

附　录

附录 A　国内电磁兼容标准清单

国内电磁兼容标准：14 大分类共 165 个标准：

1. 基础标准材料术语和实验室

GB/T 5465.2—2023　电气设备用图形符号 第 2 部分：图形符号

GB/T 12190—2021　电磁屏蔽室屏蔽效能的测量方法

GB/T 17624.1—1998　电磁兼容 综述 电磁兼容基本术语和定义的应用与解释

GB/T 26667—2021　电磁屏蔽材料术语

GB/T 30142—2013　平面型电磁屏蔽材料屏蔽效能测量方法

GB/Z 17624.2—2013　电磁兼容 综述 与电磁现象相关设备的电气和电子系统实现功能安全的方法

GB/Z 17624.3—2021　电磁兼容 综述 第 3 部分：高空电磁脉冲（HEMP）对民用设备和系统的效应

GB/Z 17624.4—2019　电磁兼容 综述 2kHz 内限制设备工频谐波电流传导发射的历史依据

GB/Z 18509—2016　电磁兼容 电磁兼容标准起草导则

GB/T 4365—2003　电工术语 电磁兼容

2. 基础试验标准-6113

GB/T 6113.101—2016　无线电骚扰和抗扰度测量设备和测量方法规范 第 1-1 部分：无线电骚扰和抗扰度测量设备 测量设备

GB/T 6113.102—2018　无线电骚扰和抗扰度测量设备和测量方法规范 第 1-2 部分：无线电骚扰和抗扰度测量设备 传导骚扰测量的耦合装置

GB/T 6113.103—2021　无线电骚扰和抗扰度测量设备和测量方法规范 第 1-3 部分：无线电骚扰和抗扰度测量设备 辅助设备 骚扰功率

GB/T 6113.104—2021　无线电骚扰和抗扰度测量设备和测量方法规范 第 1-4 部分：无线电骚扰和抗扰度测量设备 辐射骚扰测量用天线和试验场地

GB/T 6113.105—2018　无线电骚扰和抗扰度测量设备和测量方法规范 第 1-5 部分：无线电骚扰和抗扰度测量设备 5MHz~18GHz 天线校准场地和参考试验场地

GB/T 6113.106—2018　无线电骚扰和抗扰度测量设备和测量方法规范 第 1-6 部分：无线电骚扰和抗扰度测量设备 EMC 天线校准

GB/T 6113.201—2018　无线电骚扰和抗扰度测量设备和测量方法规范　第2-1部分：无线电骚扰和抗扰度测量方法　传导骚扰测量

GB/T 6113.202—2018　无线电骚扰和抗扰度测量设备和测量方法规范　第2-2部分：无线电骚扰和抗扰度测量方法　骚扰功率测量

GB/T 6113.203—2020　无线电骚扰和抗扰度测量设备和测量方法规范　第2-3部分：无线电骚扰和抗扰度测量方法　辐射骚扰测量

GB/T 6113.204—2008　无线电骚扰和抗扰度测量设备和测量方法规范　第2-4部分：无线电骚扰和抗扰度测量方法　抗扰度测量

GB/T 6113.402—2018　无线电骚扰和抗扰度测量设备和测量方法规范　第4-2部分：不确定度、统计学和限值建模测量设备和设施的不确定度

GB/Z 6113.3—2019　无线电骚扰和抗扰度测量设备和测量方法规范　第3部分：无线电骚扰和抗扰度测量技术报告

GB/Z 6113.205—2013　无线电骚扰和抗扰度测量设备和测量方法规范　第2-5部分：大型设备骚扰发射现场测量

GB/Z 6113.401—2018　无线电骚扰和抗扰度测量设备和测量方法规范　第4-1部分：不确定度、统计学和限值建模　标准化的EMC试验不确定度

GB/Z 6113.403—2020　无线电骚扰和抗扰度测量设备和测量方法规范　第4-3部分：不确定度、统计学和限值建模　批量产品的EMC符合性确定的统计考虑

GB/Z 6113.404—2023　无线电骚扰和抗扰度测量设备和测量方法规范　第4-4部分：不确定度、统计学和限值建模　抱怨的统计和限值的计算模型

GB/Z 6113.405—2010　无线电骚扰和抗扰度测量设备和测量方法规范　第4-5部分：不确定度、统计学和限值建模替换试验方法的使用条件

3. 基础试验标准-干扰 EMI-17625

GB 17625.1—2022　电磁兼容　限值　第1部分：谐波电流发射限值（设备每相输入电流≤16A）

GB 17625.2—2007　电磁兼容　限值　对每相额定电流≤16A且无条件接入的设备在公用低压供电系统中产生的电压变化、电压波动和闪烁的限制

GB/T 17625.7—2013　电磁兼容　限值　对额定电流≤75A且有条件接入的设备在公用低压供电

GB/T 17625.8—2015　电磁兼容　限值　每相输入电流大于16A小于等于75A连接到公用低压系统的设备产生的谐波电流限值

GB/T 17625.9—2016　电磁兼容　限值　低压电气设施上的信号传输　发射电平、频段和电磁骚扰电平

GB/Z 17625.3—2000　电磁兼容　限值　对额定电流大于16A的设备在低压供电系统中产生的电压波动和闪烁的限制

GB/Z 17625.6—2003　电磁兼容　限值　对额定电流大于16A的设备在低压供电系统中产生的谐波电流的限制

GB/Z 17625.13—2020　电磁兼容　限值　接入中压、高压、超高压电力系统的不平衡设施发射限值的评估

GB/Z 17625.14—2017 电磁兼容 限值 骚扰装置接入低压电力系统的谐波、间谐波、电压波动和不平衡的发射限值评估

GB/Z 17625.15—2017 电磁兼容 限值 低压电网中分布式发电系统低频电磁抗扰度和发射要求的评估

4. 基础试验标准-抗干扰 EMS-17626

GB/T 17626.1—2006 电磁兼容试验和测量技术抗扰度试验总论

GB/T 17626.2—2018 电磁兼容 试验和测量技术 静电放电抗扰度试验

GB/T 17626.3—2016 电磁兼容 试验和测量技术 射频电磁场辐射抗扰度试验

GB/T 17626.4—2018 电磁兼容 试验和测量技术 电快速瞬变脉冲群抗扰度试验

GB/T 17626.5—2019 电磁兼容 试验和测量技术 浪涌（冲击）抗扰度试验

GB/T 17626.6—2017 电磁兼容 试验和测量技术 射频场感应的传导骚扰抗扰度

GB/T 17626.7—2017 电磁兼容 试验和测量技术 供电系统及所连设备谐波、间谐波的测量和测量仪器导则

GB/T 17626.8—2006 电磁兼容 试验和测量技术 工频磁场抗扰度试验

GB/T 17626.9—2011 电磁兼容 试验和测量技术 脉冲磁场抗扰度试验

GB/T 17626.10—2017 电磁兼容 试验和测量技术 阻尼振荡磁场抗扰度试验

GB/T 17626.11—2023 电磁兼容 试验和测量技术 第 11 部分：对每相输入电流小于或等于 16A 设备的电压暂降、短时中断和电压变化抗扰度试验

GB/T 17626.12—2013 电磁兼容 试验和测量技术 第 12 部分：振铃波抗扰度试验

GB/T 17626.13—2006 电磁兼容 试验和测量技术 交流电源端口谐波、谐间波及电网信号的低频抗扰度试验

GB/T 17626.14—2005 电磁兼容 试验和测量技术 电压波动抗扰度试验

GB/T 17626.15—2011 电磁兼容 试验和测量技术 闪烁仪功能和设计规范

GB/T 17626.16—2007 电磁兼容 试验和测量技术 0Hz～150kHz 共模传导骚扰抗扰度试验

GB/T 17626.17—2005 电磁兼容 试验和测量技术 直流电源输入端口纹波抗扰度试验

GB/T 17626.18—2016 电磁兼容 试验和测量技术 阻尼振荡波抗扰度试验

GB/T 17626.20—2014 电磁兼容试验和测量技术横电磁波（TEM）波导中的发射和抗扰度试验

GB/T 17626.21—2014 电磁兼容 试验和测量技术 混波室试验方法

GB/T 17626.22—2017 电磁兼容 试验和测量技术 全电波暗室中的辐射发射和抗扰度测量

GB/T 17626.24—2012 电磁兼容 试验和测量技术 HEMP 传导骚扰保护装置的试验方法

GB/T 17626.27—2006 电磁兼容 试验和测量技术 三相电压不平衡抗扰度试验

GB/T 17626.28—2006 电磁兼容 试验和测量技术 工频频率变化抗扰度试验

GB/T 17626.29—2006 电磁兼容 试验和测量技术 直流电源输入端口电压暂降、短时中断和电压变化的抗扰度试验

GB/T 17626.30—2023 电磁兼容 试验和测量技术 第 30 部分：电能质量测量方法

GB/T 17626.31—2021 电磁兼容 试验和测量技术 第 31 部分：交流电源端口宽带传导

骚扰抗扰度试验

GB/T 17626.34—2012　电磁兼容　试验和测量技术　主电源每相电流大于 16A 的设备的电压暂降、短时中断和电压变化抗扰度试验

5. 家用和电动工具

GB 4343.1—2024　家用电器、电动工具和类似器具的电磁兼容要求　第 1 部分：发射

GB/T 4343.2—2020　家用电器、电动工具和类似器具的电磁兼容要求　第 2 部分：抗扰度

6. 信息设备

GB/T 9254.1—2021　信息技术设备、多媒体设备和接收机　电磁兼容　第 1 部分　发射要求

GB/T 9254.2—2021　信息技术设备、多媒体设备和接收机　电磁兼容　第 2 部分：抗扰度要求

7. 医疗工业类

GB 4824—2019　工业、科学和医疗设备　射频骚扰特性　限值和测量方法

GB/T 18268.1—2010　测量、控制和实验室用的电设备　电磁兼容性要求　第 1 部分：通用要求

GB/T 18268.21—2010　测量、控制和实验室用的电设备　电磁兼容性要求　第 21 部分：特殊要求　无电磁兼容防护场合用敏感性试验和测量设备的试验配置、工作条件和性能判据

GB/T 18268.22—2010　测量、控制和实验室用的电设备　电磁兼容性要求　第 22 部分：特殊要求　低压配电系统用便携式试验、测量和监控设备的试验配置、工作条件和性能判据

GB/T 18268.23—2010　测量、控制和实验室用的电设备　电磁兼容性要求　第 23 部分：特殊要求　带集成或远程信号调理变送器的试验配置、工作条件和性能判据

GB/T 18268.24—2010　测量、控制和实验室用的电设备　电磁兼容性要求　第 24 部分：特殊要求　符合 IEC　61557-8 的绝缘监控装置和符合 IEC　61557-9 的绝缘故障定位设备的试验配置、工作条件和性能判据

GB/T 18268.25—2010　测量、控制和实验室用的电设备　电磁兼容性要求　第 25 部分：特殊要求　接口符合 IEC　61784-1，CP　3　2 的现场装置的试验配置、工作条件和性能判据

GB/T 18268.26—2010　测量、控制和实验室用的电设备　电磁兼容性要求　第 26 部分：特殊要求　体外诊断（IVD）医疗设备

GB/T 38326—2019　工业、科学和医疗机器人　电磁兼容　抗扰度试验

GB/T 38336—2019　工业、科学和医疗机器人　电磁兼容　发射测试方法和限值

YY 9706.102—2021　医用电气设备　第 1-2 部分：基本安全和基本性能的通用要求　并列标准电磁兼容　要求和试验

8. 风险评估

GB/Z 37150—2018　电磁兼容可靠性风险评估导则

GB/T 38659.1—2020　电磁兼容　风险评估　第 1 部分：电子电气设备

GB/T 38659.2—2021　电磁兼容　风险评估　第 2 部分：电子电气系统

9. 轨道交通

GB/T 24338.1—2018　轨道交通　电磁兼容　第 1 部分：总则

GB/T 24338.2—2018　轨道交通电磁兼容　第 2 部分：整个轨道系统对外界的发射

GB/T 24338.3—2018　轨道交通　电磁兼容　第 3-1 部分：机车车辆　列车和整车

GB/T 24338.4—2018　轨道交通　电磁兼容　第 3-2 部分：机车车辆　设备

GB/T 24338.5—2018　轨道交通电磁兼容　第 4 部分：信号和通信设备的发射与抗扰度

GB/T 24338.6—2018　轨道交通　电磁兼容　第 5 部分：地面供电设备和系统的发射与抗扰度

10. 安装与减缓导则

GB/Z 30556.1—2017　电磁兼容　安装和减缓导则　一般要求

GB/Z 30556.2—2017　电磁兼容　安装和减缓导则　接地和布线

GB/Z 30556.3—2017　电磁兼容　安装和减缓导则　高空核电磁脉冲（HEMP）的防护概念

GB/T 30556.7—2014　电磁兼容　安装和减缓导则　外壳的电磁骚扰防护等级（EM 编码）

11. 车辆

GB 14023—2022　车辆、船和内燃机　无线电骚扰特性　用于保护车外接收机的限值和测量方法

GB 34660—2017　道路车辆　电磁兼容性要求和试验方法

GB/T 17619—1998　机动车电子电器组件的电磁辐射

GB/T 18387—2017　电动车辆的电磁场发射强度的限值和测量方法

GB/T 18487.2—2017　电动汽车传导充电系统　第 2 部分：非车载传导供电设备电磁兼容要求

GB/T 18488.1—2015　电动汽车用驱动电机系统　第 1 部分：技术条件

GB/T 18488.2—2015　电动汽车用驱动电机系统　第 2 部分：试验方法

GB/T 18655—2018　车辆、船和内燃机无线电骚扰特性　用于保护车载接收机的限值和测量方法

GB/T 19836—2019　电动汽车仪表

GB/T 19951—2019　道路车辆　电气/电子部件对静电放电抗扰性的试验方法

GB/T 24347—2021　电动汽车 DC-DC 变换器

GB/T 29259—2012　道路车辆　电磁兼容术语

GB/T 30031—2021　工业车辆　电磁兼容性

GB/T 33012.1—2016　道路车辆　车辆对窄带辐射电磁能的抗扰性试验方法　第 1 部分：一般规定

GB/T 33012.2—2016　道路车辆　车辆对窄带辐射电磁能的抗扰性试验方法　第 2 部分：车外辐射源法

GB/T 33012.3—2016　道路车辆　车辆对窄带辐射电磁能的抗扰性试验方法　第 3 部分：车载发射机模拟法

GB/T 33012.4—2016　道路车辆　车辆对窄带辐射电磁能的抗扰性试验方法　第 4 部分：大电流注入法

GB/T 37130—2018　车辆电磁场相对于人体暴露的测量方法

GB/T 38775.1—2020　电动汽车无线充电系统　第 1 部分：通用要求

GB/T 38775.2—2020　电动汽车无线充电系统　第 2 部分：车载充电机和无线充电设备之间的通信协议

GB/T 38775.3—2020　电动汽车无线充电系统　第 3 部分：特殊要求

GB/T 38775.4—2020　电动汽车无线充电系统　第 4 部分：电磁环境限值与测试方法

GB/T 38775.5—2021　电动汽车无线充电系统　第 5 部分：电磁兼容性要求和试验方法

GB/T 38775.6—2021　电动汽车无线充电系统　第 6 部分：互操作性要求及测试　地面端

GB/T 38775.7—2021　电动汽车无线充电系统　第 7 部分：互操作性要求及测试　车辆端

GB/T 40428—2021　电动汽车传导充电电磁兼容性要求和试验方法

12. 环境 18039

GB/T 18039.3—2017　电磁兼容　环境　公用低压供电系统低频传导骚扰及信号传输的兼容水平

GB/T 18039.4—2017　电磁兼容　环境　工厂低频传导骚扰的兼容水平

GB/T 18039.8—2012　电磁兼容　环境　高空核电磁脉冲（HEMP）环境描述　传导骚扰

GB/T 18039.9—2013　电磁兼容　环境　公用中压供电系统低频传导骚扰及信号传输的兼容水平

GB/T 18039.10—2018　电磁兼容　环境　HEMP 环境描述　辐射骚扰

GB/Z 18039.1—2019　电磁兼容　环境　电磁环境的描述和分类

GB/Z 18039.2—2000　电磁兼容　环境　工业设备电源低频传导骚扰发射水平的评估

GB/Z 18039.5—2003　电磁兼容　环境　公用供电系统低频传导骚扰及信号传输的电磁环境

GB/Z 18039.6—2005　电磁兼容　环境　各种环境中的低频磁场

GB/Z 18039.7—2011　电磁兼容　环境　公用供电系统中的电压暂降、短时中断及其测量统计结果

13. 环境 17799

GB 17799.3—2023　电磁兼容　通用标准　第 3 部分：居住环境中的发射

GB 17799.4—2022　电磁兼容　通用标准　第 4 部分：工业环境中的发射

GB/T 17799.1—2017　电磁兼容　通用标准　居住、商业和轻工业环境中的抗扰度

GB/T 17799.2—2023　电磁兼容　通用标准　第 2 部分：工业环境中的抗扰度标准

GB/T 17799.5—2012　电磁兼容　通用标准　室内设备高空电磁脉冲（HEMP）抗扰度

GB/Z 17799.6—2017　电磁兼容　通用标准　发电厂和变电站环境中的抗扰度

14. 其他

GB/T 40309—2021　电动平衡车　电磁兼容　发射和抗扰度要求

GB 7260.2—2009　不间断电源设备（UPS）第 2 部分：电磁兼容性（EMC）要求

GB 12668.3—2012　调速电气传动系统　第 3 部分　电磁兼容性要求及其特定的试验方法

GB 23313—2009　工业机械电气设备电磁兼容　发射限值

GB 23712—2009　工业机械电气设备　电磁兼容　机床发射限值

GB/T 15540—2006　陆地移动通信设备电磁兼容技术要求和测量方法

GB/T 15579.10—2020　弧焊设备　第 10 部分：电磁兼容性（EMC）要求

GB/T 18029.21—2012　轮椅车　第 21 部分电动轮椅车、电动代步车和电池充电器的电

磁兼容性要求和测试方法

GB/T 18595—2014 一般照明用设备电磁兼容抗扰度要求

GB/T 18663.3—2020 电子设备机械结构 公制系列和英制系列的试验 第3部分：机柜和插箱的电磁屏蔽性能试验

GB/T 19484.1—2013 800MHz2GHz cdma2000 数字蜂窝移动通信系统的电磁兼容性要求和测量方法 第1部分用户设备及其辅助设备

GB/T 20549—2023 数字蜂窝移动通信直放机电磁兼容技术要求和测试方法

GB/T 21419—2021 变压器、电源装置、电抗器及其类似产品 电磁兼容

GB/T 22359.1—2022 土方机械与建筑施工机械 内置电源机器的电磁兼容性（EMC）第1部分：典型电磁环境条件下的 EMC 一般要求

GB/T 22359.2—2022 土方机械与建筑施工机械 内置电源机器的电磁兼容性（EMC）第2部分：功能安全的 EMC 附加要求

GB/T 22663—2008 工业机械电气设备 电磁兼容 机床抗扰度要求

GB/T 24807—2021 电梯、自动扶梯和自动人行道的电磁兼容 发射

GB/T 24808—2022 电梯、自动扶梯和自动人行道的电磁兼容 抗扰度

GB/T 25102.13—2010 电声学 助听器 第13部分：电磁兼容（EMC）

GB/T 25633—2010 电火花加工机床 电磁兼容性试验规范

GB/T 28554—2012 工业机械电气设备 内带供电单元的建设机械电磁兼容要求

GB/T 30116—2013 半导体生产设施电磁兼容性要求

GB/T 30148—2013 安全防范报警设备 电磁兼容抗扰度要求和试验方法

GB/T 31251.2—2014 电阻焊设备 第2部分：电磁兼容性要求

GB/T 34940.2—2017 静态切换系统（STS）第2部分：电磁兼容性（EMC）要求

GB/T 36275—2018 专用数字对讲设备电磁兼容限值和测量方法

GB/T 37283—2019 服务机器人 电磁兼容 通用标准 抗扰度要求和限值

GB/T 38909—2020 民用轻小型无人机系统电磁兼容性要求与试验方法

GB/T 39004—2020 工业机器人电磁兼容设计规范

GB/T 40134—2021 航天系统电磁兼容性要求

附录 B　PCB 迹线电感的提取操作

步骤一： 模型导入

启动 CST Studio Suite 并创建一个 3D Simulation-Low Frequency 的仿真项目，并且修改求解器为 RLC：选择 Home-Simulation-Setup Solver-Partial RLC solver。操作截图如图 B-1 所示。

将 PCB 设计文件（如 Altium Designer 的 ODB 文件或 Candance 的 BRD 格式文件）导入 CST。确保软件能正确读取 PCB 的三维模型。

待 3D 模型完全加载后（见图 B-2），模型将在软件中可视化显示。

步骤二： 模型设置和组件选择

进入 EDA Import Dialog：在 CST 的主界面中，右键单击 Components 列表下的特定项目（如 ENE5FLTL-2(PCB1)）。右击选择"EDA Import Dialog"（见图 B-3），进入设置界面（见图 B-4）。

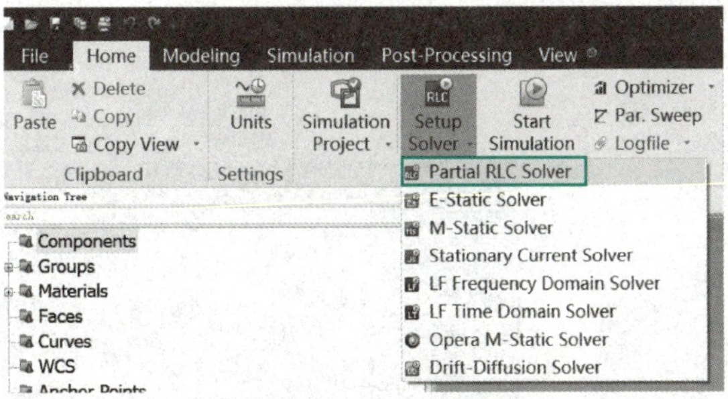

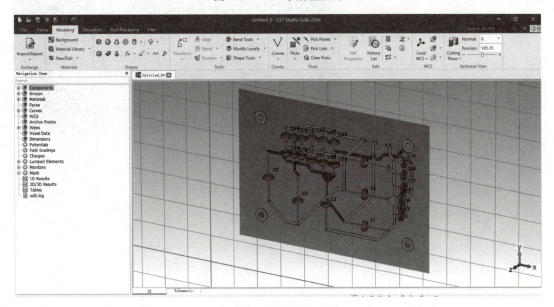

图 B-1　RLC 求解器设计

图 B-2　导入 PCB 文件

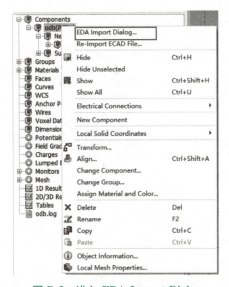

图 B-3　进入 EDA Import Dialog

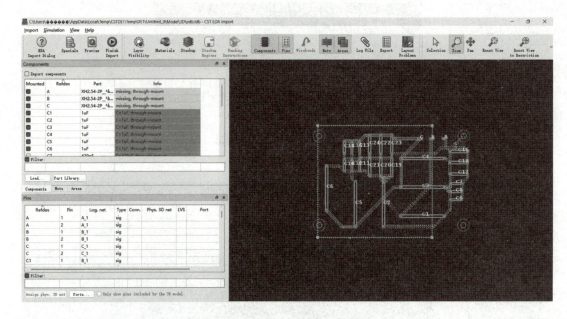

图 B-4 EDA Import Dialog 视图

选择与取消选择元件：在弹出的设置界面中，取消选择所有不相关的元件（见图 B-5）。这样做可以简化模型，减少不必要的计算负担。

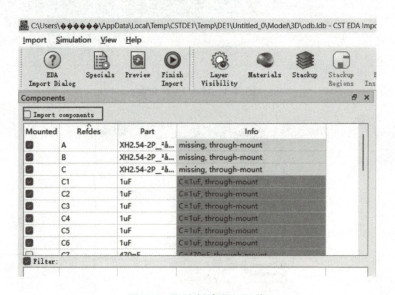

图 B-5 取消勾选导入元件

选择需要计算电感的走线：在模型视图中找到需要计算电感的 PCB 走线（见图 B-6）。首先单击 selection 箭头。单击以选中特定的走线部分。可以利用放大工具确保精确选择。

选中走线之后可以单击 area，之后单击自动计算区域（见图 B-7）。

选择沿走线区域或者方形区域（见图 B-8）。

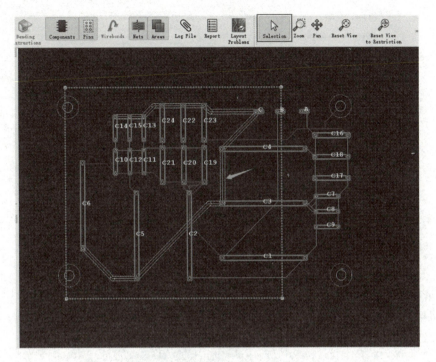

图 B-6　找到要计算的 PCB 走线

图 B-7　选择区域

　　同样可以使用多边形工具选框走线：在选中走线后，右键单击空白处并选择"New polygonal selection"。使用多边形工具精确地框选需要计算电感的走线区域。在这个过程中，注意避免包括大面积的铜层，这样可以有效减少网格数量，从而缩短计算时间。

　　调整层选择：在多边形框选后，会出现一个层选择的对话框。取消勾选列表中的第一个和最后一个 Layer，这通常是为了避免计算外围无关层的电磁特性，专注于关键的信号层。

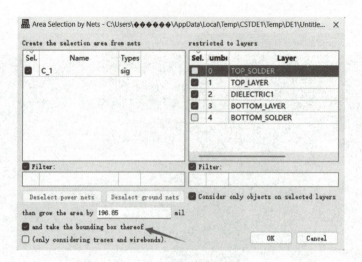

图 B-8　选择区域类型

完成加载：完成层的选择后，单击"OK"按钮完成加载（见图 B-9 和图 B-10）。此时，CST 将只加载你指定的走线部分和层，为接下来的仿真计算准备好环境。

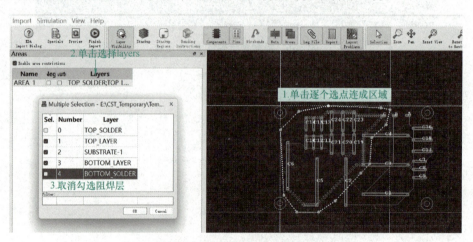

图 B-9　多边形框选法选择区域

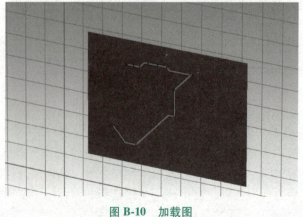

图 B-10　加载图

步骤三：定义仿真参数

修改材料设置：在 CST 中，单击"Materials"按钮进入材料设置界面。由于 RLC solver 无法计算 loss metal 类型的材料，将材料属性中的 Copper 和 VIAS_ MATERIALLEIXI 类型修改为 Normal，如图 B-11 所示，此时电导率和磁导率不变。

图 B-11　修改材料设置

设置节点：进入"Simulation"菜单，选择"RLC Node"选项以开始设置电感测量的节点（node）。在 PCB 模型中选择需要测量电感的节点所在的走线面。通常，节点选择应精确到具体的连接点或走线段，这可以通过视图放大（鼠标滚轮）来实现。为每个节点设置完毕后单击"OK"按钮，确保每个节点都正确设置。节点设置的过程中，确保每个节点都代表了其应有的电气连接特性。节点设置分别如图 B-12 和图 B-13 所示。

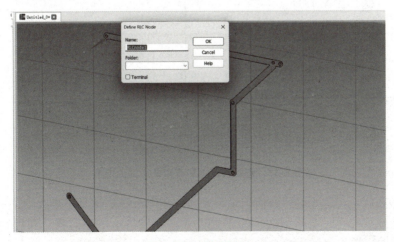

图 B-12　设置节点 1

计算节点间电感：选择"Setup Solver"开始配置仿真计算器。在 Solver 设置中，指定需要计算电感的节点对。这里需要计算的是节点 1 与节点 2 之间的电感，这一步骤涉及到设置仿真参数，如频率范围和解算器类型，以确保仿真结果的精度和实用性。完成设置后关闭设置窗口，如图 B-14 所示。

图 B-13　设置节点 2　　　　　　　　　　　图 B-14　添加任务

步骤四：运行并查看结果

查看电感结果：在所有设置调整完毕之后，运行 CST 仿真程序。这包括电感的计算，其中模型的物理和电气属性将被综合考虑。完成仿真后，进入结果分析界面，单击"1D results"选项。在 1D 结果中选择"Partial Inductance"，这将显示各个节点间的电感测量值。

分析节点间电感：查找 L1，1，这是节点 1 和节点 2 之间的电感。如图 B-15 所示，在 0~30MHz 频带上，测量得到的电感值为 1.52nH。

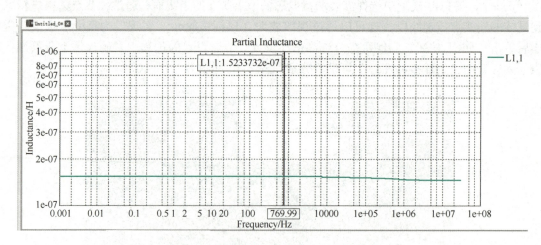

图 B-15　查看节点 1 和节点 2 之间的电感

记录电感数值：将这些电感数值记录下来，并用于后续的仿真搭建或电路设计中。这些电感值对于精确模拟实际电路中的行为至关重要。确保将这些数值整合到后续设计的参数中，考虑电感对电路性能的影响，尤其是在高频应用中。

附录 C 时域 EMI 仿真平台搭建

C.1 电磁兼容常用仿真软件

C.1.1 Simulink 仿真软件

Simulink 是美国 Mathworks 公司推出的 MATLAB 中的一种可视化仿真工具（见图 C-1），它基于模型的设计在模块图环境中进行仿真。它支持系统设计、仿真、自动代码生成以及嵌入式系统的连续测试。

图 C-1　MATLAB 中的 Simulink 工具

Simulink 提供图形编辑器、可自定义的模块库（见图 C-2 和图 C-3）以及求解器，能够进行动态系统建模和仿真。

图 C-2　Simulink 中的模块库

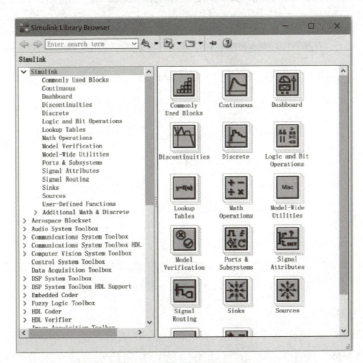

图 C-3　Simulink 模块库界面

Simulink 提供了一个建立模型方块图的图形用户接口（见图 C-4），这个创建过程只需单击和拖动鼠标操作就能完成。

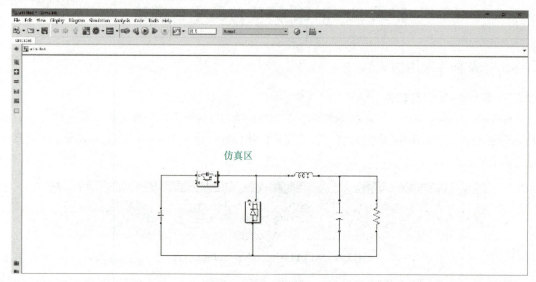

图 C-4　Simulink 仿真区

Simulink 与 MATLAB 相集成，能够在 Simulink 中将 MATLAB 算法融入模型，还能将仿真结果导出至 MATLAB 做进一步分析（见图 C-5）。Simulink 应用领域包括汽车、航空、工业自动化、大型建模、复杂逻辑、物理逻辑，信号处理等方面。

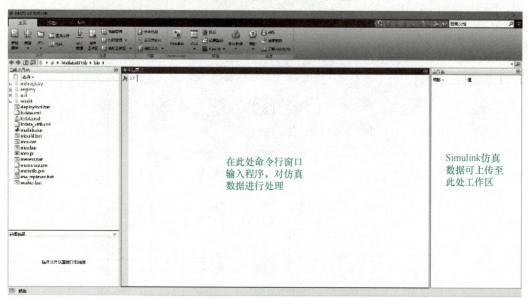

图 C-5　MATLAB 与 Simulink 交互界面

C.1.2　ANSYS Q3D（见图 C-6）参数抽取工具

Ansys Q3D Extractor 包含基于矩量法（MoM）的高级准静态 3D 电磁场求解器，可通过快速多极方法（FMM）加速求解。仿真结果包括邻近和趋肤效应、电介质和欧姆损耗，以及频率依赖性。Q3D Extractor 可以提供电阻（R）、部分电感（L）、电容（C）和电导（G）方便快捷的三维提取。Ansys Q3D Extractor 包含一个强大的准静态 2D 电磁场求解器。它采用有限元方法（FEM）确定电缆模型、传输线、特性阻抗（Z0）矩阵、传播速度、延迟、衰减、有效介电常数、差分和共模参数，以及近端和远端串扰系数的单位长度 RLCG 参数。

二维和任意三维结构连接器，电缆和线束建模，电气参数提取和潜藏电路分析的重要工具，可以抽取 RLCG 参数、生成 SPICE 模型和电路仿真，模型接口可无缝集成到 Simplorer 软件中，进行系统仿真和传导干扰分析。

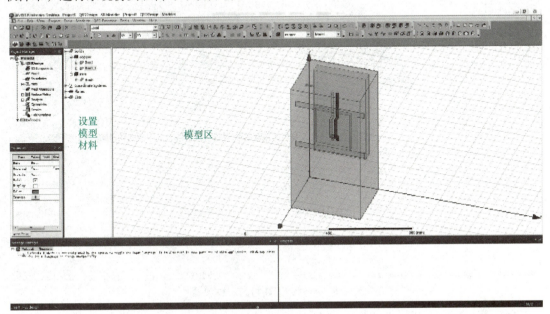

图 C-6　Ansys Q3D 界面

Ansys Q3D 为用户提供了简便的绘图工具（见图 C-7），通过绘图工具，可绘制出所要抽取参数的元件的立体模型。

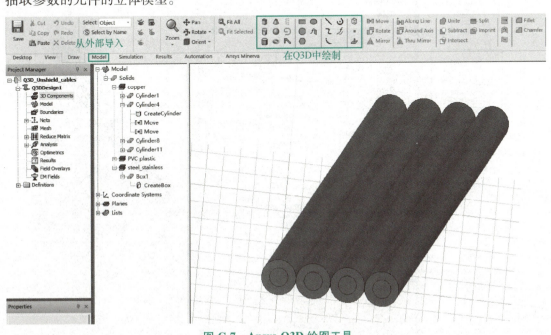

图 C-7　Ansys Q3D 绘图工具

在 Q3D 中绘制完图形后，设置好封装中各个材料的属性（见图 C-8）。

图 C-8　Ansys Q3D 材料属性设置

设置导体为 Ground 或者 Signal 类型（见图 C-9），Ground 是仿真中的参考地（在仿真中一般要设置一个大的参考导体地平面），Signal 是流经信号电流的各导体。

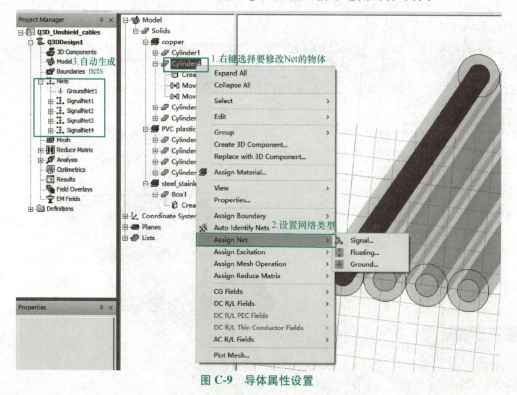

图 C-9　导体属性设置

对仿真参数进行设置，选取仿真的频率，勾选需要观察的参数（电容、电感、电阻，见图 C-10）。

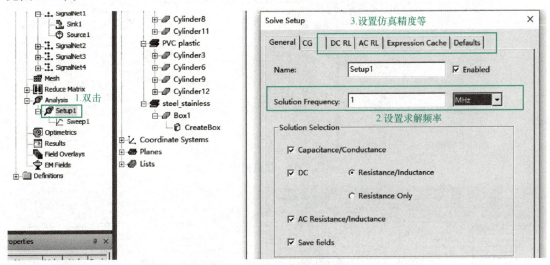

图 C-10　仿真参数设置

如果要观察一系列频率点的参数，如图所示单击 Add Frequency Sweep，即可对起始、终止频率，以及步长进行设置（见图 C-11）。

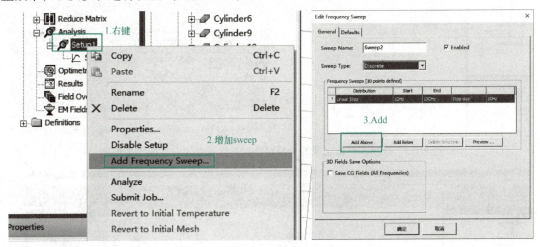

图 C-11　频率和步长设置

将各部分参数设置完成后，单击 validate 检查一下，如果无错误和警告，即可单击 Analyze All 仿真（见图 C-12）。

仿真完成后，结果在 Solution Data 的 Matrix 中，矩阵中各参数描述的是需要提取参数的各元件对地以及各元件之间的 RLCG 参数（见图 C-13）。

C.1.3　ANSYS Simplorer 仿真软件

ANSYS Simplorer（见图 C-14）强大的多域机电系统仿真软件，采用电子线路、框图和状态机、VHDL-AMS、C/C++，Spice/Pspice 等建模方式，对包含电机、一次/二次电源、负载、数模控制在内的复杂电力电子、电气系统进行仿真，并可无缝集成各种 ANSYS 电磁场分析模型，建立基于物理原型的多物理域机电系统仿真分析，计算快速精确、后处理功能强大。

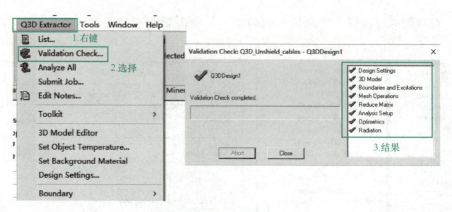

图 C-12　仿真检查

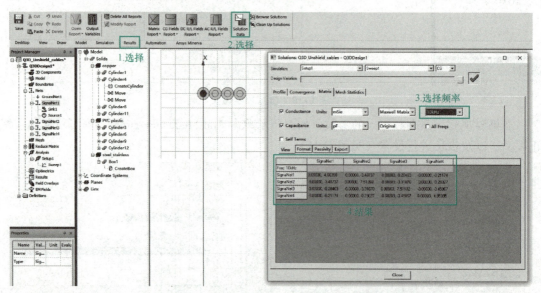

图 C-13　电缆铜导体以及屏蔽层对地以及相互之间存在的寄生电容

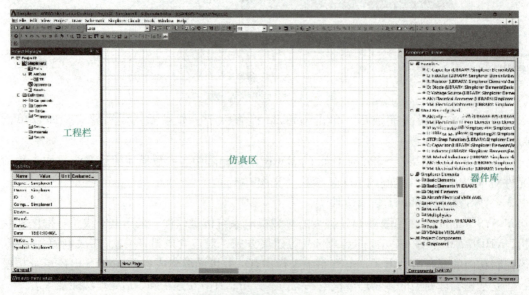

图 C-14　ANSYS/Simplorer 仿真界面

ANSYS 的软件算法包括有限元法（Finite Element Method，FEM），边界元法（Boundary Element Method，BEM），有限差分法（Finite Difference Element Method，FDEM）等。

C. 2 基于 ANSYS/Simplorer 的 Buck 降压电路传导电磁干扰时域建模仿真

1）首先将 BUCK 电路所需的直流电源和无源器件从器件库中拖出（包括电感、电容、电阻、二极管等，见图 C-15）。

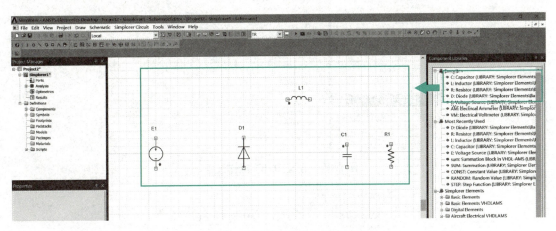

图 C-15 选取所需器件至仿真界面

2）对电路中直流电源及各无源器件参数进行设置（见图 C-16）。

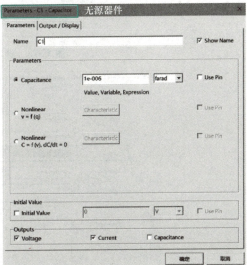

图 C-16 对元件参数进行设置

3）IGBT 特征化建模（IGBT Datasheet 参考 SKM100GB12T4）。

4）创建 IGBT 模型（见图 C-17）。

5）模型类型选择（动态模型，见图 C-18）

6）选取 IGBT 材料（模型名称、生产商等，见图 C-19）。

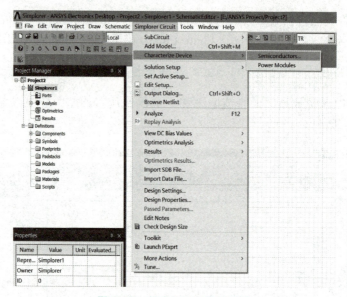

图 C-17　创建 IGBT 操作过程

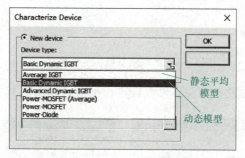

图 C-18　选取创建动态模型

图 C-19　选取 IGBT 材料

7）额定工作点设置（见图 C-20）。

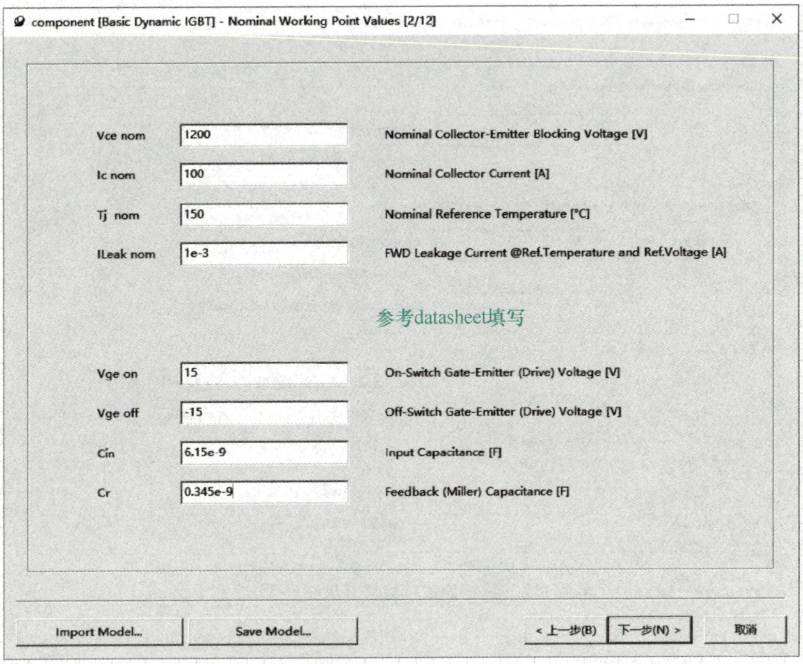

图 C-20　参考 IGBT 器件说明书对各参数进行设置

8）模型击穿边界说明（见图 C-21）。

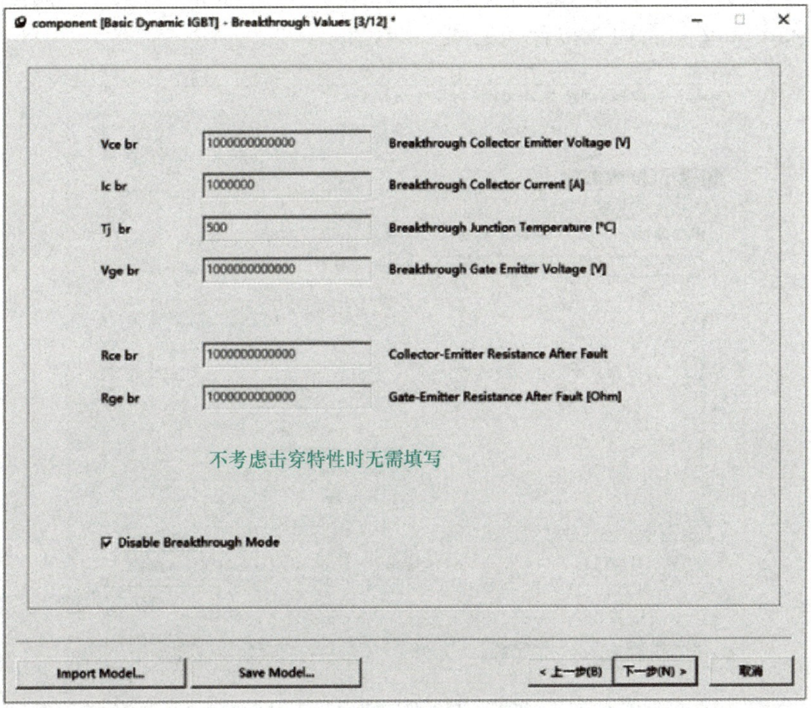

图 C-21　IGBT 击穿边界说明

9）半桥测试状态（门极驱动电阻、杂散电感、外接电容，见图 C-22）。

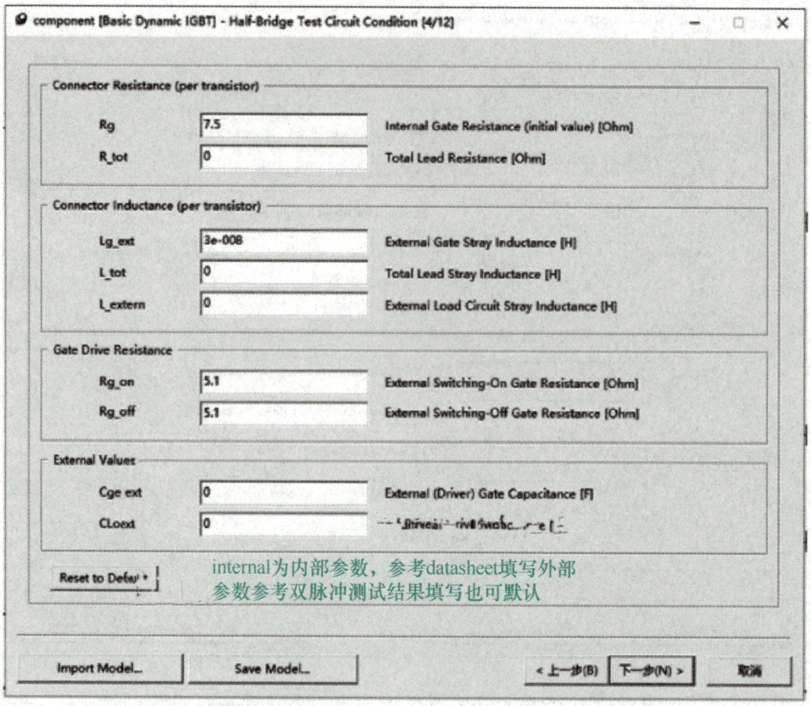

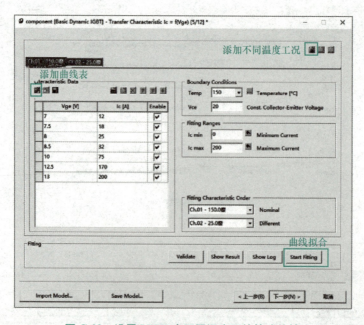

图 C-22　设置 IGBT 的导通参数

10）IGBT 不同温度下转移特性曲线输入（见图 C-23）；填写 IGBT 在不同温度下的转移特性，单击 start fiting 进行曲线拟合（见图 C-24）。

图 C-23　设置 IGBT 在不同温度下的转移特性

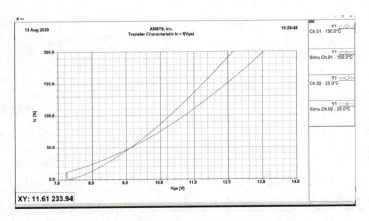

图 C-24　IGBT 不同温度下的转移特性曲线

11）IGBT 输出特性曲线输入（见图 C-25），填写 IGBT 在不同温度下的输出特性，点击 start fiting 进行曲线拟合（见图 C-26）。

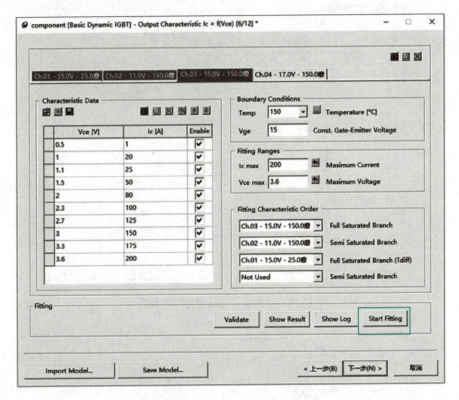

图 C-25　设置 IGBT 的输出特性

12）续流二极管特性曲线输入（见图 C-27）；填写续流二极管在不同温度下的特性，单击 start fiting 进行曲线拟合（见图 C-28）。

13）IGBT 热效应参数输入（见图 C-29）。

14）动态模型输入（器件开通、关断损耗、开关延时，见图 C-30）。

15）动态参数有效性验证（见图 C-31）。

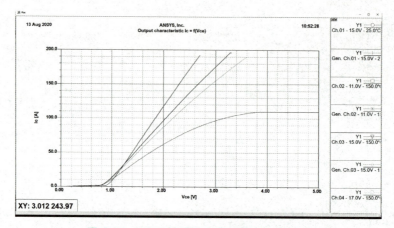

图 C-26　IGBT 不同温度下的输出特性曲线

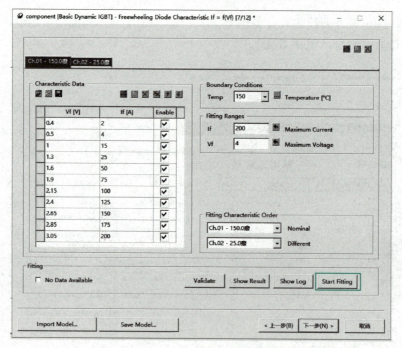

图 C-27　设置续流二极管的特性参数

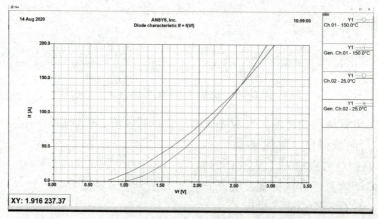

图 C-28　续流二极管不同温度下的特性曲线

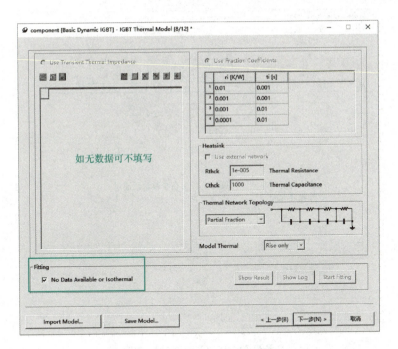

图 C-29　IGBT 热效应参数设置

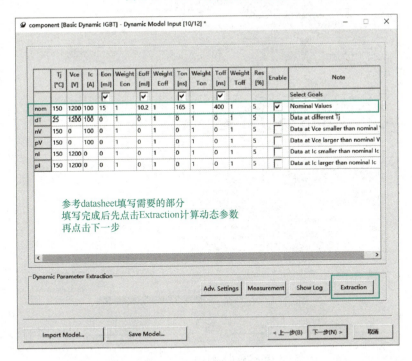

图 C-30　IGBT 动态特性设置

16）完成创建（见图 C-32），创建完成后，从器件库拖出所创建的 IGBT。

17）Buck 电路搭建（见图 C-33），Pulse 驱动信号可从器件库或 Search 中取出。

18）添加求解器（见图 C-34 和图 C-35）。

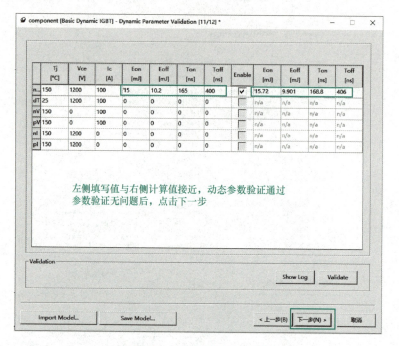

图 C-31　IGBT 动态参数验证

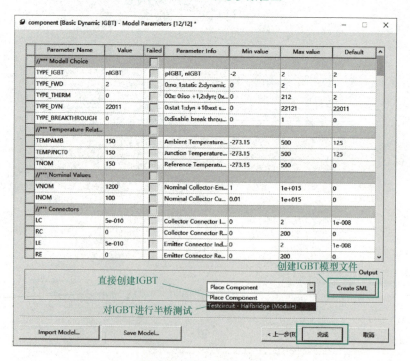

图 C-32　创建 IGBT 模型

19）双击 TR 设置仿真步长和时间（见图 C-36 和图 C-37）。

20）运行仿真，并在 Results 中添加仿真结果波形图（见图 C-38 和图 C-39）。

21）LISN 上的时域电磁干扰波形和数据（见图 C-40 和图 C-41），把在 Simplorer 中获得的数据导入 MATLAB 工作区，对该时域波形的数据进行 FFT 变换，得到电磁干扰源的频谱。

Pulse驱动信号可从器件库或Search中取出

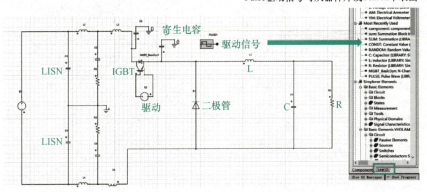

图 C-33　搭建 Buck 电路

图 C-34　添加求解器

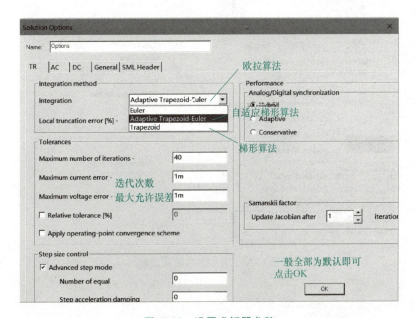

图 C-35　设置求解器参数

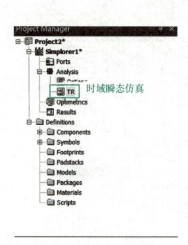

图 C-36　添加时域仿真步长

图 C-37　设置时域仿真步长和时间

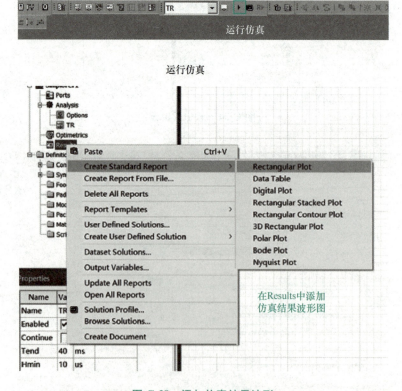

图 C-38　添加仿真结果波形

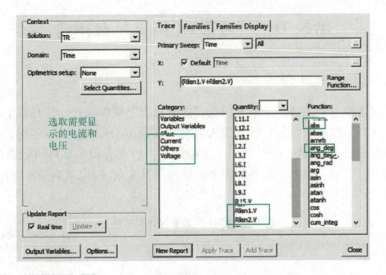

图 C-39　选取需要显示的电流和电压

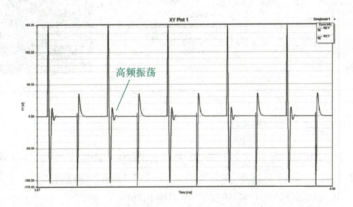

图 C-40　LISN 上的时域电磁干扰波形

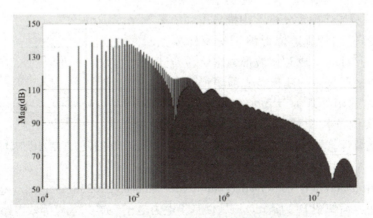

图 C-41　LISN 上的电磁干扰频谱波形

附录 D　频域 EMI 仿真平台搭建

D. 1　EMI 频域仿真软件介绍

EMI 的频域建模主要包含基于装置稳态工作原理的干扰源编程计算和基于电路扫频的路径响应计算。前者一般涉及编程软件，最为常见的就是 MATLAB，为了实现无代码式的 EMI 建模预测，编者开发 MATLAB APP 用于干扰源计算。后者有很多软件可以选择，只要其包含频率扫描功能，表 D-1 列举了具备该能力的软件及其实现工具。LTspice 与 Cadence/Pspice 类似，不再赘述。

表 D-1　EMI 频域仿真典型软件

典型软件	ANSYS/Simplorer	CST Studio Suit	Cadence/Pspice
实现工具	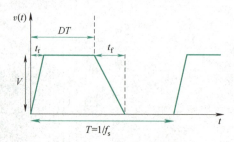		

D. 2　BUCK 电路电磁干扰源建模

电磁干扰源通常由 IGBT 等开关器件的开关动作产生，理想开关器件产生的干扰波形为方波，而实际开关器件产生的干扰源波形为具有上升下降沿的梯形波，如图 D-1 所示。从开关器件的数据手册中可以获取到上升时间 t_r 和下降时间 t_f。然后结合电力电子装置的工作电压 V 和调制策略（即 D 已知），可以计算梯形波干扰源频谱。

梯形波干扰源建模的第一种方法是根据"4.3.2.2 干扰源频域建模及分析"中推导得到的干扰源频谱包络解析式计算。梯形波干扰源建模的第二种方法是直接计算生成时域波形，然后转换到频域。因此对电磁干扰源的建模首先需要得到方波干扰，然后通过程序处理为其添加斜率形成梯形波，以逼近真实的干扰源波形。编者开发了一款 EMI 共差模干扰源计算器 APP，以便实现无代码式的干扰源预测。APP 可以从下面的链接下载。

https://www.mathworks.com/matlabcentral/fileexchange/176258-emi_source_calculator_app

软件的使用界面如图 D-2 所示。该软件基于电力电子装置共差模等效电路模型，计算共差模 EMI 干扰源。计算结果可用于导入电路软件做频率扫描，服务于频域建模，最终实现电力电子装置的电磁干扰发射预测。软件目前支持四种变换器：Buck、Boost 和单相/三相两

图 D-1　序列梯形波的建模

电平逆变器。

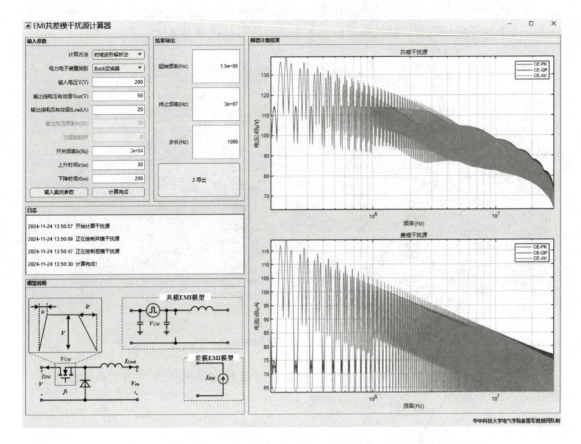

图 D-2　使用 EMI 共差模干扰源计算器的界面和结果

D. 3　BUCK 电路电磁干扰传导路径建模

电磁干扰的传导路径可以分为差模路径和共模路径，在上述 EMI 共差模干扰源计算器的模型说明栏也对传导路径有所提示。其中共模干扰通过大地形成回路，差模干扰则通过电路主回路形成路径。在 CST 中搭建如下共模和差模简化等效电路（见图 D-3）。

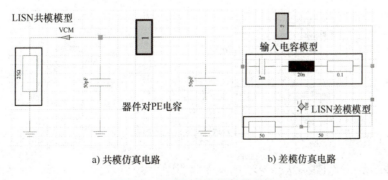

a) 共模仿真电路　　　　　　　　　　b) 差模仿真电路

图 D-3　BUCK 共差模仿真电路

搭建共差模等效电路后，应导入干扰源数据。在 Home-Macros-Wizard-Data Import Wizard 中，打开数据导入窗口。选择根据 EMI 源计算器导出得到的 csv 数据文件。此时可见表头和数据。该步骤将在 CST 的导航树中生成导入数据的波形（见图 D-4）。

图 D-4　干扰源数据导入

将导入的干扰源数据赋给对应的激励源。应注意共模是电压源，差模是电流源（见图 D-5）。

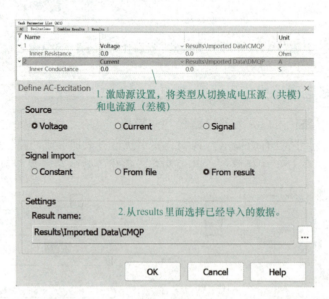

图 D-5　干扰源配置

设置好起始频率（150kHz）和终止频率（30MHz）以及仿真点数。可开始仿真，在探针 VCM 和 VDM-Diffi 中得到共差模 EMI 结果如图 D-6 所示。

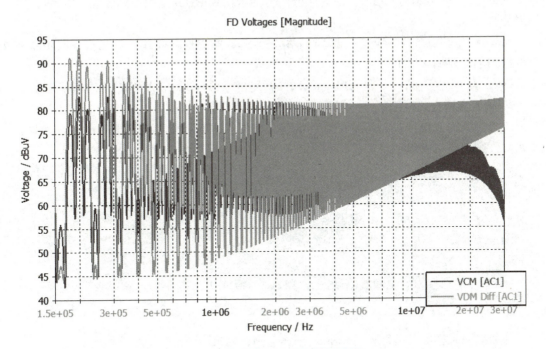

图 D-6　共差模 EMI 预测频谱结果

附录 E　模拟 EMI 接收机的算法程序

本附录介绍了模拟 EMI 接收机的 MATLAB 处理算法。这些 MATLAB 程序根据 4.4 节中的原理分析来计算时域 EMI 波形的准峰值和平均值检测频谱结果。

代码可以从以下网站获取：代码也可以从 MATLAB 的附加功能中搜索"模拟 EMI 接收机的算法程序"获取工具箱。

https://www.mathworks.com/matlabcentral/fileexchange/170601-emi

程序代码如下：

E.1　EMI_Receiver.mlx 函数

程序背景：时域波形仅 FFT 计算的频谱结果和 EMI 接收机测量的准峰值/平均值结果有显著不同。

本算法用于将示波器的时域结果或者仿真的时域结果快速转化成平均值准峰值等接收机形式结果，进而与标准限值对标。测量成本低、速度快。

本算法的核心优势：得益于简化加速，算法处理 10M 个时域波形点的 QP 检测时间仅需 15s（硬件设备为英特尔 CPU i5 10400）

本算法只依赖 MATLAB 固有函数，无需其他附加工具箱。

1. 函数定义

```
function[Fstep,PK,QP,AVG]=EMI_Receiver(S,Fs,B,varargin)
```

变量含义：S 表示输入信号，应为向量；Fs 为采样频率；B 是频段标志位，传导是'CE'，辐射是'RE'。

varargin 是补偿系数，应是一个 2 行 n 列的矩阵，第一行频率 Hz，第二行系数 dB，如果不补偿则不需要输入这个变量。

Fstep 表示频点 Hz，PK 是峰值（dB），QP 是准峰值（dB），AVG 是平均值（dB）。

2. 输入变量合规性检查

首先判断输入信号 *S* 是不是一个列向量，如果行向量，将其转换成列向量。如果是一个矩阵，则报错结束程序。

```
if size(S,1)==1||size(S,2)==1
    if size(S,1)==1
        S = S';              % 将 A 转换为列向量
    end
else
    error('请输入一个向量数据,不要输入一个矩阵');
end
```

然后判断采样频率是否满足 nyquist 采样定理，如果不满足，则结束程序。

```
if strcmp(B,'CE')&&Fs<=60e6
    error("数据采样频率太低了,无法进行传导检测");
end
if strcmp(B,'RE')&&Fs<=400e6
    error("数据采样频率太低了,无法进行辐射检测");
end
```

检测频带标志位是否设置正确，如果不满足，则结束程序。

```
if strcmp(B,'CE')
    Fstep=[150E3:1E3:1e6-1E3,1e6:4E3:30E6,30e6];%标准要求步进小于 RBW
的一半即可,也就是小于 4.5kHz。
%检测推荐步进:考虑到 1MHz 前的低频 4kHz 步进有点大。传导频段 150kHz-1MHz 用
1kHz 步进,1MHz-30MHz 用 4kHz 步进。
else
    if strcmp(B,'RE')
        Fstep=30e6:40e3:200e6; % 检测推荐步进:辐射频段 40k 间隔。标准要求步进小
                               于 RBW 的一半即可。也就是 RE 步进小于 60kHz。
    else
        error("频带标志位有误,请输入:'CE'或者'RE'");
    end
end
```

判断是否需要补偿系数。

```
if ~ isempty (varargin)
    C = varargin{1};              % 如果有补偿系数,则获取它
    %%检查补偿系数是否符合规范
    % 检查 C 是否为两行矩阵
    if size (C,1) ~ = 2
        error ('补偿系数错误,请输入一个两行矩阵');
    end

    % 检查 C 的第一行第一个元素是否小于等于 150e3,以及最后一个元素是否大于等
于 30e6
    if (C(1,1) > 150e3 || C(1,end) < 30e6) && strcmp (B,'CE')
        error ('补偿系数有误,请确保频率范围覆盖传导频段');
    end
    if (C(1,1) > 30e6 || C(1,end) < 200e6) && strcmp (B,'RE')
        error ('补偿系数有误,请确保频率范围覆盖辐射频段');
    end
else
    C = [150e3,30e3,1e9;1,1,1];    % 如果没有提供第四个参数,则设置常数 1 补偿,
                                     也就是无系数
end
```

判断输入数据 S 的时间长度是否合适，否则，将不能检测到真正的最大频谱。

```
L = length (S);
if abs (mod (1e3. /(Fs/L),1)) < 1e-10
else
    error ("输入数据 S 时间长度 T 不合适,应是 1ms 倍数")
end
```

读取数据 FFT

```
Y = fft (S);                      % 信号长度
Yshift = fftshift (Y)/L;
```

提前计算好高斯波形，并存储下来，避免重复计算增加时间

```
CERBW = 9e3;
b = -(2/CERBW)^2 * log (0.5);
fguass = -2 * CERBW:Fs/L:2 * CERBW;
CEgaussH = exp (-b * (fguass).^2);
```

```
RERBW=120e3;
b = -(2/(RERBW))^2 * log(0.5);      % 高斯函数
fguass=-2 * RERBW:Fs/L:2 * RERBW;
REgaussH=exp(-b * (fguass).^2);
```

分配 PK AVG QP 数据空间，输入的时域数据点数需要满足：（1/T）是标准规定的 RBW 的因数。例如 20ms 对应 50Hz，是 CE 9kHz RBW 和 RE 120kHz RBW 的因数。否则，"Nstep" 无法整除会导致程序运行不出来结果。

```
Nstep=Fstep./(Fs/L)+L/2;      % 计算检波点位于 fftshift 序列的第几个. 不论
                                是 1ms 结果还是 20ms 结果,分辨率 1k/50Hz 均
                                是 RBW120k 和 9k 的因数,必定整除的。
Lstep=length(Fstep);          % 检波总长度
PK=ones(1,Lstep);             % PK 存储空间分配,下面的 QP 和 AVG 相同
QP=ones(1,Lstep);
AVG=ones(1,Lstep);
```

3. 逐个频点调用 RECEIVER 函数计算检波值

```
if strcmp(B,'CE')
for i=1:Lstep
    [PK(i),AVG(i),QP(i)]=RECEIVER(Yshift,Nstep(i),CEgaussH,CERBW);
                                            % 传导的检测
end
else
for i=1:Lstep
    [PK(i),AVG(i),QP(i)]=RECEIVER(Yshift,Nstep(i),REgaussH,RERBW);
                                            % 辐射的检测
end
end
```

4. 补偿探头系数

```
TDF=interp1(log10(C(1,:)),C(2,:),log10(Fstep));
                        % 将探头系数进行插值,注意此处为对数插值,因为探头
                          系数是大致对数频率分布
PK=20 * log10(PK)+120;      % 转成 dBμ
AVG=20 * log10(AVG)+120;
QP=20 * log10(QP)+120;
PK=PK+TDF;
QP=QP+TDF;
```

```
AVG=AVG+TDF;
end
```

5. 单频点检波的内嵌函数

```
    function[PK,AVG,QP]=RECEIVER(Yshift,NFfilter,gaussH,RBW)%
Ffilter 为检波频点，Fs 为采样频率，S 为被检信号。
```

改进的中频滤波。也可以理解为下变频(从检测频点移动到 0 频附近，降低 IFFT 计算量)。参照提供文献的 4.4 节。计算重采样的最大频率范围。

频谱后面的高频零不要了，目的就是对更高频不进行计算，那些分量只能起到增加滤波后波形采样率的作用，不改变包络检测波形。

```
Lg=(length(gaussH)-1)/2;      % gauss 半个波有多少个点
kk=NFfilter+Lg;               % kk 为高斯滤波能滤到的最远点
pp=length(Yshift)-kk+2;       % pp 为高斯滤波能滤到的最近点,注意偶数的 shift
                                 左边到 0 比右边多一个频点
YshiftnHnL=[Yshift(pp:(pp+length(gaussH)-1));0;Yshift((kk-
length(gaussH)+1):kk)];       % 去掉窗外高低频分量的频谱,具有与原信号相同的包
                                 络重采样的参数
L_resample=2*length(gaussH)+1; % 重采样的计算长度
H=zeros(L_resample,1);         % 存储求 Hilbert 对的变量
H(1:(L_resample-1)/2)=1j;      % 正频率翻转 90°
H((L_resample+1)/2:end)=-1j;   % 负频率共轭翻转 90°
GAUSSH=[gaussH,0,gaussH]';
中频滤波
FYshift=YshiftnHnL.*GAUSSH;    % 不计算更高频
FYshiftQ=YshiftnHnL.*GAUSSH.*H;
FY=ifftshift(FYshift);
FYQ=ifftshift(FYshiftQ);
FS=ifft(FY*L_resample);        % 重采样后需对信号幅值归一化
FSQ=ifft(FYQ*L_resample);
PK/QP/AVG 检波
up=sqrt(FS.^2+FSQ.^2);         % 此处不用 envelope 求包络,所用 Hilbert
                                 变换太占用时间
PK=max(up)/sqrt(2);
AVG=mean(up)/sqrt(2);
QP=get_quasi(up,RBW)/sqrt(2);
```

6. 内嵌函数：二分法求准峰值

```
function[Vquasi]=get_quasi(up,RBW)
%%二分法求准峰值
```

```
Vquasi_up=max(up);
Vquasi_low=0;
Vquasi=max(up);
Vquasi_before=0;
m=1;
flag=0;                              % 区分该如何选择 Vquasi_before
err=zeros(1,length(up));
V=zeros(1,length(up));
while1
Qc=0;                                % 充电电量,初始值是 0
Qd=0;                                % 放电电量

Vquasi=(Vquasi_up+Vquasi_low)/2;     % 计算迭代准峰值
V(m)=Vquasi;
```

CE 充电放电常数比为 160

```
if RBW==9e3
  for i=1:1:length(up)
    if up(i)>Vquasi
        Qc=Qc+(up(i)-Vquasi)/1.0;% 充电时间为 1ms
    end
    Qd=Qd+Vquasi/160;% 放电时间 160ms
  end
end
```

RE 充电放电常数比为 550

```
if RBW==120E3
for i=1:1:length(up)
    if up(i)>Vquasi
        Qc=Qc+(up(i)-Vquasi)/1.0;% 充电时间为 1ms
    end
    Qd=Qd+Vquasi/550;% 放电时间 550ms
end
end
err(m)=Qc-Qd;
m=m+1;
if(abs(Qc-Qd)<0.01*Qc)&&(abs(Qc-Qd)<0.01*Qd)
                        % 停止迭代时间,必须使用相对值(也就是 0.01*Qd
                          或者 Qc)作为迭代判据,不可采用绝对值 1e-6 等
    break;
```

```
end
```
%%找出最先与当前 error 异号的 error 对应的 Vquasi,并以此为 Vquasi_error
```
for j=length(V):-1:1
    if (err(j)<0&&(Qc-Qd)>0)||(err(j)>0&&(Qc-Qd)<0)
        Vquasi_before=V(j);
        flag=1;
break;
    end
end
```
%%flag 若没变化说明没找到,此时应选择边界值作为 Vquasi_before
```
if(flag==0)&&(Qc-Qd)>0
    Vquasi_before=max(up);

end
if(flag==0)&&(Qc-Qd)<0
    Vquasi_before=0;
end


if Qc<Qd
    Vquasi_up=Vquasi;
    Vquasi_low=Vquasi_before;
end
if Qc>Qd
    Vquasi_up=Vquasi_before;
    Vquasi_low=Vquasi;
end
end
end
end

end
```

E.2　函数调用案例

1. 读取示例数据

数据 I 是某电力电子装置传导电流正线测试结果。E 是某电力电子装置辐射测试中天线接收端电压结果。数据请从已开源的案例中获取。

（https://www.mathworks.com/matlabcentral/fileexchange/170601-emi）

```
load('DATA.mat');
```

2. CE 检测示例-用于仿真场景，不需要补偿探头系数

1）调用函数计算准峰值/平均值，如果不需要补偿测量装置的系数，则只需输入三个变量。

```
[Fstep,PK,QP,AVG] = EMI_Receiver(S,Fs,B,varargin)
```

变量含义：S 表示输入信号，应为向量；Fs 为采样频率；B 是频段标志位，传导是'CE'，辐射是'RE'；varargin 是测量装置补偿系数，如果不补偿则不需要输入这个变量。

Fstep 表示频点 Hz，PK 是峰值（dB），QP 是准峰值（dB），AVG 是平均值（dB）

```
[Fstep,PK,QP,AV]=EMI_Receiver(I,1e8,'CE');
```

2）画结果图（见图 E-1）。

```
plot(Fstep/1E6,[PK;QP;AV],'LineWidth',1);
set(gca,'XScale','log');
xlabel('Frequency(MHz)')
ylabel('dBμA')
grid on
legend('PK','QP','AV')
```

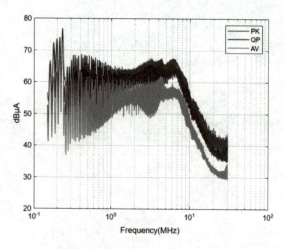

图 E-1　幅频波形

3. CE 检测并补偿电流探头系数示例-用于实验电流测试场景，需要补偿电流探头系数，最终转化成 LISN 电压

1）举例 R&S EZ17-M2 电流钳的系数。第一行频率（Hz），第二行系数（dB）

```
TDFsample=[100E3,200E3,500E3,1E6,2E6,5E6,10E6,20E6,50E6,100E6,125E6,
150E6,175E6,200E6;
        6.6,  0.8,-5.5,-8.9,-9.7,-9.9,-9.7,-9.9,-9.9,-9.8,-10,-9.7,
-8,-3.6];
```

2）把电流探头系数转化成 LISN 电压。

```
TDFsample(2,:)=TDFsample(2,:)+mag2db(50);%如果是共模电流转化成电压就是
mag2db(25),差模就是 mag2db(100)
```

3）调用输入函数进行检测并补偿系数，此时需要输入四个变量。

```
[Fstep,PK,QP,AV]=EMI_Receiver(I,1e8,'CE',TDFsample);
```

4）画结果图（见图 E-2）。

```
plot(Fstep/1E6,[PK;QP;AV],'LineWidth',1);
holdon
plot([0.15,0.5,0.5,5,5,30],[66 56 56 56 60 60],'LineWidth',1)
hold off
set(gca,'XScale','log');
xlabel('Frequency(MHz)')
ylabel('dBμV')
grid on
legend('PK','QP','AV','传导限值')
```

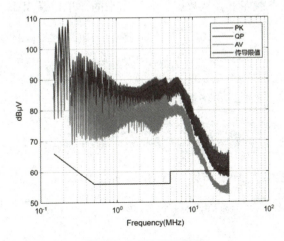

图 E-2　LISN 幅频波形

4. RE 检测示例-用于仿真场景，不需要补偿天线系数

1）调用函数。

```
[Fstep,PK,QP,AV]=EMI_Receiver(E,500e6,'RE');
```

2）画图（见图 E-3）

```
plot(Fstep/1E6,[PK;QP;AV],'LineWidth',1);
set(gca,'XScale','log');
xlabel('Frequency(MHz)')
```

```
ylabel('dBμV/m')
grid on
legend('PK','QP','AV')
```

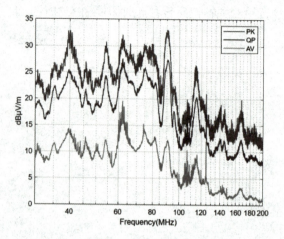

图 E-3   RE 检测波形（无需补偿天线系数）

5. RE 检测并补偿天线系数示例-用于实验测试场景，需要补偿天线系数

1）ZN30505C 天线系数如下，从数据手册摘出来的，单位是 MHz。

```
ADFsample=[  30   40   50   60   70   80   90  100   110  120  130  140  160
180  200  220  240  250  300  350  400  450  500  550  600  650  700
750  800  850  900  950  1000;
14.81  10.16  8.64  8.02  7.59  7.03  7.41  7.62  8.19  8.28  8.61  8.69
8.95  8.65  8.91  10.12  12.19  12.25  12.74  13.75  14.57  16.38  16.61
17.73  18.4  19.26  19.83  20.31  20.57  21.11  21.62  2.67  23.05];
```

2）输入补偿系数需要是 Hz，将第一行 Hz 转换成 MHz。

```
ADFsample(1,:)=ADFsample(1,:)*1e6;
```

3）调用函数。

```
[Fstep,PK,QP,AV]=EMI_Receiver(E,500e6,'RE',ADFsample);
```

4）画图（见图 E-4）。

```
plot(Fstep/1E6,[PK;QP;AV],'LineWidth',1);
hold on
plot([30,200],[40 40],'LineWidth',1)
hold off
set(gca,'XScale','log');
```

```
xlabel('Frequency(MHz)')
ylabel('dBμV/m')
grid on
legend('PK','QP','AV','3m电场限值')
```

E.3　EMI 接收机模拟器 APP

　　为实现无代码式计算，编者开发了一款
EMI 接收机模拟器 APP（见图 E-5），简单
易上手。具体使用流程包含：

　　1）数据导入。可以从 Excel 文件导入或
者加载 MATLAB 工作区变量。

　　2）补偿系数导入。可以补偿探头或者
天线系数，也可选择不补偿。

　　3）EMI 接收机测试设置。主要包含了常
见的民用标准 GB 4824 和军标 GJB 151-CE102。
测试设置也可以自行修改。APP 内置了测试配

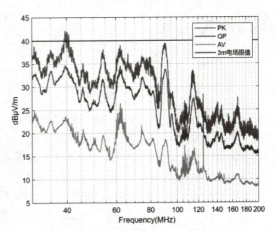

图 E-4　RE 检测波形（需补偿天线系数）

置检查，如果测试配置不合适，将关闭开始计算按钮，并提示信息。

　　4）信息输出。设置了日志栏，可以显示提示信息和计算进度。

　　5）结果导出。可以通过"结果导出"按钮一键将检测结果导出为 Excel，以供其他处
理环节使用。

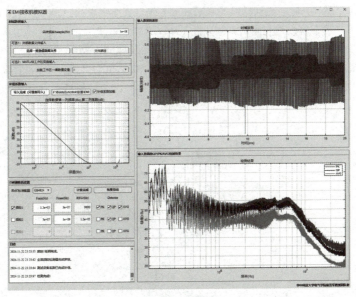

图 E-5　EMI 接收机模拟器 APP

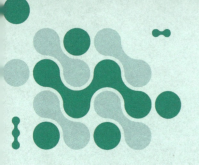

参考文献

[1] 裴雪军. PWM 逆变器传导电磁干扰的研究 [D]. 武汉：华中科技大学, 2004.

[2] 马伟明, 张磊, 孟进. 独立电力系统及其电力电子装置的电磁兼容 [M]. 北京：科学出版社, 2007.

[3] 阮新波, 谢立宏, 季清, 等. 电力电子变换器传导电磁干扰的建模、预测与抑制方法 [M]. 北京：机械工业出版社, 2023.

[4] 颜秋容. 电路理论——基础篇 [M]. 北京：高等教育出版社, 2017.

[5] 陈坚, 康勇. 电力电子学 [M]. 3 版. 北京：高等教育出版社, 2011.

[6] CLAYTON R P. 电磁兼容导论（原书第二版）[M]. 闻映红, 等译. 北京：科学出版社, 2021.

[7] MONTROSE M I. 电磁兼容和印刷电路板——理论、设计和布线 [M]. 刘元安, 李书芳, 高攸纲, 译. 北京：人民邮电出版社, 2002.

[8] 邹澎, 马力, 周晓萍. 电磁兼容原理、技术和应用 [M]. 2 版. 北京：清华大学出版社, 2014.

[9] 区健昌. 电子设备的电磁兼容性设计理论与实践 [M]. 北京：电子工业出版社, 2010.

[10] BALANIS C A. Antenna theory：analysis and design [M]. New York：JohnWiley & Sons, 2016.

[11] 杨显清, 杨德强, 潘锦. 电磁兼容原理与技术 [M]. 3 版. 北京：电子工业出版社, 2016.

[12] 严密, 彭晓领. 磁学基础与磁性材料 [M]. 杭州：浙江大学出版社, 2006.

[13] 郑军奇. EMC 电磁兼容设计与测试案例分析 [M]. 北京：电子工业出版社, 2018.

[14] MOHAN N. Power electronics [M]. 3rd Edition. New York：John Wiley & Sons, 2003.

[15] 裴雪军, 俞颐. 电力电子装置 EMC 设计软件 [CP]：2025SR0139654. 华中科技大学, 2025.

[16] 陈恒林, 钱照明. 电力电子系统电磁兼容设计基础 [M]. 北京：机械工业出版社, 2024.